土壤侵蚀调查与评价

主　编　郭索彦
副主编　刘宝元　李智广　邹学勇　刘淑珍

内 容 提 要

本书全面介绍了第一次全国水利普查土壤侵蚀普查实施的全过程。全书从我国土壤侵蚀调查的技术方法出发，全面详细地介绍了普查的工作过程，包括土壤侵蚀调查目标、内容、方法、技术路线与工作流程、野外数据采集及处理，详细介绍了各土壤侵蚀因子的量化方法与侵蚀模数计算、强度评价分析的过程和结果，为总结本次普查经验，指导今后的土壤侵蚀普查工作提供了参考。

本书可供水土保持、荒漠化防治、生态环境等方面的高等院校、科研院所、监测机构及管理机构工作人员参考使用。

图书在版编目（CIP）数据

土壤侵蚀调查与评价 / 郭索彦主编. -- 北京 : 中国水利水电出版社, 2014.6
ISBN 978-7-5170-2240-4

Ⅰ. ①土… Ⅱ. ①郭… Ⅲ. ①土壤侵蚀－调查研究－中国 Ⅳ. ①S157

中国版本图书馆CIP数据核字(2014)第147772号

审图号：GS（2014）826 号

书　　名	土壤侵蚀调查与评价
作　　者	主编　郭索彦　副主编　刘宝元　李智广　邹学勇　刘淑珍
出版发行	中国水利水电出版社 （北京市海淀区玉渊潭南路 1 号 D 座　100038） 网址：www.waterpub.com.cn E-mail：sales@waterpub.com.cn 电话：（010）68367658（发行部）
经　　售	北京科水图书销售中心（零售） 电话：（010）88383994、63202643、68545874 全国各地新华书店和相关出版物销售网点
排　　版	中国水利水电出版社微机排版中心
印　　刷	北京纪元彩艺印刷有限公司
规　　格	184mm×260mm　16 开本　15 印张　356 千字
版　　次	2014 年 6 月第 1 版　2014 年 6 月第 1 次印刷
印　　数	0001—3000 册
定　　价	**62.00** 元

前言

Preface

根据国务院的决定，2010—2012年开展了第一次全国水利普查。水土保持情况普查是第一次全国水利普查的内容之一，包括土壤侵蚀普查、侵蚀沟道普查以及水土保持措施普查等。在国务院第一次全国水利普查领导小组办公室的统一领导下，经过全国各级水行政主管部门和相关业务部门的共同努力，普查工作顺利、全面完成，普查成果经国务院批准，水利部和国家统计局联合发布了《第一次全国水利普查公报》。

为总结经验和便于今后开展土壤侵蚀普查工作，水利部水土保持监测中心（国务院第一次全国水利普查领导小组办公室水土保持专项普查工作组挂靠单位）针对土壤侵蚀普查组织实施过程及其相关技术、方法，编写了《土壤侵蚀调查与评价》一书，供广大水土保持工作者参考使用。

本书包括7章。第1章概述了国内外土壤侵蚀调查与评价的发展历程；第2章介绍了本次土壤侵蚀普查，包括组织实施，目标、内容与方法，技术路线与工作流程，普查表设计与填报，技术培训和质量控制等内容；第3章介绍了野外调查单元的布设原则、网格划分以及布设结果；第4章介绍了野外调查单元数据采集与处理方法，针对水力侵蚀、风力侵蚀和冻融侵蚀的野外调查特点，详细介绍了数据采集的方法、步骤和数据处理流程等；第5章至第7章分别阐明了水力侵蚀、风力侵蚀和冻融侵蚀强度分析与评价的工作流程，介绍了各侵蚀因子的量化方法、土壤侵蚀模数计算和强度评价的方法，并对比分析了量化结果的准确性和合理性。本书由水利部水土保持监测中心组织编写，各章编写人员分工如下：第1章由郭索彦、李智广、谢云、刘宪春编写，第2章由郭索彦、李智广、刘宝元、王爱娟编写，第3章由李智广、刘宝元、刘宪春、邹学勇、刘淑珍、赵莹编写，第4章由谢云、符素华、张科利、刘宪春、邹学勇、刘淑珍、陶和平、程宏编写，第5章由刘宝元、章文波、殷水清、刘宪春、梁音编写，第6章由邹学勇、程宏、张春来编写，第7章由刘淑珍、陶和平、刘斌涛编写。全书由刘宝元、李智广、邹学勇、刘淑珍统稿，郭索彦审定。

本书编写过程中，引用了水土保持情况普查的实施方案和相关技术材料，吸收了普查技术培训的内容，引用了国内外学者的相关研究结论，并列出了参考文献，在此表示衷心感谢。

由于编者实践范围、知识水平、思考深度及写作思路所限，书中疏漏和不足之处在所难免，恳请读者批评指正，多提宝贵意见，以便不断完善。

编 者

2013 年 10 月

目　　录

前言

第 1 章　绪论 …… 1
1.1　国外土壤侵蚀调查与评价 …… 1
1.1.1　美国土壤侵蚀抽样调查 …… 1
1.1.2　澳大利亚土壤侵蚀网格估算 …… 3
1.1.3　欧洲土壤侵蚀危险性评价 …… 4
1.2　国内土壤侵蚀调查与评价 …… 5

第 2 章　全国土壤侵蚀普查 …… 7
2.1　组织实施 …… 7
2.1.1　机构组建及职责 …… 7
2.1.2　资料搜集 …… 7
2.1.3　普查宣传 …… 8
2.2　目标与内容 …… 8
2.3　普查方法 …… 8
2.3.1　水蚀模型 …… 9
2.3.2　风蚀模型 …… 10
2.3.3　冻融侵蚀模型 …… 10
2.4　技术路线与工作流程 …… 11
2.4.1　野外调查底图制作 …… 11
2.4.2　野外调查 …… 11
2.4.3　数据处理上报 …… 11
2.4.4　土壤侵蚀现状评价 …… 13
2.5　普查表设计与填报 …… 14
2.6　技术培训 …… 14
2.6.1　培训内容 …… 14
2.6.2　培训组织实施 …… 14
2.6.3　培训形式 …… 15
2.7　质量控制 …… 15

第 3 章　野外调查单元布设 …… 16
3.1　布设原则 …… 16

3.1.1 按不同侵蚀类型区布设 …… 16
3.1.2 按不同密度布设 …… 17
3.1.3 大面积非土壤侵蚀区不布设 …… 17
3.1.4 布设质量控制 …… 17
3.2 网格划分 …… 18
3.3 布设结果 …… 18
第4章 野外调查单元数据采集与处理 …… 21
4.1 底图制作 …… 21
4.1.1 水力侵蚀 …… 21
4.1.2 风力侵蚀 …… 28
4.1.3 冻融侵蚀 …… 28
4.2 数据采集 …… 32
4.2.1 水力侵蚀 …… 33
4.2.2 风力侵蚀 …… 52
4.2.3 冻融侵蚀 …… 53
4.3 数据处理 …… 56
4.3.1 水力侵蚀 …… 56
4.3.2 风力侵蚀 …… 57
4.3.3 冻融侵蚀 …… 59
第5章 水力侵蚀分析与评价 …… 61
5.1 降雨侵蚀力因子 …… 61
5.1.1 数据收集与数据质量控制 …… 61
5.1.2 计算与空间插值 …… 63
5.1.3 精度控制 …… 65
5.1.4 结果分析 …… 67
5.1.5 调查单元 *R* 因子图层生成 …… 68
5.2 土壤可蚀性因子 …… 68
5.2.1 资料收集与数据处理 …… 68
5.2.2 计算方法 …… 74
5.2.3 结果分析 …… 77
5.2.4 数据质量审核 …… 77
5.2.5 调查单元 *K* 因子图层生成 …… 78
5.3 地形因子 …… 79
5.3.1 资料与方法 …… 79
5.3.2 结果分析与数据质量审核 …… 80
5.3.3 调查单元地形因子图层生成 …… 81

5.4 植物措施因子 …… 83
5.4.1 遥感数据收集 …… 83
5.4.2 植被盖度计算方法 …… 84
5.4.3 遥感植被盖度栅格图生成与检验 …… 88
5.4.4 植物措施因子计算 …… 99
5.5 工程措施因子和耕作措施因子 …… 100
5.5.1 数据来源与因子值的确定 …… 100
5.5.2 调查单元工程措施与耕作措施因子图层生成 …… 101
5.6 水力侵蚀模数计算与强度评价 …… 103
5.6.1 数据与方法 …… 103
5.6.2 结果分析与评价 …… 105
第6章 风力侵蚀分析与评价 …… 107
6.1 表土湿度因子 …… 107
6.1.1 数据来源 …… 107
6.1.2 计算方法 …… 107
6.1.3 计算结果分析与验证 …… 112
6.1.4 专题制图 …… 113
6.2 风力因子 …… 113
6.2.1 数据来源 …… 113
6.2.2 计算方法 …… 114
6.2.3 计算结果分析与验证 …… 118
6.2.4 专题制图 …… 122
6.3 地表粗糙度因子 …… 123
6.3.1 数据来源 …… 123
6.3.2 计算方法 …… 123
6.3.3 计算结果分析与验证 …… 126
6.3.4 专题制图 …… 128
6.4 植被盖度因子 …… 128
6.4.1 数据说明 …… 128
6.4.2 时间序列 NDVI 计算 …… 128
6.4.3 植被盖度计算 …… 129
6.4.4 临界侵蚀风速确定 …… 130
6.5 风力侵蚀模数计算与强度评价 …… 130
6.5.1 风力侵蚀模数计算 …… 130
6.5.2 风力侵蚀强度划分 …… 131
6.5.3 专题图制作 …… 131
6.5.4 结果分析与评价 …… 131

第7章　冻融侵蚀分析与评价 …… 133
7.1　年冻融日循环天数与日均冻融相变水量 …… 133
7.1.1　年冻融日循环天数因子计算 …… 133
7.1.2　日均冻融相变水量因子计算 …… 140
7.2　年均降水量 …… 150
7.2.1　资料来源 …… 150
7.2.2　计算方法 …… 152
7.2.3　精度验证 …… 157
7.3　坡度与坡向 …… 157
7.3.1　资料来源 …… 157
7.3.2　计算方法 …… 157
7.3.3　计算结果分析与验证 …… 158
7.4　冻融侵蚀强度计算与评价 …… 158
7.4.1　冻融侵蚀评价方法 …… 158
7.4.2　冻融侵蚀强度等级划分标准 …… 161
7.4.3　冻融侵蚀评价结果及制图 …… 163
附录1　土壤侵蚀普查表 …… 166
附录2　制图知识框 …… 179
参考文献 …… 230

第1章 绪 论

1.1 国外土壤侵蚀调查与评价

1.1.1 美国土壤侵蚀抽样调查

美国土壤侵蚀调查最早可追溯至1934年的全国侵蚀勘探调查（National Erosion Reconnaissance Survey）（Nusser and Gobel，1997；Gobel，1998），由内政部（Department of Interior，DOI）土壤侵蚀局（Soil Erosion Service，SES）组织全国115位土壤侵蚀专家，进行了为期2个月的实地调查，确定了768.93万km^2（1.9×10^9英亩）农地土壤侵蚀（包括水蚀和风蚀）及强度分级面积（Harlow，1994）。各种调查数据的统计分析结果发表在1945年的*Soil and water conservation needs estimates for the United States*，成为全国水土保持项目和优先领域设立的基础。

1958年实施全国水土保持需求调查（National Inventory of Soil and Water Conservation Needs），首次采用抽样调查方法，以县为单位采用1%～8%的抽样密度（Harlow，1994；Nusser and Gobel，1997），抽取面积0.16～2.59km^2（40～640英亩）的网格作为调查区域，称为抽样单元（Sample Unit）。在抽样单元内调查土壤类型、土地利用分布与面积（Gobel，1998）。这种抽样思想一直沿用至今并不断发展完善。

1965年再次开展全国水土保持需求调查，1967年完成，称为1967全国水土保持需求调查（1967 National Inventory of Soil and Water Conservation Needs）。为了减少费用和数据采集工作量，本次调查增加了第二阶段抽样：在1958年的抽样单元内（称为基本抽样单元，Primary Sample Units，PSU），再随机确定采样点（point）。抽样密度依然保持在1%～8%，但在灌区可高达32%（Harlow，1994），调查内容也与1958年相同，由此实现了1958—1967年土地利用和水土保持措施变化的评估（Gobel，1998）。1977年依据土壤与水资源保护法案，水土保持局组织实施了全国资源调查（National Resources Inventory，NRI）。基本沿用1967年的抽样调查方法，在全国共抽取70000个基本抽样单元，然后在每个抽样单元内随机抽取1～3个采样点。此次调查开创了两个先河：一是首次利用通用土壤流失方程（Universal Soil Loss Equation，USLE）和土壤风蚀方程（Wind Erosion Equation，WEQ）对土壤侵蚀进行定量评价；二是首次同时对抽样单元和采样点进行数据采集。随后每隔5年，分别在1982年、1987年、1992年和1997年开展了同样的调查，为了评价1982—1997年15年的土壤侵蚀动态变化，在1997年的调查中，采用遥感影像解译和相关资料分析方法，补充了1982年未进行调查的抽样单元数据。由于1982年以后调查方法和数据采集内容一致，与1977年的调查有所差异，因此从应用角度，1982 年被认为是土壤侵蚀动态监测与评价的起始点（Gobel，1998）。

1. 抽样调查方法

抽样采用分层两阶段不等概空间抽样方法（Goebel，1998）。

分层是指将全国分为不同层次的区域，具体划分方法有三种（USDA，1999，2000）：

（1）在中西部的 34 个州，直接采用公共土地调查（Public Land Survey，PLS）分层系统，包括县、镇、区三级（Nusser 等，1998），每县呈正方形网格，边长 24 英里（面积 576 平方英里，1492km²），包括 16 个镇；每个镇也是正方形网格，边长 6 英里（面积 36 平方英里，93km²），包括 36 个区；每个区也是正方形网格，边长 1 英里（面积 1 平方英里，2.59km²）。将每个区等分为 4 个边长 0.5 英里的正方形网格，每个网格即为基本抽样单元（面积 0.25 平方英里，160 英亩，0.65km²）。

（2）路易斯安那州和缅因州西北部，划分边长 0.311 英里的正方形网格为基本抽样单元（面积 61.8 英亩，0.25km²）。

（3）东北部 13 个州按 20″（纬度）×30″（经度）或通用墨卡托投影划分网格作为基本抽样单元，面积变化于 97～114 英亩。

两阶段是指分为两个阶段抽样：第一阶段抽取基本抽样单元；第二阶段在抽取的基本抽样单元内随机确定采样点。

不等概是指抽取基本抽样单元时采用不同的抽样密度，具体方法如下：第一阶段抽取基本抽样单元时，将一个镇分为三个带（stratum），每个带宽 2 英里，长 6 英里，共包含 12 个区的 48 个基本抽样单元（见图 1.1）。抽样密度按每带计算，在每个带随机抽 1～4 个基本抽样单元，密度为 2%～6%（1/48～4/48）。全国的主体抽样密度为 4%，即每个带抽取 2 个基本抽样单元。第二阶段在抽取的基本抽样单元内随机确定 1～3 个采样点，全国主体为 3 个采样点。

由于抽取的基本抽样单元是指一定面积的空间区域，因此称为空间抽样。

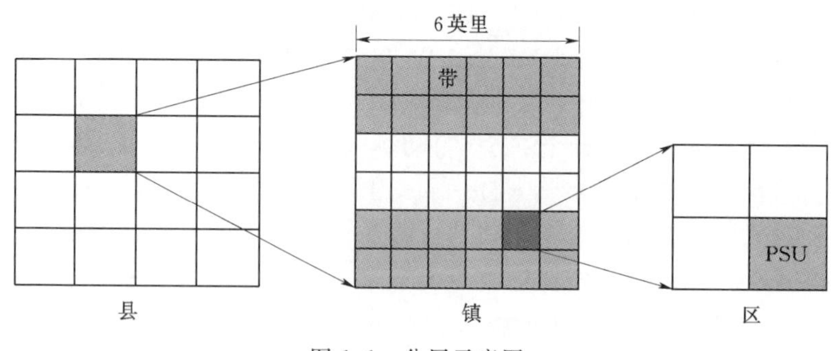

图 1.1　分层示意图

2. 数据采集内容

采集的数据内容包括 3 个方面（USDA，1997）：县级基础数据、抽样单元数据和样点数据。

县级基础数据用于数据处理与汇总时的质量控制，包括：①统计数据如土地面积、水域面积、联邦土地面积、交通用地面积和建设用地面积等；②地图数据如行政区划图（包括国界、州界、县界，县界图为 1：10 万比例尺）、土地资源分区图（Major Land Resources Area，MLRA）、1∶25万全国二级水文单元图（Hydrologic Unit）、1∶200万全国联邦土地分布图和大型水域水系图等；③高分辨率航片遥感影像数据，用于未实地调查的抽样单元数据补充。

抽样单元数据包括三类：①基本信息：抽样单元所在州名、县名、代码、调查人、日期和调查图数据源等；②空间信息：抽样单元面积、所在土地资源区面积、所在4级水文单元代码、所在州和县代码、降雨侵蚀力因子和风蚀气候因子等；③调查信息：确定抽样单元范围内4种土地利用边界，勾绘在调查图上，并测量面积。这4种土地利用类型是：农场、建设用地（城镇和农村居民点）、交通用地、水域或水系。

样点数据是收集抽样单元样点所在地块的相关指标，其中的土壤侵蚀影响因子指标包括：①土地覆盖/利用类型；②水土保持项目（Conservation Reserve Program，CRP）合同编号和措施类型；③土壤；④通用土壤流失方程USLE因子（只有样点所在地块为农地、草地和实施CRP时采集）；⑤风蚀方程WEQ因子，包括风蚀气候因子C、土壤可蚀性因子I、微地形起伏糙度因子K（Knoll erodibility）、盛行风向无防护的农田距离L和植被盖度V（只有样点所在地块为农地、草地和实施CRP时采集，且在风蚀发生季节进行）。

土壤侵蚀评价只针对农地、草地和实施CRP的用地。首先，基于抽样单元数据中的降雨侵蚀力因子R、风蚀气候因子C，以及样点数据的各种侵蚀因子，分别利用通用土壤流失方程USLE和土壤风蚀方程WEQ计算样点的水蚀模数和风蚀模数。其次，选择评价区域，如县级水文单元，县、州等，计算用样点权重进行加权平均的区域土壤侵蚀模数。第三，按照相对于容许土壤流失量T值的倍数关系将土壤侵蚀强度分为6级：$\leqslant T$、$T\sim 2T$（含）、$2T\sim 3T$（含）、$3T\sim 4T$（含）、$4T\sim 5T$（含）和$>5T$。依据区域加权平均土壤水蚀模数，分别统计农地、草地和实施水土保持项目的各强度等级面积。另外，针对农地，还采用侵蚀危险性指数EI（Erodibility Index）评价土壤侵蚀危险性。

除上述大规模调查外，20世纪90年代还进行了几次小规模的专题调查，如1996年的土壤侵蚀研究调查，1998—1999年5年间隔调查转为每年连续调查的技术与方法研究，以及修订版通用土壤流失方程（Revised Universal Soil Loss Equation，RUSLE）在调查中的应用等。

进入21世纪以后，鉴于调查经费和人员缩减，以及对资源变化进行连续性动态评估的需求日益增强，5年一次的资源调查开始转为每年连续调查。

综上，美国国家资源清查具有以下特点：①持续时间长；②调查方法和内容一致、规范，不仅有助于了解现状，更确保了调查结果的可对比性，能够掌握动态变化；③调查始于土壤侵蚀与水土保持需求，发展至今依然是重点内容之一，但所涉及范围更加广泛，应用领域进一步扩大；④形成的长序列调查成果已经成为政府进行自然资源保护立法、立项和财政预算的重要参考依据。

1.1.2 澳大利亚土壤侵蚀网格估算

1997—2001年，澳大利亚开展了国家土地与水资源调查（The National Land and Water Resources Audit），旨在了解全国土地和水资源现状及其变化，为经济可持续发展、资源管理和可持续利用提供决策依据。项目分七个专题实施，第五个专题是农业生产力与可持续能力，包含了土壤侵蚀调查。

调查采用网格估算方法：依据不同数据源精度，在全国范围内划分网格，利用土壤侵蚀模型计算土壤侵蚀模数。采用的模型是修订版通用土壤流失方程 RUSLE，但受资料限制，对模型参数进行了简化处理：降雨侵蚀力采用全国 120 个雨量站 20 年日雨量计算（Yu and Rosewell，1996；Yu，1998），插值生成 0.05°×0.05°网格（经度×纬度，下同）；土壤可蚀性基于全国土壤类型图的土壤属性性质计算，插值生成 0.0025°×0.0025°网格；坡度和坡长因子采用全国数字高程模型 DEM 计算，分辨率为 0.0025°×0.0025°；覆盖与管理因子采用 NOAA（AVHRR）13 年归一化植被指数（*NDVI*）计算，插值生成 0.01°×0.01°网格；受资料限制，水土保持措施因子取值为 1，不考虑其影响。此外还采用了 1997 年分辨率为 1km 的全国土地利用图。在 GIS 支持下，以月为单位计算各月土壤侵蚀速率，然后累加得到全年土壤侵蚀模数，分辨率为 0.0025°×0.0025°。

从调查方法看，虽然实现了无缝隙计算，但存在两个问题：①受数据源空间精度限制，估算误差较大，表现为地形因子对空间分辨率反应敏感，0.0025°的分辨率会导致坡度的平滑，0.0025°×0.0025°网格尺度较大，只能反映宏观特征；②没有考虑水土保持措施的影响。从这个角度说，应该属于危险性评价，而非真正的现状评价。

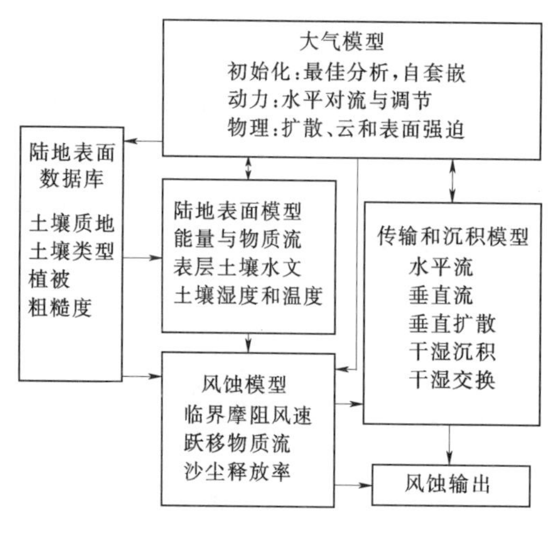

图 1.2　CEMS 框架（Leys et al.，2009）

澳大利亚于 20 世纪 90 年代中后期研发了计算环境管理系统（Computational Environmental Management System，CEMS），它与风蚀评估模型（Wind Erosion Assessment Modelling，WEAM）和综合风蚀评估系统（Integrated Wind Erosion Assessment Modelling System，IWEAMS）是同一模型的不同描述（Leys et al.，2009）。WEAM 是在美国得克萨斯发展出的模型，也被称为得克萨斯模型，在美国有部分应用，但在澳大利亚没有被应用。CEMS 由大气模型、陆地表面模型、风蚀模型、传输和沉积模型、陆地表面数据库等部分组成（见图 1.2），主要用于国家范围（30km×30km 网格）、州和区域范围（5km×5km 网格）内的土壤流失量、风蚀速率、沙尘释放等粗略评估，不适用于地块尺度。

1.1.3　欧洲土壤侵蚀危险性评价

20 世纪 90 年代到本世纪初，为了应用现代数字计算定量评价欧洲土壤侵蚀状况，欧盟联合研究中心欧洲土壤局网络实施了土壤侵蚀危险性评价项目，旨在识别土壤侵蚀易发生区域，为欧盟国家制定土壤保护和退化防治政策提供信息。先后在整个欧洲、欧洲内不同区域或国家采用不同方法进行了侵蚀危险性评价，评价方法概括为专家法和模型法。以下主要介绍模型法。

全欧洲土壤侵蚀危险性评价采用USLE模型计算土壤侵蚀模数，评价两种危险性：潜在危险性和实际危险性。前者是指气候、地形和土壤条件下决定的土壤流失量，不考虑植被覆盖与水土保持措施作用（$C=1$，$P=1$）。后者增加了当前植被覆盖的影响（$P=1$）。降雨侵蚀力利用欧洲大陆578个气象站1989—1998年日雨量资料计算各月和年值，插值为空间分辨率1km的网格。土壤可蚀性采用欧洲1∶100万土壤地理数据库中的每种土壤类型表土机械组成和有机质含量计算其因子值，每个图斑包括一种或多种土壤类型，通过面积加权平均得到图斑因子值。坡度和坡长因子采用分辨率1km的数字高程模型DEM计算；覆盖与管理因子采用NOAA（AVHRR）归一化植被指数（*NDVI*）计算，水土保持措施因子取值为1，不考虑其影响。此外，还采用因子分级打分法评价全欧洲土壤侵蚀危险性，评价对象为9种土地利用类型，考虑的因子包括：①坡度分为8级；②土壤分为理化性质、结皮和土壤可蚀性3种指标；③气候分为降雨量、大于等于40mm日雨量的频率和降雨侵蚀力3种指标。对9种土地利用类型按上述因子的侵蚀敏感性打分，利用层次分析法得到侵蚀危险性等级。

1.2 国内土壤侵蚀调查与评价

在我国，从20世纪50年代初到70年代末，水土保持监测是以传统手段为主的阶段。1951—1954年，黄河水利委员会和中国科学院在黄河中游地区组织了三次大规模的水土流失勘查，完成了较完整、较系统的黄河流域水土保持分区规划。1955年，中国科学院组织了地理、气象、土壤、植物、地质、农业和林业等方面的科技人员100余人，组成黄河中游水土保持综合考察队，从山西省吕梁山区以西至黄河峪谷之间2.1万km^2面积上进行了水土流失普查。同年，水利部对全国土壤水力侵蚀面积进行了初步估查，这是最早的全国范围的水土流失调查。1957年，中国科学院与苏联科学院组成中苏考察队，对黄河中游作了大面积的考察，编制了自然、经济与水土保持区划以及水土保持典型规划。到1957年底，全国共有水土保持试验站和推广站160余处。1959—1961年，黄河流域组织了30多个有关科研机构、高等院校和水保部门，进行了水利、水土保持措施对黄河洪水、泥沙和年径流量影响的研究。1963年，党中央、国务院召开了全国农业科学技术工作会议，会议设有山地利用和水土保持组，制定了七年科学技术规划。

20世纪70年代末，水土保持监测开始向规范化、自动化和系统化发展。随着遥感和计算机等先进技术的应用以及国际合作和交流，监测工作无论在速度和范围方面还是在准确性和可用性方面都有了一个飞跃。为了尽快查清我国土壤侵蚀状况，以便有效地开展水土保持工作，在1985年前后，以80年代中期陆地卫星多光谱扫描仪（Multi-Spectral Scanning，MSS）卫片为主要信息源，应用陆地卫星影像目视解译方法，辅以光助、机助，结合野外实地调查和样方测量方法，进行土壤侵蚀分区、分类和分级制图，对全国的水蚀、风蚀和冻融侵蚀等进行了第一次遥感调查。根据侵蚀模数或相应的影响土壤侵蚀的定性参考要素，将每种侵蚀类型划分为微度、轻度、中度、强度、极强度、剧烈六级侵蚀强度；并根据土壤有效土层的抗蚀年限划分出无险、较险、危险、极险、毁坏五种危险程度。目的是查清土壤侵蚀现状、摸清家底，为全国、流域和各省市制定水土保持规划提供依据。其成果是编制 1∶250 万的全国土壤侵蚀现状图，量算不同侵蚀类型、分级的面积和急需治理的面积。全国第一次土壤侵蚀遥感调查历时 7 年。

随后，在重点水土流失地区，利用航空遥感和航天遥感技术进行水土保持监测的工作陆续展开。遥感（RS）、地理信息系统（GIS）和全球定位系统（GPS）技术的发展，对水土保持监测起到了前所未有的推动作用。

第二次水土流失遥感调查始于 1999 年，以 20 世纪 90 年代中期陆地卫星专题制图仪（Thematic Mapping，TM）影像为主要信息源，应用了地理信息系统技术，经室内分析解译结合野外调查和样方测量等手段完成。全部工作历时 10 个月，建立了全国 1∶10 万土壤侵蚀分类分级的空间型数据库，该数据库包含了按行政区划（全国、省、县等三级）和按全国一级流域（包括黄河、长江、松辽河、海滦河、淮河、珠江、太湖和其他流域）划分的矢量图形库、TM 影像库，以及按县、省、七大流域和全国等统计的侵蚀分类、强度分级的统计数据库。

前两次土壤侵蚀普查均采用遥感调查的方法，信息源为遥感影像（MSS 或 TM），解译手段由第一次的人工目视解译、手工勾绘发展为第二次的利用 GIS 软件、人机交互勾绘、图斑面积直接生成与统计等的全数字化操作，工作底图由第一次的全国 1∶50 万地理底图发展为第二次的 1∶10 万，判断方法由人工直接根据母质、地貌、植被确定侵蚀强度和潜在侵蚀危险程度发展为第二次的根据地形、土地利用、植被覆盖三因子建立侵蚀强度综合判别模型，确定土壤侵蚀强度。土壤侵蚀分级标准由第一次根据《应用遥感技术调查全国土壤侵蚀现状与编制全国土壤侵蚀图技术工作细则》（水利部遥感中心，1986）的土壤侵蚀分类分级，发展为第二次的《土壤侵蚀分类分级标准》（SL 190—96）。SL 190—96 的制定吸收了土壤侵蚀及其相关学科理论研究的成果（曾大林和李智广，2000）。

2000—2001 年，又在第二次遥感调查的基础上，进行了第三次全国土壤侵蚀遥感调查。调查成果为国家制定《全国生态建设规划》和《全国生态保护规划》，以及明确长江上游、黄河中游、珠江上游等为重点治理地区，加大投入力度，决策实施一系列重大生态建设工程，提供了可靠、权威的依据。这充分说明了水土流失监测和预报工作在国家战略决策中的地位和作用（郭索彦和李智广，2009）。

2005—2007 年，水利部、中国科学院和中国工程院联合开展了“中国水土流失与生态安全综合科学考察”，重点对东北黑土区、北方土石山区、西北黄土高原区、南方红壤区、西南岩溶区、北方农牧交错区、长江上游及西南诸河区等 7 个片区进行了实地考察。考察区总面积 519 万 km^2，覆盖人口 12.5 亿人左右。通过这次考察，科学评价了我国水土流失现状与发展趋势，系统总结了长期以来水土流失防治的成效与经验教训，进一步摸清了当前我国水土保持生态建设面临的主要问题，提出了相应防治对策，为国家生态建设与保护提供了科学依据。

第2章 全国土壤侵蚀普查

2.1 组织实施

2.1.1 机构组建及职责

全国土壤侵蚀普查工作在国务院第一次全国水利普查领导小组办公室（以下简称国普办）的统一领导和部署下，成立流域、省和地（市）、县等各级普查机构，选聘普查指导员和普查员，落实普查办公室工作人员，组建普查技术队伍，搭建工作条件与环境，购置设备，完善各项工作制度。各级普查机构根据普查工作的统一要求和安排，编制普查经费预算并落实经费，明确职责，制定运作方案。

国家级土壤侵蚀普查机构的主要职责为部署全国普查工作，编制普查实施方案、相关技术规定及规章制度，经费预算并落实中央承担的普查经费，收集普查基础资料，处理基础工作图件，负责普查的组织和实施、业务指导和督促检查，开发普查工作软件、制定普查数据处理方案、培训技术力量，协调各部门开展工作并解决普查过程中出现的问题，检查验收、汇总普查成果，编制普查成果报告。

各流域普查机构负责本流域普查工作的组织实施，协调、指导流域内各省（自治区、直辖市）普查工作，协助上级普查机构开展普查培训工作，参加全国普查培训，完成质量检查、抽查和验收工作，负责资料整理、汇总与分析上报等工作。

省和地（市）级普查机构负责辖区普查组织实施，协调、指导辖区内各级普查工作，包括：编制工作细则，落实工作人员和普查经费，培训市级和县级普查技术力量，做好普查物资准备，并负责区内普查基础数据资料收集，调查底图绘制、气象数据填报、成果数据汇总、审核、分析、验收和上报工作。

县级普查机构是普查基层组织实施单位，具体实施普查工作，主要工作是制定本县普查方案，编制普查经费预算并落实经费，选聘普查指导员和普查员，组织人员参加全国普查培训，落实人员完成野外调查和数据采集工作，填写上报野外调查表以及汇总上报真实可靠的普查成果。

各级普查机构明确职责分工和领导，保证土壤侵蚀普查工作扎实、细致，普查成果真实、可靠。

2.1.2 资料搜集

搜集全国环境卫星遥感影像，全国1：5万地形数字线划图，1：10万土地利用现状图，气象资料（包括日降水量资料和风速风向数据资料），已定义2000国家大地坐标系

（CGCS2000）的1∶1万地形图，第二次全国土壤普查成果，典型区SPOT、ASTER、ALOS遥感数据，风力侵蚀区及冻融侵蚀区AMSR－E遥感数据，全国行政区划界线图和流域界线图。布设全国土壤侵蚀普查野外调查单元，确定全国土壤侵蚀普查野外调查单元分布地形图图幅号。

2.1.3 普查宣传

各级普查机构需充分利用多种形式，开展宣传工作，为普查工作的顺利实施创造良好的舆论氛围。通过制作普查宣传片，介绍土壤侵蚀普查的目的、内容、方法与原则，在电视台、广播台连续播出，向社会发放普查宣传页，张贴宣传标语，使社会公众对普查工作有明确的认识和理解，赢得他们的关注、重视和配合。在普查培训会议上进行普查工作的目的、意义等宣传，使得各级普查指导员和普查员以普查工作为荣，认识普查工作的重要性，鼓舞其士气，保障普查数据的质量。

2.2 目标与内容

土壤侵蚀普查的目标是全面查清全国土壤侵蚀现状，掌握土壤侵蚀的分布、面积和强度。普查对象包括水力侵蚀、风力侵蚀和冻融侵蚀等三种类型的土壤侵蚀，不包括其他类型的侵蚀。

土壤侵蚀普查范围为中华人民共和国境内（未含香港、澳门特别行政区和台湾省）。按照《土壤侵蚀分类分级标准》（SL 190—2007）规定的土壤侵蚀区划，水力侵蚀普查范围包括东北黑土区、北方土石山区、西北黄土高原区、南方红壤丘陵区、西南土石山区等。风力侵蚀普查范围包括“三北”戈壁沙漠及沙地风沙区。冻融侵蚀普查范围包括北方冻融土侵蚀区、青藏高原冰川冻土侵蚀区。

土壤侵蚀的普查内容包括调查土壤侵蚀影响因素（包括气象、地形、植被、土壤、土地利用等）的基本状况，评价土壤侵蚀的分布、面积与强度，分析土壤侵蚀的动态变化和发展趋势。普查指标如下：

（1）水蚀普查指标。包括水力侵蚀区县级行政区划单位辖区内典型水文站点的日降水量、坡长坡度、土壤、土地利用、植物措施、工程措施、耕作措施。

（2）风蚀普查指标。包括风力侵蚀区典型气象站的风向与风速、土地利用、地表湿度、地表粗糙度、地表覆被状况（包括植被高度、郁闭度或盖度，地表表土平整状况、紧实状况和有无砾石）。

（3）冻融侵蚀普查指标。包括冻融侵蚀区县级行政区划单位辖区内典型水文站点的日降水量、日均冻融相变水量、年冻融日循环天数、土地利用、植被高度与郁闭度（或盖度）、地貌类型与部位、微地形状况（坡度、坡向）、冻融侵蚀方式。

2.3 普查方法

目前，区域土壤流失监测方法主要有三类：

（1）抽样调查。按一定原则和比例在区域范围内抽样，调查抽样单元或地块的侵蚀因子状况，再利用土壤侵蚀预报模型估算土壤流失量，进而根据不同目的进行各层次管理或自然单元汇总。该方法以美国为代表，在1977—1997年间每隔5年进行一次，共进行了5次，从2000年开始每年进行。

（2）网格估算。按一定空间分辨率将区域划分网格（网格大小取决于可获得数据的空间分辨率），基于GIS技术支持，利用土壤侵蚀预报模型估算各网格土壤流失量，进而根据不同目的进行不同层次的单元汇总。该方法以澳大利亚和欧洲各国为代表，从本世纪初开始进行。

（3）遥感调查。基于遥感影像资料和GIS技术，选择一定的空间分辨率，利用全数字作业的人机交互判读方法，通过分析地形、土地利用、植被覆盖等因子，确定土壤侵蚀类型及其强度与分布。该方法以我国为代表，从20世纪80年代至今进行了3次。

从目前国内外现状的分析中可以看出，网格估算可以实现全区域所有地块土壤流失量的计算，但结果的准确度和可信性较差，一般用于估算无水土保持措施下的土壤流失量或称为土壤侵蚀风险评价。受可获得的数据源限制，目前一般采用1km×1km网格进行计算。由于网格尺度较大，已经无法真实地反映水土流失影响因子的实际情况，难以获得准确的计算结果。此外，利用土壤侵蚀预报模型估算土壤流失量的适宜地块尺度是：地形破碎地区，不大于10m；地形比较完整地区，不大于100m。1km×1km的网格无法估算出正确的土壤流失因子。而当网格变小以后，要么使工作量剧增，要么无法获取所需要的资料。遥感调查考虑的侵蚀因子有限，无法给出土壤流失速率，只能判断土壤侵蚀的大概趋势。抽样调查不仅能够获得抽样区的土壤流失量，而且可以根据实际情况确定抽样强度，具有准确性和灵活性的特点。

土壤侵蚀普查，一方面采用抽样调查方法，获得真实反映土地利用和水土保持措施下的土壤侵蚀模数；另一方面采用网格估算方法，通过计算无水土保持措施下的土壤侵蚀模数，进行土壤侵蚀风险评价。既能提高我国土壤侵蚀普查精度，同时为水土保持规划提供科学依据。

两种方法既不同于以往美国的抽样调查，也不同于澳大利亚及欧洲的网格估算方法。在抽样调查中，结合中国自然环境和土壤侵蚀特点，进行分层抽样确定野外调查单元，调查对象是一个小范围区域，而非抽样点所在坡面，从而更具代表性。在网格估算中，尽量采用高精度数据源，包括1∶5万数字地形图、30m×30m分辨率HJ-1遥感影像、250m×250m分辨率16天步长的MODIS/NDVI产品、1∶5万土地利用图等，使风险评价精度大大提高。野外抽样调查单元的布设原则和布设结果详见第3章。

2.3.1 水蚀模型

土壤水蚀模型的基本形式为：

$$M=R\cdot K\cdot L\cdot S\cdot B\cdot E\cdot T \tag{2.1}$$

式中：M为土壤水蚀模数，$t/(hm^2\cdot a)$；R为降雨侵蚀力因子，$MJ\cdot mm/(hm^2\cdot h\cdot a)$；$K$为土壤可蚀性因子，$t\cdot hm^2\cdot h/(hm^2\cdot MJ\cdot mm)$；$L$为坡长坡度因子，无量纲；$S$为坡度因子，无量纲；$B$为植物措施因子，无量纲；$E$为工程措施因子，无量纲；$T$为耕作措施因子，无量纲。

2.3.2 风蚀模型

土壤风蚀模型分为耕地、草（灌）地和沙地模型。

耕地模型为：

$$Q_{fa} = 0.018(1-W)\sum_{j=1} T_j \exp\left\{a_1 + \frac{b_1}{Z_0} + c_1[(AU_j)^{0.5}]\right\} \tag{2.2}$$

式中：Q_{fa}为耕地风蚀模数，t/(hm² · a)；W 为表土湿度因子，%；T_j 为一年内风蚀发生期间各风速等级的累积时间，min；Z_0 为地表粗糙度，无量纲；A 为与耕作措施有关的风速修订系数，无量纲；U_j 为风力因子，无量纲；a_1、b_1、c_1 为与土壤类型有关的常数，无量纲，分别取值−9.208、0.018 和 1.955。

草（灌）地模型为：

$$Q_{fg} = 0.018(1-W)\sum_{j=1} T_j \exp[a_2 + b_2 V^2 + c_2/(AU_j)] \tag{2.3}$$

式中：Q_{fg}为草（灌）地风蚀模数，t/(hm² · a)；V 为植被盖度，%；a_2、b_2、c_2 为与土壤类型有关的常数，无量纲，分别取值 2.4869、−0.0014 和−54.9472。

沙地模型为：

$$Q_{fs} = 0.018(1-W)\sum_{j=1} T_j \exp[a_3 + b_3 V + c_3 \ln(AU_j)/(AU_j)] \tag{2.4}$$

式中：Q_{fs}为沙地风蚀模数，t/(hm² · a)；a_3、b_3、c_3 为与土壤类型有关的常数，无量纲，分别取值 6.1689、−0.0743 和−27.9613。

2.3.3 冻融侵蚀模型

土壤冻融侵蚀模型的基本形式为：

$$I = \sum_{i=1}^{n} W_i I_i / \sum_{i=1}^{n} W_i \tag{2.5}$$

式中：I 为冻融侵蚀综合评价指数，无量纲，不同的取值范围对应各冻融侵蚀强度；$i=1, 2, \cdots, n$，为选择的指标数量，$n=6$ 时，分别是年冻融日循环天数、日均冻融相变水量、年均降水量、坡度、坡向和植被盖度；W_i 为各指标的权重，无量纲（见表 2.1）；I_i 为各指标在不同数量范围内的赋值，无量纲（见表 2.2）。

表 2.1　冻融侵蚀强度分级计算指标及权重

指标	年冻融日循环天数	日均冻融相变水量	年均降水量	坡度	坡向	植被盖度
权重	0.15	0.15	0.05	0.35	0.05	0.25

表 2.2　冻融侵蚀强度分级计算指标赋值标准

计算指标		赋值标准			
1	年冻融日循环天数（d）	≤100	100～170	170～240	>240
	赋值	1	2	3	4

续表

计算指标		赋值标准			
2	日均冻融相变水量	≤0.03	0.03～0.05	0.05～0.07	>0.07
	赋值	1	2	3	4
3	年均降水量（mm）	≤150	150～300	300～500	>500
	赋值	1	2	3	4
4	坡度（°）	0～3	3～8	8～15	>15
	赋值	1	2	3	4
5	坡向（°）	0～45，315～360	45～90，270～315	90～135，225～270	135～225
	赋值	1	2	3	4
6	植被盖度	60～100	40～60	20～40	0～20
	赋值	1	2	3	4

2.4　技术路线与工作流程

土壤侵蚀普查综合应用野外分层抽样调查、遥感解译、统计报送、模型计算等多种技术方法和手段进行。主要工作环节包括野外调查资料准备、野外调查、数据处理上报、土壤侵蚀现状评价四部分。普查技术路线见图2.1，工作流程见图2.2。

2.4.1　野外调查底图制作

省级普查机构根据国家级普查机构下发的全国土壤侵蚀普查野外调查单元分布地形图图幅号，基于收集到的1：1万地形图（如果辖区内没有1：1万地形图，则选择1：5万地形图），建立普查数据存储目录，制作野外调查单元工作底图，并下发县级普查机构。

2.4.2　野外调查

野外调查工作由县级普查机构负责。主要包括：实地到达野外调查单元，在省级普查机构下发的调查单元工作底图上勾绘地块边界、填写野外调查表、拍摄景观照片，回室内整理野外调查成果等。

2.4.3　数据处理上报

数据处理与上报由省、县两级普查机构完成。县级普查机构负责整理上报水蚀、风蚀或冻融侵蚀野外调查单元的野外调查表（纸质和电子），水蚀或冻融侵蚀野外调查成果清绘图、景观照片等。省级普查机构负责审核县级普查机构上报的数据、汇总野外调查单元水土保持措施、数字化野外调查成果图、建立地块属性表，并按照规定格式上报国家级普查机构。

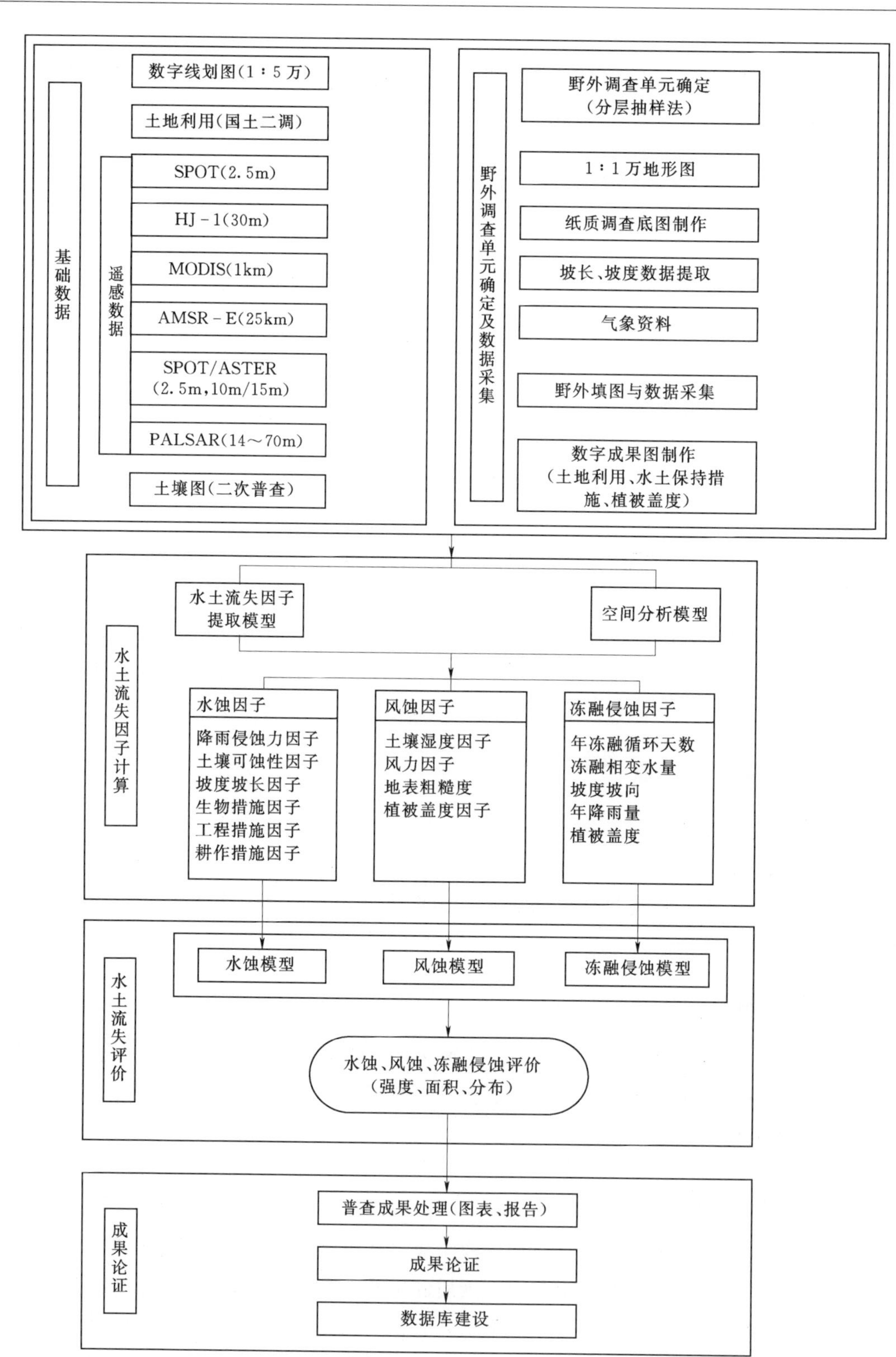

图 2.1　土壤侵蚀普查技术路线

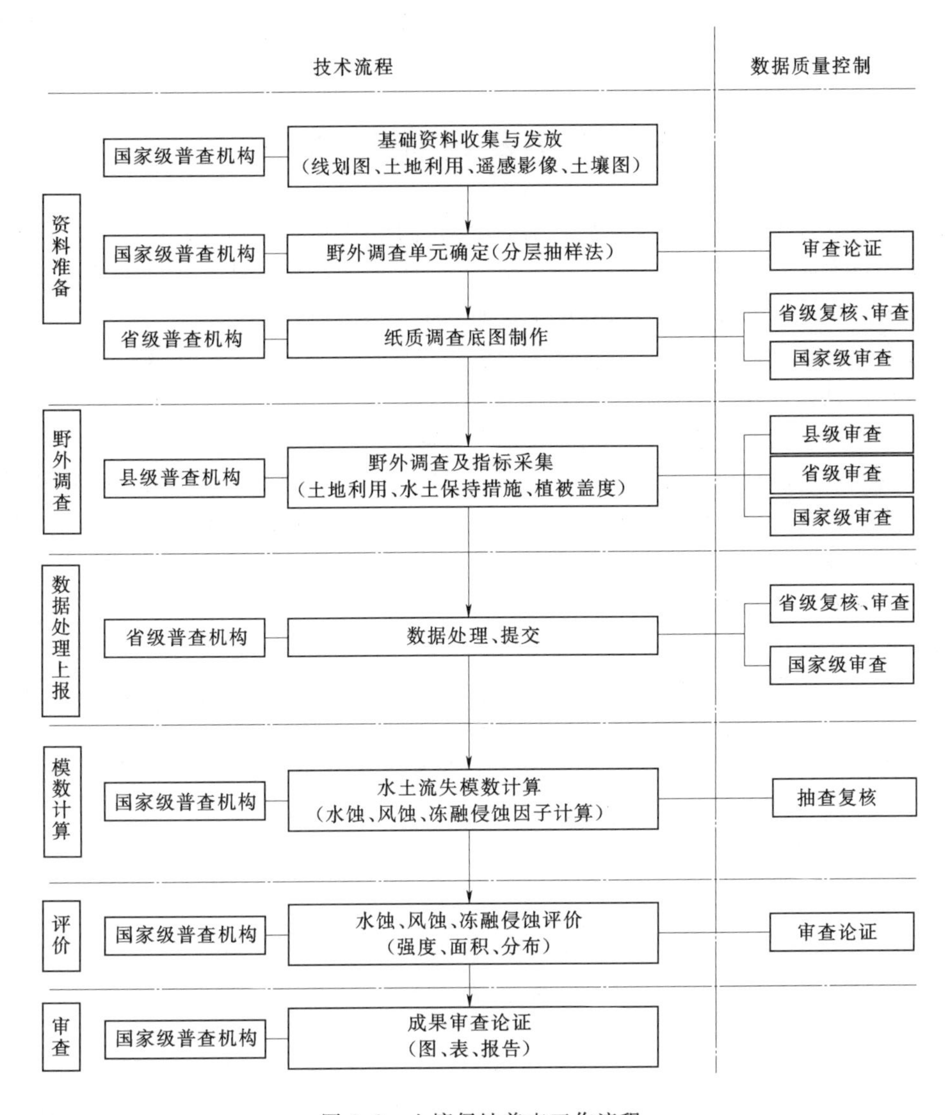

图 2.2 土壤侵蚀普查工作流程

2.4.4 土壤侵蚀现状评价

土壤侵蚀现状评价由国普办负责完成。通过国普办收集到的土地利用图、遥感影像、土壤图、1∶5万数字线划图（DLG）和省县两级普查机构获得的气象数据、水蚀、风蚀和冻融侵蚀野外调查指标，分别计算水力、风力和冻融土壤侵蚀模型因子，根据模型计算土壤侵蚀量，并对侵蚀量汇总，进行土壤侵蚀现状评价。

水力侵蚀和风力侵蚀根据模型计算的土壤侵蚀模数，依据《土壤侵蚀分类分级标准》（SL 190—2007）判断侵蚀强度，按照县（区、市、旗）、地区（市、州、盟）、省（自治区、直辖市）、流域、全国汇总侵蚀强度分级面积和流失量。

冻融侵蚀根据模型计算的综合评价指数，依据判别标准判断侵蚀强度，按照县（区、市、旗)、地区(市、州、盟)、省(自治区、直辖市)、流域、全国汇总侵蚀强度分级面积。

2.5 普查表设计与填报

土壤侵蚀的普查表是为了获得量化土壤侵蚀因子的基础数据而设计,同时,它也是规范普查实施技术人员填报行为的格式性表格。为保证普查机构和技术人员正确理解和规范填报普查表,应该做好普查表表式和填报说明的设计与编制。

在普查表表式设计时,首先应明确填表机构,即填报各类气象数据或野外调查信息的最基层单位。例如:以县为单位填报,则普查表首行需给出填报的县级行政区名称和代码。其次,需明确气象站或调查单元所在位置,即填报经纬度信息。再次,应包含所有的普查指标名称,明确其计量单位。例如:水力侵蚀调查单元调查信息包括土地利用和植物措施、工程措施及耕作措施,要明确类型和代码,对于特殊情况要备注标明。最后,应按照普查工作流程为填表人、复核人和审查人设计签名、盖章的位置,保证数据质量控制措施落实到具体的工作者和机构。

普查表的填报说明是普查表必不可少的组成部分。在编写填报说明时,应明确说明普查表中各个指标的含义和计量单位、填写要求,以及数据审核与控制的量化关系,避免概念与含义上的歧义,消除理解的不一致,排除不合理数据。

土壤侵蚀普查表包括:《第一次全国水利普查气象数据登记表(日降水量、风速风向)》,登记表(日降水量)表式见附录1,登记表(风速风向)表式见附录2;《第一次全国水利普查水蚀野外调查表》,表式见附录3;《第一次全国水利普查风蚀野外调查表》,表式见附录1、4;《第一次全国水利普查冻融侵蚀野外调查表》,表式见附录5。

2.6 技术培训

技术培训是普查工作的基础,良好的培训效果是保证普查数据和普查成果质量的前提。在普查的各个阶段工作开展之前,均应组织开展相应的技术培训。为规范普查组织管理和技术方法,如期完成普查任务,保证普查数据质量,各级普查机构应制定明确的培训目标,全面考虑参加培训的对象、组织方式、教学方法、培训内容以及教材编制等方面,组织制定详细的培训工作方案。其中,培训内容的设计是核心,熟练掌握普查必需知识、规定与技术方法的师资配备是保障。

2.6.1 培训内容

土壤侵蚀普查的内容包括普查实施方案、技术路线、数据采集、工作组织、数据质量控制、成果上报、事后质量抽查等。

2.6.2 培训组织实施

培训工作由普查的领导机构统一组织,并制定培训工作方案,组织数量足够的培训师资，编制统一的培训教材。为保证培训内容的针对性，提高培训效果，在培训实施时，针对不同阶段的工作内容，将培训安排在下一阶段工作开展之初，既避免过早培训造成遗忘，又能及时指导工作，根据工作进度进行实地指导。省级和地（市）级培训应在国家级的培训后及时展开，保证培训质量。各级的技术培训，可根据当地实际，分批或分片实施，在规定的时限内完成。

培训工作，需反复强调对普查对象和技术的基本概念、普查技术方法、工作流程和质量标准的正确理解，使其掌握数据采集与处理技术、数据审核方法及普查成果质量控制等内容，达到认识高度统一。另外，还要培养和提高其实际操作能力、技术方法的传授能力和水平。

2.6.3 培训形式

编制统一的培训教材，以课堂集中讲授为主，同时积极采取分组讨论、模拟实习等形式提高其实际操作能力，以便充分发现问题、及时解疑答惑。培训结束后，设立答疑电话专线，利用网络平台发布各地反映的共同问题解答材料。

在第一次全国水利普查中，国家级普查机构分年度制定了普查专业培训实施方案，编制了培训教材，制作了多媒体培训教材，先后开展了国家级技术培训、指导省级和地（市）级技术培训，并编制了普查问答材料，为流域机构、省级、地（市）级和县级培训了一大批师资和技术骨干，为进一步开展技术培训准备了系统的资料、培养了良好的师资，为更高水平、更好质量地实施好普查工作提供了保障。

2.7 质量控制

土壤侵蚀普查的质量控制采取分阶段跟踪审核的方式进行。数据质量审核贯穿普查整个过程，包括资料准备、野外调查、数据汇总上报和成果接收等四个阶段。为确保工作严格按规范进行，国家级审核安排在各阶段工作量完成大约20%时进行审核。在前三个工作阶段，采取抽查和全面通查的方式进行。针对数据量大，格式要求高的特点，编制软件进行数据格式的全面审核，采用人工抽查的方式审核具体普查内容；在成果接收阶段，对调查单元数据逐一进行审核。这样，及时发现工作中的问题，修正错误，避免大量返工。在土壤侵蚀强度评价之前，对所有野外调查单元数据逐一详查。

土壤侵蚀模数计算及侵蚀强度分析的质量控制，主要采取自查、交互检查、抽查等方式进行，同时多次邀请有关方面的专家进行论证，并多次与各省交流，在此基础上查找原因，进行数据完善。

第3章 野外调查单元布设

3.1 布 设 原 则

野外调查单元是实地到野外调查土壤侵蚀影响因子和水土保持措施的空间范围，平原区一般为面积 1km×1km 的网格，丘陵区和山区为 0.2～3km² 的小流域。调查单元布设原则介绍如下。

3.1.1 按不同侵蚀类型区布设

针对土壤侵蚀的主导外营力，依据全国第二次水土流失遥感调查成果，并考虑县界完整性，将全国分为水力侵蚀区、水力风力侵蚀交错区、风力侵蚀区、水力冻融侵蚀交错区和风力冻融侵蚀交错区（见图 3.1）。水蚀区只调查水蚀，风蚀区只调查风蚀，风水交错侵蚀区同时调查风蚀和水蚀，水冻侵蚀交错区同时调查水蚀和冻融侵蚀，风冻侵蚀交错区

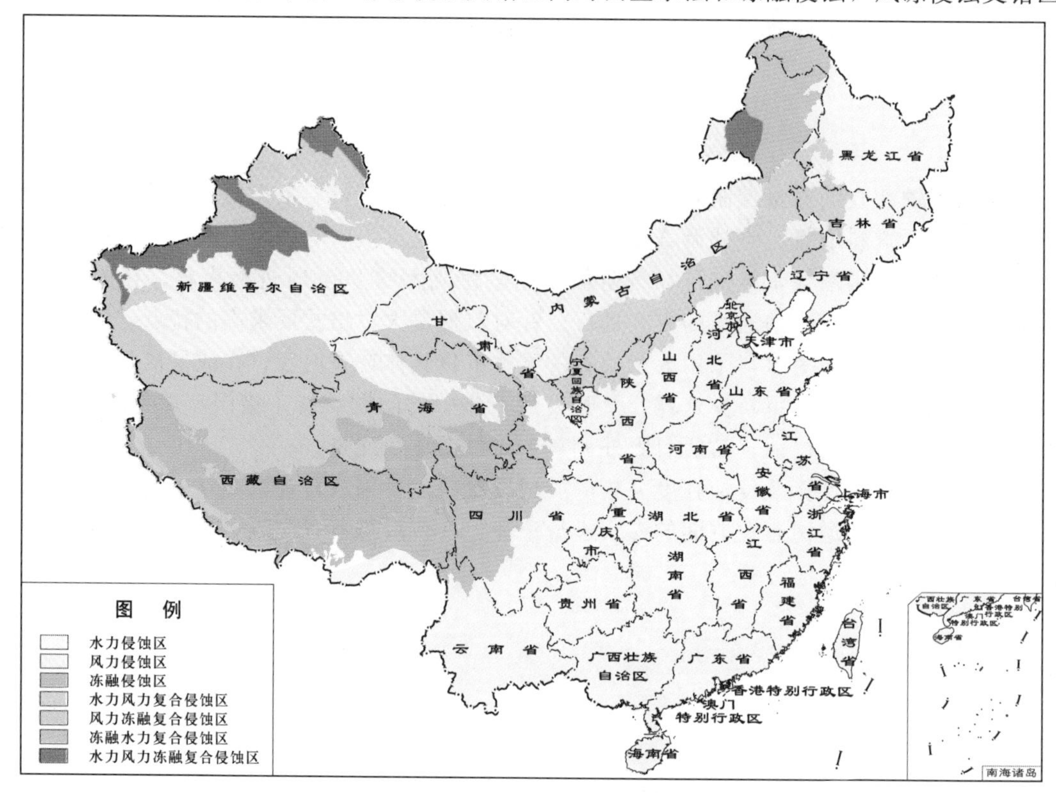

图 3.1 全国土壤侵蚀类型分布图

同时调查风蚀和冻融侵蚀，但在海拔 4800～5500m 的高海拔人类活动较弱地区，只调查冻融侵蚀。

3.1.2 按不同密度布设

总体而言，水蚀类型区的野外调查单元平均按 1%密度布设，但在平原区和深山区按 0.25%密度布设；风蚀和冻融侵蚀类型区的野外调查单元按 0.25%密度布设。由于风蚀类型为主的新疆维吾尔自治区西部和北部、冻融侵蚀类型为主的西藏自治区“一江两河”流域水蚀影响比较显著，也按 0.25%密度布设水蚀野外调查单元。

3.1.3 大面积非土壤侵蚀区不布设

在冰川、永久雪地、沙漠、戈壁、沼泽、大型湖泊、水库等大面积非土壤侵蚀区不布设野外调查单元。依据全国 1：400 万土地利用图扣除这部分区域，面积共计 187.6km^2（见图 3.2），布设野外调查单元的面积为 774.6 万 km^2。

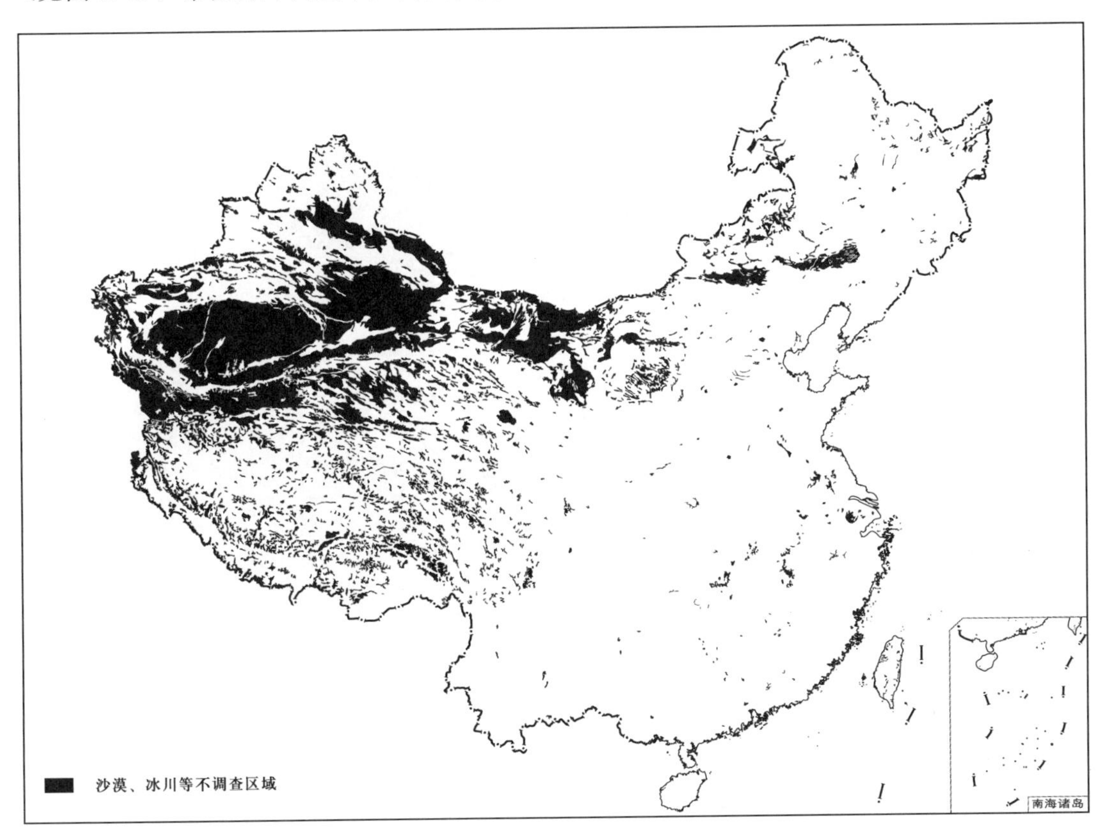

图 3.2 全国大面积非土壤侵蚀区分布图

3.1.4 布设质量控制

野外调查单元布设质量控制由国普办组织专家审查。审查内容包括：布设原则是否合理，布设数量与位置是否与布设原则一致。一旦审查通过后，不得随意更改。如确需更改，需重新组织专家对修改方案进行审查。

3.2 网 格 划 分

全国统一按网格布局。根据网格大小划分为4层（见图3.3）：第一层网格为40km×40km，称为县级区；第二层网格在第一层基础上，划分为10km×10km，称为乡级区；第三层网格在第二层基础上，划分为5km×5km，称为控制区；第四层网格在第三层基础上，划分为1km×1km，称为基本调查单元。

网格划分依据高斯一克吕格投影分带方法，将中华人民共和国地图分成22个3度带（24～45带）。在每一带内，*Y*轴方向以中央经线为基准向两侧划分网格，*X*轴方向以赤道为基准向两侧划分网格。

以第四层网格（1km×1km）为基础，按4%密度抽样，在每个控制区（5km×5km）中心抽取一个1km×1km网格，即为野外调查单元。但如果属于山丘区的水蚀调查，应选择与控制区中心1km×1km网格相连的面积约0.2～3km^{2}的小流域。

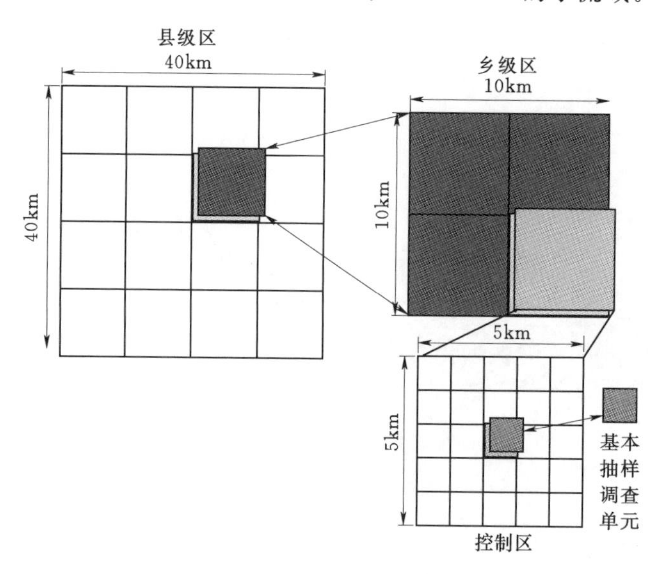

图3.3 全国调查单元划分示意图

3.3 布 设 结 果

全国实际布设的野外调查单元数量是33966个（见图3.4和表3.1），其中仅进行水蚀调查的单元29796个，仅进行风蚀调查的单元954个，仅进行冻融侵蚀调查的单元288个，同时进行水蚀和风蚀调查的单元1614个，同时进行水蚀和冻融侵蚀调查的单元954个，同时进行风蚀和冻融侵蚀调查的单元360个。

将全国各省（自治区、直辖市）野外调查单元所在1：1万地形图图幅编号发至省级普查机构，以便购买相应地形图，确定野外调查单元的具体位置和范围，制作野外调查底图。

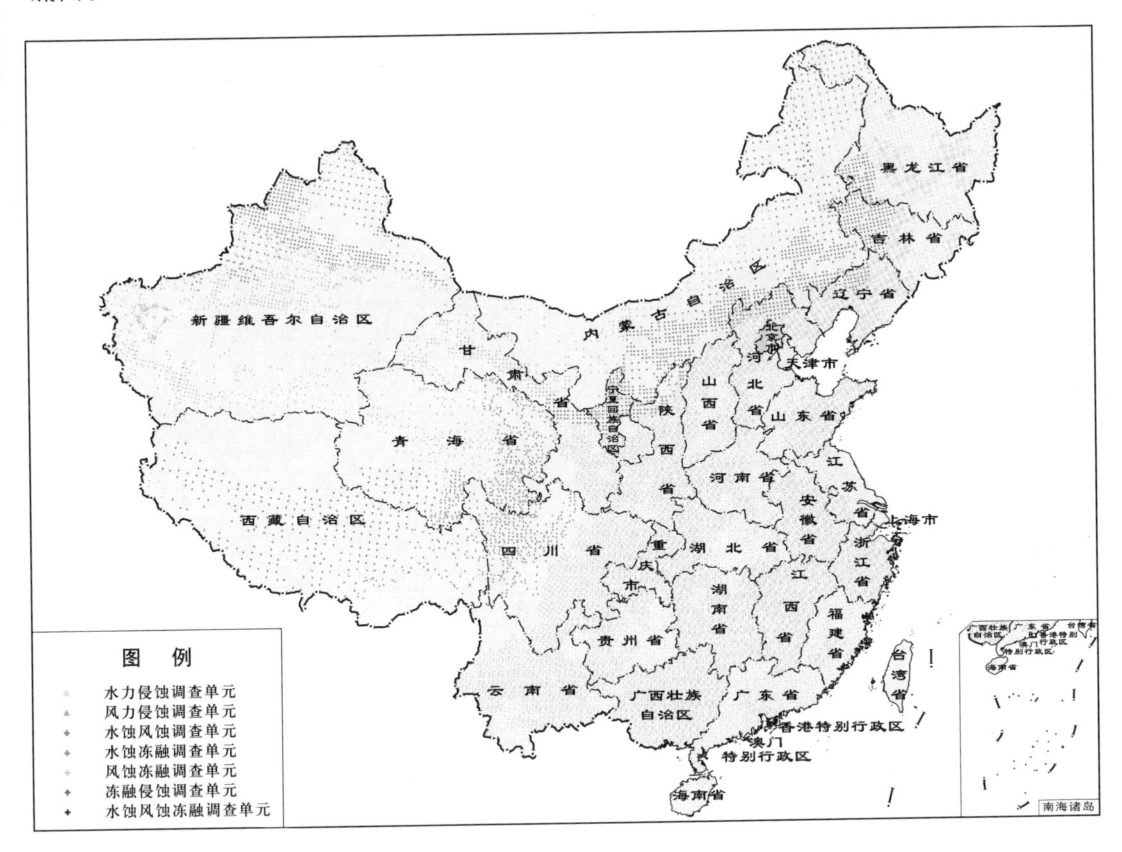

图3.4　全国土壤侵蚀普查野外调查单元分布图

表3.1　　　全国各省（自治区、直辖市）土壤侵蚀普查野外调查单元数量

序号	省级行政代码	省份	县级行政区划数量	水力侵蚀调查单元	风力侵蚀调查单元	冻融侵蚀调查单元	野外调查单元数量
1	11	北京	11	159	0	0	159
2	12	天津	6	38	0	0	38
3	13	河北	149	1263	92	0	1263
4	14	山西	106	1168	0	0	1168
5	15	内蒙古	88	860	750	94	1005
6	21	辽宁	57	1287	0	0	1287
7	22	吉林	47	829	157	0	829
8	23	黑龙江	78	1713	92	53	1713
9	31	上海	9	13	0	0	13
10	32	江苏	75	424	0	0	424
11	33	浙江	71	1004	0	0	1004
12	34	安徽	80	1325	0	0	1325
13	35	福建	67	491	0	0	491

续表

序号	省级行政代码	省份	县级行政区划数量	水力侵蚀调查单元	风力侵蚀调查单元	冻融侵蚀调查单元	野外调查单元数量
14	36	江西	89	1633	0	0	1633
15	37	山东	108	1139	0	0	1139
16	41	河南	126	1002	0	0	1002
17	42	湖北	80	1238	0	0	1238
18	43	湖南	102	1964	0	0	1964
19	44	广东	93	591	0	0	591
20	45	广西	89	2319	0	0	2319
21	46	海南	18	83	0	0	83
22	50	重庆	39	788	0	0	788
23	51	四川	157	2566	0	293	2566
24	52	贵州	82	1099	0	0	1099
25	53	云南	125	2817	0	0	2817
26	54	西藏	74	177	6	346	425
27	61	陕西	97	1775	56	0	1775
28	62	甘肃	80	1163	263	13	1371
29	63	青海	41	395	179	544	620
30	64	宁夏	20	353	96	0	353
31	65	新疆	85	688	1237	259	1464
合计			2349	32364	2928	1602	33966

第4章 野外调查单元数据采集与处理

4.1 底图制作

4.1.1 水力侵蚀

4.1.1.1 数据存储目录建立

调查底图制作以及后续数据处理过程中会涉及很多电子数据，为了便于记录与管理，将数据进行规范命名。在计算机上按照以下要求建立四级普查数据存储目录，存储目录或文件名称如有字母，一律小写（见表4.1）。省级普查机构在野外调查前将二级存储目录内容整体下发县级普查机构。在野外调查数据处理完成后，将一级目录内容整体上交国普办水土保持专项普查组。

1. 一级目录

目录命名：省级行政区划单位编码（2位数字）。

包含内容：

（1）二级目录（按县级行政区划编码排序）。

（2）省（直辖市、自治区）土壤侵蚀普查野外调查单元分布地形图图幅号。

2. 二级目录

目录命名：县级行政区划单位编码（6位数字）。

包含内容：

（1）三级目录（按野外调查单元编码排序）。

（2）县级土壤侵蚀普查野外调查单元分布地形图图幅号。

（3）SPOT影像图。

3. 三级目录

目录命名：县级编码+野外调查单元编号（10位数字）。野外调查单元编号是指县级行政区划辖区内调查单元顺序编号，4位数字。按辖区内先南后北、先西后东顺序从0001号开始。

包含内容：四级目录。

4. 四级目录

目录命名：2个子目录分别命名为“basic”与“shp”。

包含内容：2个子目录，内容如下：

（1）basic：表4.1中第1～8项的基础信息。

（2）shp：表4.1中第9～17项ArcGIS矢量图层。

注意：带有 bjx、dgx 字头的文件由省级普查机构在县级普查机构野外调查前生成，其余均在野外调查后的数据处理阶段生成。

表 4.1　四级目录文件夹及文件名称

文件夹	类别号	文件名称	文件内容	文件格式	文件数量	负责单位
basic	1①	dxty	调查单元所在 1∶1 万地形图图片	jpg	1	省级
	2②	dxts	调查单元 R2V 数字化方案保存	prj、pbk	2	省级
	3	dt1	A4 大小，数字化地形图后制作的调查底图，标有野外调查单元边界、等高线、经纬度、图名、比例尺、制图人等	jpg	1	省级
	4	dt2	A4 大小，用扫描地形图配准经纬度坐标、套合野外调查单元边界后制作的调查底图，除地形图信息外，还有图名、比例尺、制图人等	jpg	1	省级
	5	spotdt	A4 大小，标有野外调查单元边界、经纬度、图名、比例尺等的 SPOT 卫星影像图	jpg	1	省级
	6	qht	扫描的野外调查成果清绘图，标有调查单元边界、地块边界、等高线、地块编号、照片编号等	jpg	1	县级清绘 省级扫描
	7	水蚀野外调查表	调查前空白、调查后填写的水蚀野外调查表	xls	1	省级空表 县级完成
	8	1～20	野外调查照片	jpg	20	县级
shp	9	bjx	野外调查单元边界线状文件（矢量文件）	若干过程文件如 shp、prj、dbf、sbx、sbn、shx、xml 等	若干	省级
	10	bjxp	野外调查单元边界线状文件（定义投影后）	若干过程文件如 shp、prj、dbf、sbx、sbn、shx、xml 等	若干	省级
	11	bjmp	野外调查单元边界面状文件（定义投影后）	若干过程文件如 shp、prj、dbf、sbx、sbn、shx、xml 等	若干	省级
	12	dgx	野外调查单元等高线线状文件（矢量文件）	若干过程文件如 shp、prj、dbf、sbx、sbn、shx、xml 等	若干	省级
	13	dgxp	野外调查单元等高线线状文件（定义投影后）	若干过程文件如 shp、prj、dbf、sbx、sbn、shx、xml 等	若干	省级
	14	dkx	野外调查单元地块边界线状文件（矢量文件）	若干过程文件如 shp、prj、dbf、sbx、sbn、shx、xml 等	若干	省级
	15	dkxp	野外调查单元地块边界线状文件（定义投影后）	若干过程文件如 shp、prj、dbf、sbx、sbn、shx、xml 等	若干	省级
	16	dkmp	含野外调查单元边界及其范围内地块边界的面状文件（定义投影后）	若干过程文件如 shp、prj、dbf、sbx、sbn、shx、xml 等	若干	省级
	17	gl	野外调查单元重要参考地物如道路、河流的线状文件（矢量文件）	若干过程文件如 shp、prj、dbf、sbx、sbn、shx、xml 等	若干	省级

注　R2V 和 GIS 软件数字化后，会自动形成许多过程文件，不要进行任何改动。

①　如果省级普查机构已有电子地图，将 1∶1 万地形图输出为 jpg 图片格式存储；如果省级普查机构没有电子地图，扫描购置的 1∶1 万地形图，存储为 jpg 图片格式。如果涉及保密，将调查单元向外扩充 2cm 的部分扫描存储。

②　如果省级普查机构已有电子地图或采用其他软件进行底图数字化，则无该项内容。

4.1.1.2　野外调查单元确定

野外调查单元地理位置用 1∶1 万地形图确定，依据下发的《土壤侵蚀普查野外调查单元分布地形图图幅号》（存储于二级目录，结构见表 4.2），到省测绘局购置。如果省测绘局没有编制辖区内 1∶1 万地形图，请购置能有的最大比例尺地形图，如 1∶25 万、1∶5 万。否则直接采用遥感影像作为调查底图。1∶1 万地形图旧图幅号与 1∶5 万地形图图幅号的对应关系见表 4.3。将 1∶1 万旧图幅号括号内的数字，对应表中的 A、B、C、D 或甲、乙、丙、丁。如 1∶1 万地形图旧图幅号为“J－50－73－（49）”，对应的 1∶5 万地形图图幅号为“J－50－73－C/丙”。

表 4.2　　土壤侵蚀普查野外调查单元分布地形图图幅号（示例）

县级行政区划单位名称	野外调查单元编号	分带编号	1∶1 万地形图旧图幅号	1∶1 万地形图新图幅号	调查对象	布点密度（%）
北京市市辖区	1101000001	39	J－50－16－（20）	J50G011028	水蚀	1
门头沟区	1101090002	39	J－50－4－（12）	J50G002028	水蚀	1
井陉县	1301210001	38	J－50－73－（49）	J50G055001	水蚀	1
井陉县	1301210002	38	J－50－73－（50）	J50G055002	水蚀风蚀	0.25
井陉县	1301210003	38	J－50－73－（51）	J50G055003	风蚀	0.0625

表 4.3　　1∶1 万地形图旧图幅号与 1∶5 万地形图图幅号对应关系

1∶1 万地形图旧图幅号括号内数字	1∶5 万地形图对应代码	1∶1 万地形图旧图幅编号括号内数字	1∶5 万地形图对应代码
1～4，9～12，17～20，25～28	A/甲	5～8，13～16，21～24，29～32	B/乙
33～36，41～44，49～52，57～60	C/丙	37～40，45～48，53～56，61～64	D/丁

确定土壤侵蚀野外调查单元具体位置和范围的方法如下：找到地形图的中心公里网格，用铅笔勾绘野外调查单元边界。如果网格属于大川、大河、塬面、平原等地势较为平坦、等高线稀疏的区域，直接勾绘 1km×1km 网格边界，如图 4.1（a）所示；如果网格中平原（水域）面积不小于 20%时，可直接勾绘该 1km×1km 网格边界；如果网格属于丘陵区和山区，选择面积约 0.2～3km^2 的小流域，如图 4.1（b）所示。小流域应在中心公里网格内，或与该网格有关联。

勾绘小流域边界时，首先要保证小流域边界与等高线垂直相交，沿脊线延伸，在沟口处闭合，如图 4.1（b）所示。如果分辨不清是脊线还是谷底线，可垂直该线画一条直线，分析与该直线相交的等高线高程变化：如果从该线向两侧高程逐渐降低，则为脊线，反之为沟底线。

如果小流域出口处为较宽的河谷，调查单元应包括宽谷（如河流阶地等）部分。具体方法是：小流域左、右岸的边界直接延伸到宽谷中心，与宽谷中心线构成闭合调查单元。

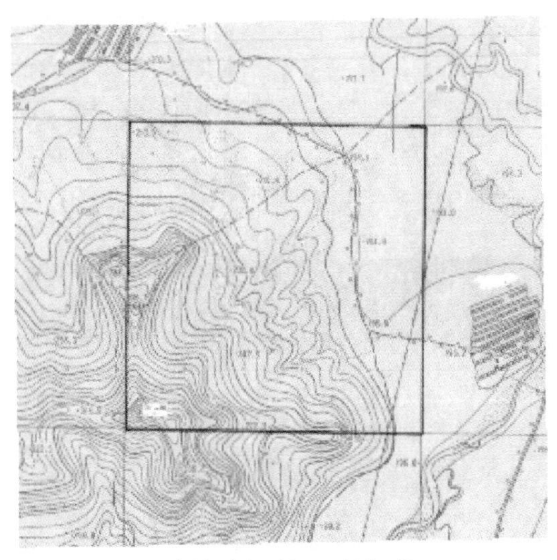

(a)大川、大河、塬面、平原区等

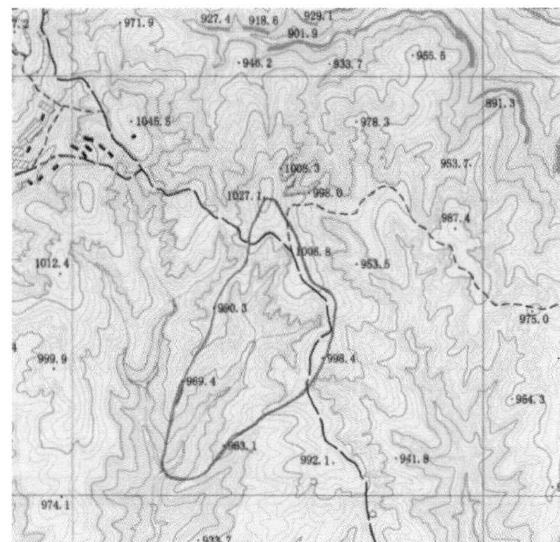

(b)山地、丘陵区

图 4.1　地形图上勾绘野外调查单元示例

4.1.1.3　野外调查底图制作

野外调查底图用于野外勾绘调查单元内的地块边界。调查底图包括：调查单元编号名称、调查单元边界、等高线、比例尺、制图人、填图人、复核人及其日期等。

野外调查底图可采用两种方法制作：一种是将 1：1 万地形图上勾绘的调查单元边界、道路、等高线等数字化后，配上经纬度、比例尺、图名、制图人等，制作成调查底图，命名为“dt1. pdf”（见图 4.2）。另一种是将流域边界、等高线套合遥感影像制作而成的野外调查底图，命名为“dt2. pdf”（见图 4.3）。

dt1. pdf 能很清楚地显示地块边界和标注信息，dt2. pdf 是将调查单元边界和等高线与遥感影像图套合，对野外填图有重要参考作用。

制作调查底图可采用不同的软件，如光栅图矢量化软件 R2V 或地理信息系统 GIS 软件，前者只能进行调查单元边界和等高线数字化，制作成最终的调查底图还需要进一步利用 GIS 软件定义地理坐标、配上经纬度、比例尺、图名、制作人等，具体的底图制作规范见附录 2.1。

以下给出利用 R2V 软件数字化调查单元边界、等高线和重要参考地物（本例道路，详见附录 2.2），利用 ArcGIS 软件添加底图信息完成调查底图制作（详见附录 2.3）的基本步骤：

（1）扫描勾绘有调查单元边界的地形图。扫描要求如下：①A1 以上大幅扫描仪整幅扫描；②扫描范围设置 A1 以上；③正北方向扫描；④地形图 4 个角点经纬度要清晰；⑤扫描分辨率设为 300dpi，颜色模式设为 RGB；⑥扫描结果保存为 jpg 格式，文件名为 dxty. jpg。

（2）对勾绘的调查单元边界和所包括范围的等高线、道路进行数字化。生成的数字化文

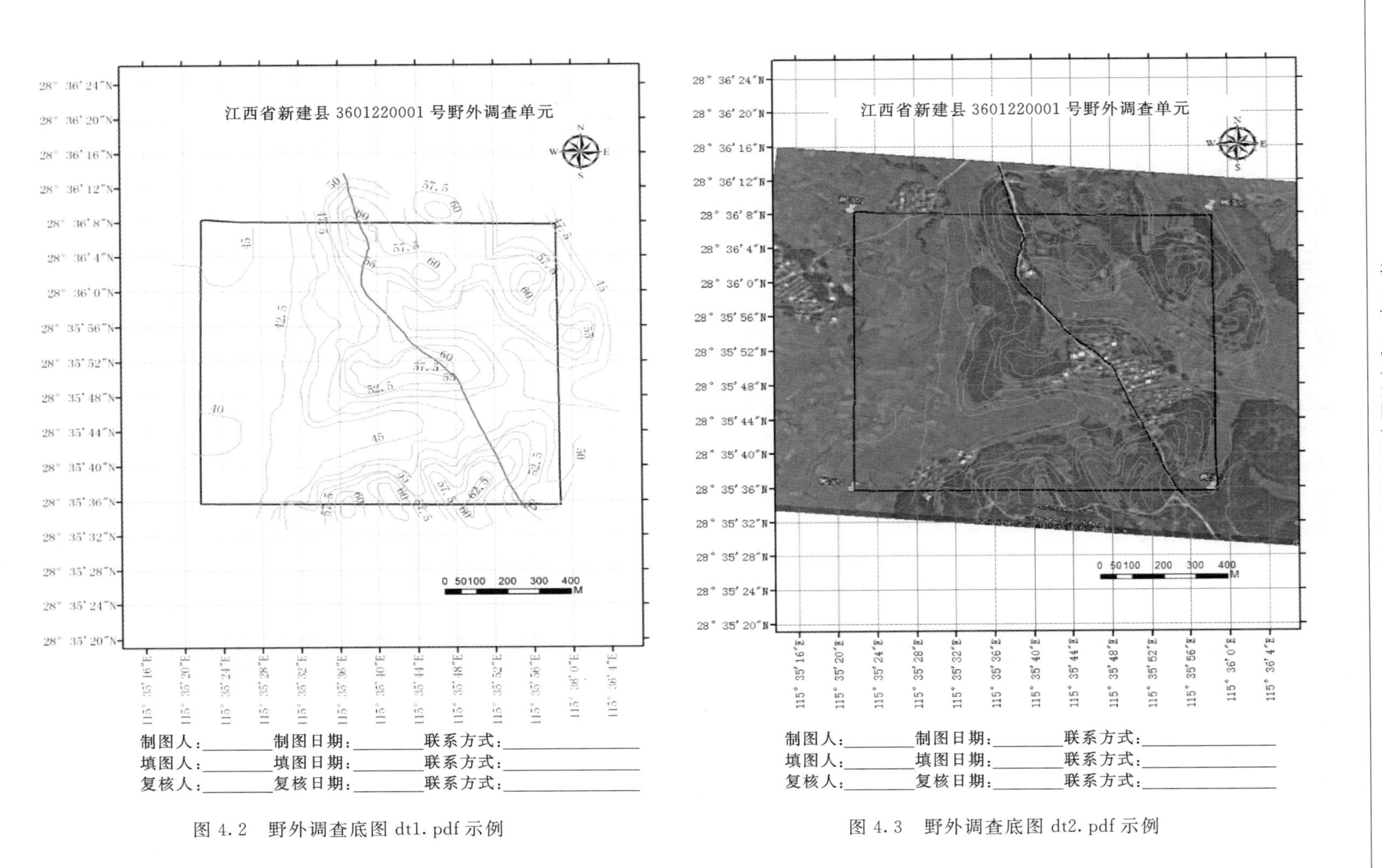

图 4.2　野外调查底图 dt1.pdf 示例

图 4.3　野外调查底图 dt2.pdf 示例

件 bjx. shp、dgx. shp、dl. shp，保存在 shp 目录下。如果采用 R2V 软件数字化，要将形成的过程文件 bjx. prj、bjx. pbk、dgx. prj 和 dgx. pbk 等，一并保存在 basic 目录下。如果采用 GIS 软件数字化，则无上述过程文件。

（3）生成野外调查底图。在 GIS 软件下，添加数字化后生成的矢量文件 bjx. shp、dgx. shp、gl. shp，通过配上经纬度网格线、比例尺、图名、制图人、绘图人、审核人、日期等，输出为图片格式文件 dt1. pdf，生成野外调查底图 dt1，存储在 basic 目录下。再添加遥感影像图，与调查单元边界和等高线叠加后，配上经纬度网格线、比例尺、图名、制图人、绘图人、审核人、日期等，输出为图片格式文件 dt2. pdf，生成遥感影像调查底图，存储在 basic 目录下。

4.1.1.4 资料准备阶段质量控制

资料准备阶段数据质量控制内容包括三个方面：普查数据存储目录完整准确、调查单元确定合理、调查底图制作正确。数据质量控制从三个环节进行：省级普查机构复核、省级普查机构审查、国家级普查机构审查。

1. 数据质量控制标准

三个环节的数据质量控制标准相同，具体包括：

（1）普查数据储存目录位置正确，命名正确，数量正确（以重庆为例，见图 4.4）。

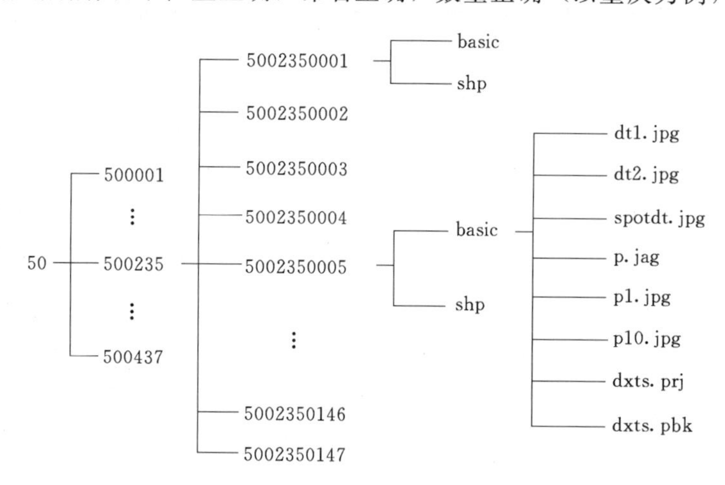

图 4.4　普查数据储存目录

（2）调查单元目录（三级目录）下必须包含 basic 目录和 shp 目录；basic 目录内必须包含 dxts. jpg、dt1. jpg（dt1. jpg 必有，dt2. jpg 任选）、spotdt. jpg 三（或四）个图片文件，以及一个空白“水蚀野外调查表 . xls”。其中，涉及保密要求，dxts 不能整幅提交的，可以选择超出调查单元边界 2cm 的区域存储图片，并注上图幅号、图名、图例以及左下角的坐标系统。

（3）勾绘的调查单元边界正确（查《水土流失普查野外调查单元分布地形图图幅号》），面积正确（不得小于下界面积或大于上界面积的 20%），边界合理：$1km^2$ 网格边界或流域边界，如果是后者，边界沿山脊线且与等高线垂直。

（4）扫描地形图方向正确，无偏斜、无折叠、无阴影。

(5) 数字化的调查单元边界与扫描地形图上勾绘的调查单元边界误差不大于1mm；调查单元边界需闭合。

(6) 数字化等高线条数与扫描地形图上勾绘的调查单元边界内的等高线条数一致；且与相应等高线偏差不大于1mm；调查单元范围内所有等高线需超出调查单元边界2mm以上。

(7) 数字化的等高线高程标注与扫描地形图上的等高线高程标注一致。

(8) 调查底图其他信息：图名、经纬度、比例尺、制图人及日期、填图人及日期、复核人及日期等各项的错误率（包括遗漏）小于5%（不含）。

(9) SPOT影像底图与地形图上同一地物位置偏差不大于1mm，并有经纬度和调查单元边界，调查单元边界与扫描地形图勾绘的调查单元边界偏差不大于1mm。

2. 三个环节的数据质量控制

(1) 省级普查机构复核。省级普查机构审核人员对该省全部野外调查单元的普查数据存储目录和调查底图制作，按上述数据质量标准检查。某一调查单元全部符合标准，则为该单元合格。以调查单元个数计算，合格率要求100%。不合格的调查单元要进行修改。

(2) 省级普查机构审查。省级质量控制组抽查省内全部野外调查单元总数的20%。参照上述标准，某一调查单元全部符合标准，则为该单元合格。以抽查的调查单元个数计算，合格率要求100%。不合格的调查单元要重新修改和复核。

(3) 国家级普查机构审查。国普办质量控制组抽查每个省30个调查单元。参照上述标准，某一调查单元全部符合标准，则为该单元合格。以抽查的调查单元个数计算，合格率要求100%。不合格的调查单元要重新修改、复核和审查。

4.1.1.5　资料分发

省级普查机构向县级普查机构分发的资料包括：

(1) 电子文档：二级目录以下的目录体系整体拷贝给县级承担单位，并保留原件。

(2) 纸质资料：见表4.4。

表4.4　　纸质资料

编号	名称	份数	用途
1	土壤侵蚀普查野外调查单元地形图图幅编号	分省编制，每县级行政区划单位一份	供省级调查人员确定野外调查单元的地形图图幅号、位置和侵蚀类型
2	1：1万地形图扫描图或复印图	每野外调查单元一份	供省级调查人员确定野外调查单元；供县级普查人员实地到达野外调查单元
3	水蚀野外调查表	每野外调查单元一份	供县级普查人员填表
4	野外调查底图1	每野外调查单元一份（A4幅面）：dt1	供县级普查人员填图
5	野外调查底图2	每野外调查单元一份（A4幅面）：dt2	供县级普查人员填图参考
6	SPOT卫星影像底图	每野外调查单元一份（A4幅面）：spotdt	供县级普查人员填图参考

4.1.2 风力侵蚀

文件夹体系建立与水力侵蚀相同，四级目录中包含地形图扫描文件、SPOT卫星影像文件、风蚀野外调查表和地表近景照片。

由于风力侵蚀没有流域的概念，无需制作野外调查单元底图。风力侵蚀野外调查单元面积为1km×1km，在1∶1万地形图上标注其范围。如果工作区仅有1∶2.5万或者1∶5万地形图，可参考1∶1万地形图上的经纬度，在1∶2.5万或者1∶5万地形图上标注野外调查单元的位置和范围。如果野外调查单元落在水域、裸岩、居民点、特殊用地等其中之一的土地利用类型之上，则在附近重新选择野外调查单元位置（见图4.5），野外调查单元的面积不变，并记录新的野外调查单元中心点的经纬度地理坐标。野外调查单元编号使用原编号，但须在“风蚀野外调查表”野外调查单元编号之后注明“重选”字样。“风蚀野外调查表”包括野外调查单元的基本情况、地表粗糙度、地表覆被状况三类信息。地表近景照片的视场范围约30cm×45cm，分辨率不小于1280×960。

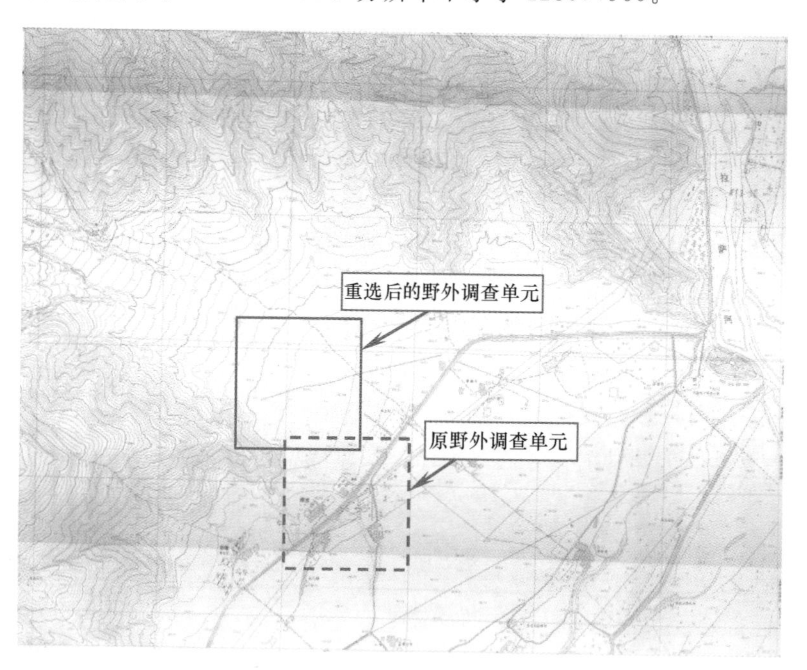

图4.5　1∶1万地形图上重新选择野外调查单元

4.1.3 冻融侵蚀

4.1.3.1 文件夹体系建立

文件夹体系共有四级目录。

1. 一级目录

目录命名：5个大写英文字母：GSFTE（General Survey on Freeze－thaw Erosion的缩写）。

内容包括：冻融侵蚀的8个省（自治区、直辖市）及新疆生产建设兵团，共有9个二级目录文件夹（见图 4.6）。

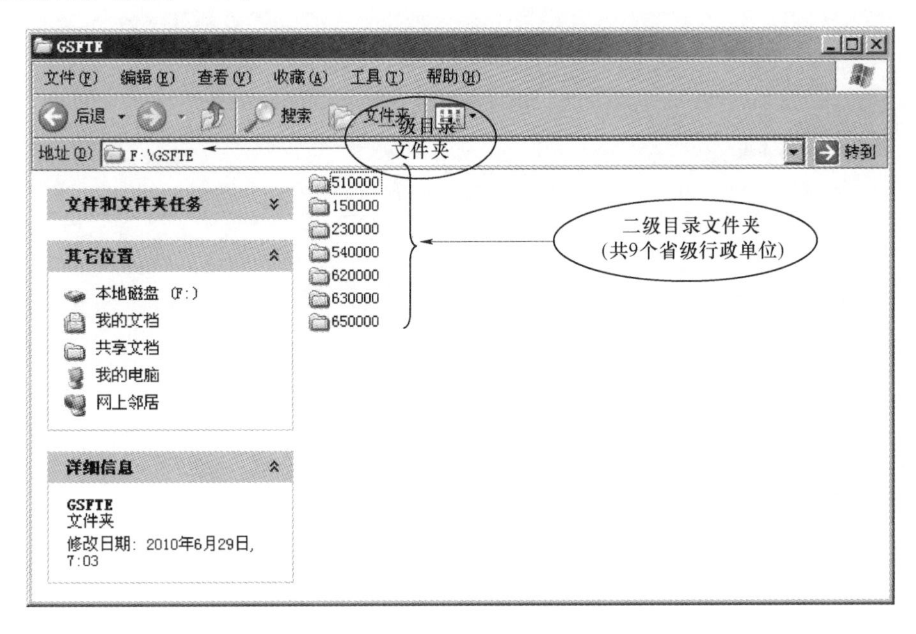

图 4.6　一级目录文件夹、文件格式

2. 二级目录

目录命名：省级行政区划单位编码，依据《中华人民共和国行政区划简册 2010》，由 6 个阿拉伯数字组成。

内容包括：

(1) 每个二级目录文件夹之下建立三级目录文件夹，三级文件夹按县（区、市、旗）行政单位编码命名。

(2) 全省（自治区、直辖市）野外调查单元分布图文件。

(3) 全省（自治区、直辖市）野外调查单元相应地形图图幅编号及无图区单元中心位置经纬度文件。

3. 三级目录

目录命名：县级行政区划单位编码，依据《中华人民共和国行政区划简册 2010》，由 6 个阿拉伯数字组成（见图 4.7）。

内容包括：

(1) 四级目录文件夹（野外调查单元信息），按野外调查单元编码命名。

(2) 县级野外调查单元分布图文件。

(3) 县级野外调查单元相应地形图图幅编号及无图区单元中心位置的经纬度文件。

4. 四级目录

目录命名：四级目录文件夹（野外调查单元信息）。按“县级行政单位编码-野外单元编号 ds”命名（10 个阿拉伯数字和英文字母 ds，共 12 个字符）。野外调查单元编号是指县级行政区划单位内调查单元顺序号，4 个阿拉伯数字。

内容包括：

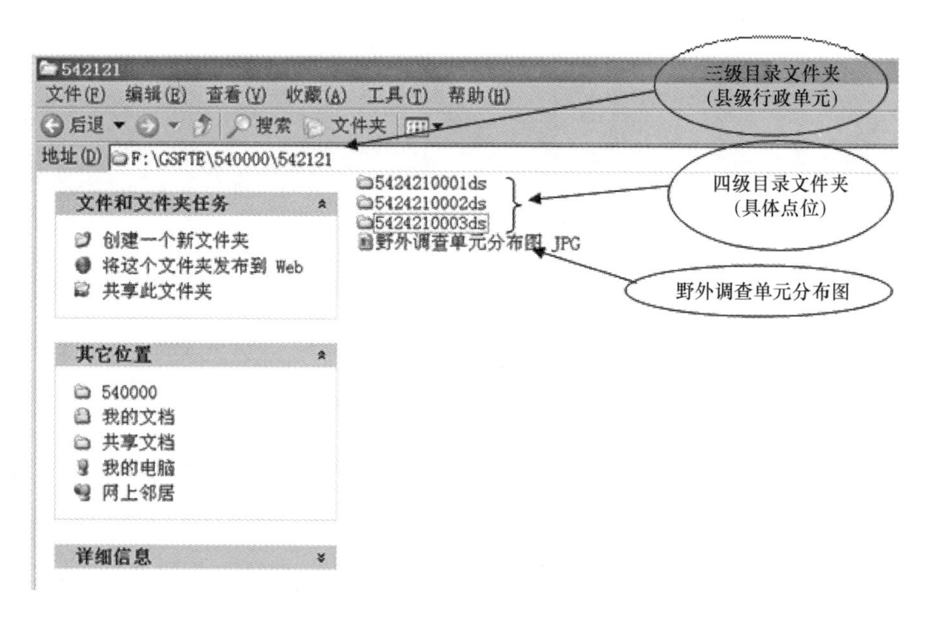

图 4.7　三级目录文件夹、文件格式

（1）冻融侵蚀野外调查表（见附录 1.5）。按“县级行政单位编码-野外单元编号 ds”命名，word 格式。

（2）野外调查单元照片。第一张照片显示有标牌，并且标牌上显示有调查日期及调查单元编号、经纬度信息。照片分别按照在“县级行政单位编码-野外单元编号 ds”之后加“01”、“02”和“03”命名。jpeg 格式，分辨率不低于 1280×960。

（3）卫星影像。jpeg 格式，按照“县级行政单位编码-野外单元编号 ds－yx”命名（见图 4.8）。

本地磁盘 (D:) ▸ 冻融侵蚀项目 ▸ GSFTE ▸ 540000 ▸ 542322 ▸ 5423220001ds

共享 ▾　新建文件夹

名称	修改日期	类型	大小
5423220001ds.dbf	2010-09-07 10:52	DBF 文件	3 KB
5423220001ds.doc	2010-09-06 11:26	Microsoft Word ...	41 KB
5423220001ds.prj	2010-09-07 10:52	PRJ 文件	1 KB
5423220001ds.sbn	2010-09-07 10:52	SBN 文件	1 KB
5423220001ds.sbx	2010-09-07 10:52	SBX 文件	1 KB
5423220001ds.shp	2010-09-07 10:52	SHP 文件	6 KB
5423220001ds.shx	2010-09-07 10:52	SHX 文件	1 KB
5423220001ds.xml	2010-09-07 10:52	XML 文档	12 KB
5423220001dsp0.jpg	2010-08-30 15:01	JPEG 图像	801 KB
5423220001dsp1.JPG	2010-08-20 21:08	JPEG 图像	751 KB
5423220001dsp2.JPG	2010-08-20 21:08	JPEG 图像	868 KB
5423220001dsp3.JPG	2010-08-20 21:08	JPEG 图像	624 KB
5423220001dsp4.JPG	2010-08-20 21:08	JPEG 图像	658 KB
5423220001dsp5.JPG	2010-08-20 21:08	JPEG 图像	555 KB
5423220001ds-yx.jpg	2010-09-06 20:52	JPEG 图像	1,303 KB

图 4.8　四级目录文件夹、文件格式

4.1.3.2　野外调查单元确定

由省级相关部门准备所需的相应比例尺的地形图（纸质或电子版均可）。

根据全国水利普查机构下发的融冻侵蚀野外调查单元的位置，在相应比例尺的地形图上（1：10 万、1：5 万）确定野外调查单元所在位置，并将野外调查单元编号逐个、清晰地标注在对应的地形图左上方空白处（见图 4.9）。

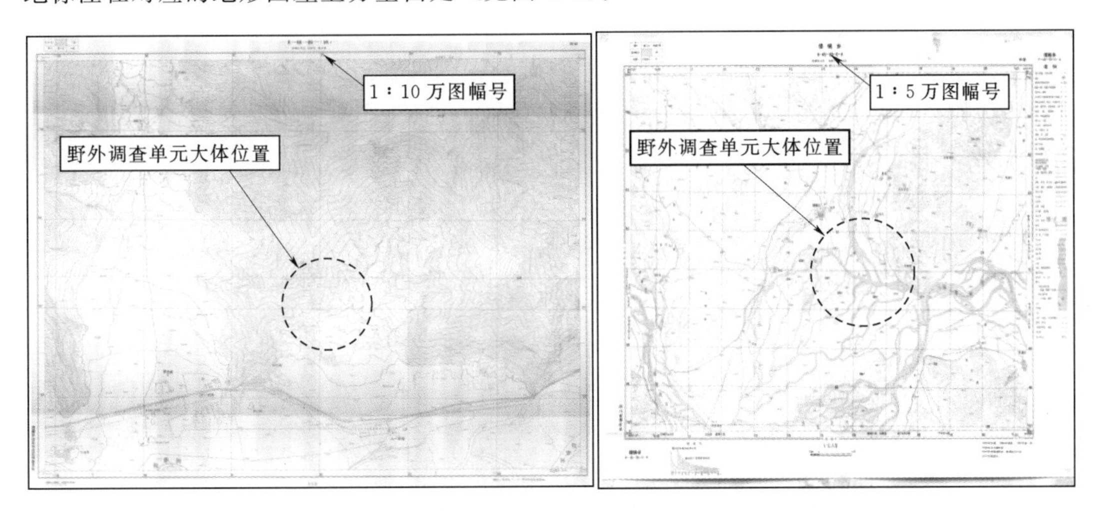

图 4.9　在 1：10 万和 1：5 万地形图上确定野外调查单元示例

4.1.3.3　卫星影像图编制

1. 卫星影像裁剪

由全国水利普查机构提供的或者各省（自治区、直辖市）自筹的高分辨率的卫星影像，编制调查单元的卫星影像图。在经过几何精纠正的高分辨率的卫星影像上，确定野外调查单元中心位置（经纬度坐标），以野外调查单元为中心，裁切 5km×5km 或 1km×1km 卫星影像，并标注卫星影像四个角和中心点（与野外调查单元中心点重合）的经纬度（见图 4.10）。

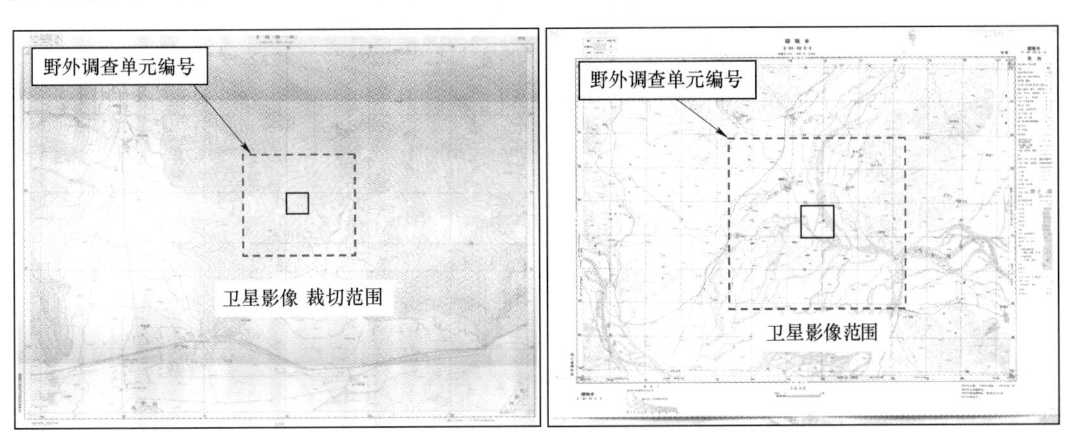

图 4.10　在 1：5 万（左）或 1：10 万（右）地形图上确定卫星影像裁切范围

卫星影像保存为JPEG格式，基线按统一要求。影像命名按照“县级行政单位编码-野外单元编号 ds - yx”，存放在相应的四级目录文件夹内。

2. 影像处理

基于ArcGis和Erdas软件平台，需要对遥感影像进行几何精校正、配准、融合及调查样区的剪裁等处理。

3. 卫星影像制图

设置图名、比例尺、样点位置等要素，输出样区影像图。卫星影像保存为JPEG格式，基线按统一要求。影像命名按照“县级行政单位编码-野外单元编号 ds - yx”，存放在相应的四级目录文件夹内。

4. 高分辨率影像的室内预解译

结合专家知识，前期野外数据积累，初步建立遥感解译标志，在调查单元卫星影像图上进行土地利用类型的室内预解译，勾绘土地利用类型边界并标注属性（见图4.11），然后在野外实地调查中进行核实与修正。

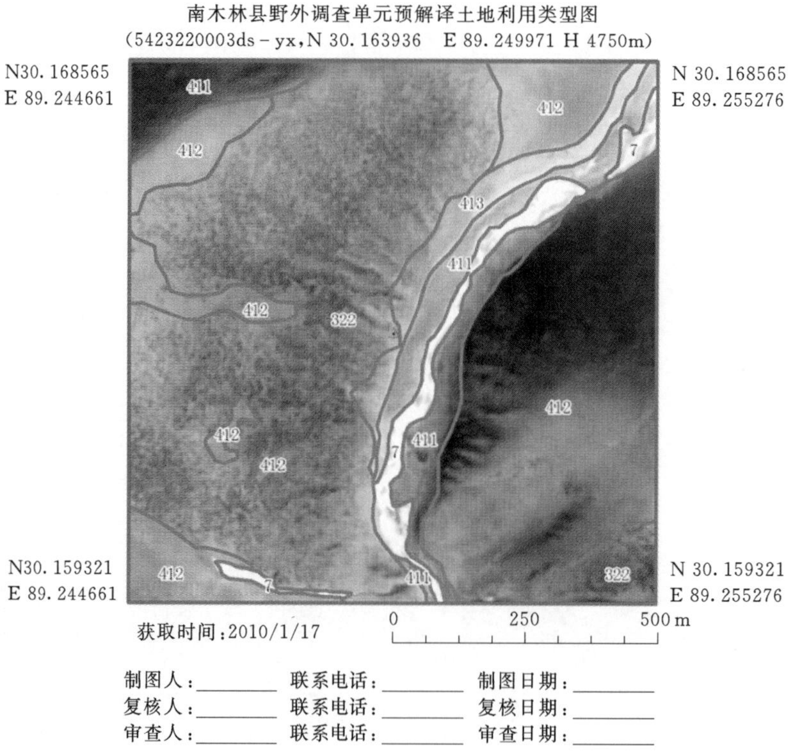

图4.11　解译的卫星影像土地利用图（示例）

4.2　数　据　采　集

野外调查单元数据采集包括：野外调查用品准备，实地到野外调查单元勾绘调查图，填写小流域土壤侵蚀野外调查表，拍摄景观照片，室内清绘调查成果草图，将填写的小流域土壤侵蚀野外调查表录入计算机，将拍摄的景观照片导入计算机。

4.2.1　水力侵蚀

4.2.1.1　野外调查用品准备

按表4.5准备野外调查所需用品。

表4.5　野外调查所需用品清单

名　称	用　途	要　求
手持GPS及数据线	定位和导航	小巧，存储点的操作简单
数码相机及数据线	景观拍照	小巧，分辨率高于300万像素
电池	为GPS和数码相机供电	容量越大越好
夹板	辅助野外调查图勾绘和调查表记录	A4幅面
铅笔、橡皮	勾绘调查图、填写调查表	HB铅笔2支
签字笔	清绘调查图	红色、黑色各2支
摄影背心	装各种野外调查用品	口袋多

特别强调，野外调查要带以下纸质材料：

（1）小流域土壤侵蚀野外调查表及填表说明。

（2）人工目估植被郁闭度/盖度（黑白）参考图（见图4.12）。

（3）野外调查单元土地利用现状分类表（见表4.6）。

（4）野外调查单元水土保持措施分类表（见表4.7）。

（5）全国轮作制度区划及轮作措施三级分类表（见表4.8）。

4.2.1.2　野外调查

县级普查人员可利用1：1万地形图、GPS导航或者询问当地人等方法，到达野外调查单元。

到达后的基本工作步骤如下：首先拍摄标识照片，显示野外调查单元中心位置的经纬度（GPS）及该调查单元野外调查底图。然后寻找勾绘地块边界的起始位置，依次勾绘地块边界；每勾绘完一个地块边界后，及时在水蚀野外调查表填写该地块的信息，并拍摄该地块的景观照片。此外注意拍摄一些水土保持措施典型的近景照片和反映调查单元特征的远景照片。

地块是指土地利用类型相同、水土保持措施类型相同、郁闭度/盖度相同的空间连续范围。郁闭度是指乔木在单位面积内其垂直投影面积所占百分比，盖度是指灌木或草本植物在单位面积内其垂直投影面积所占百分比。土地利用类型依据《野外调查单元土地利用现状分类》（见表4.6）中的二级分类区分，水土保持措施类型依据《野外调查单元水土保持措施分类表》（见表4.7）中的二级或三级分类区分。

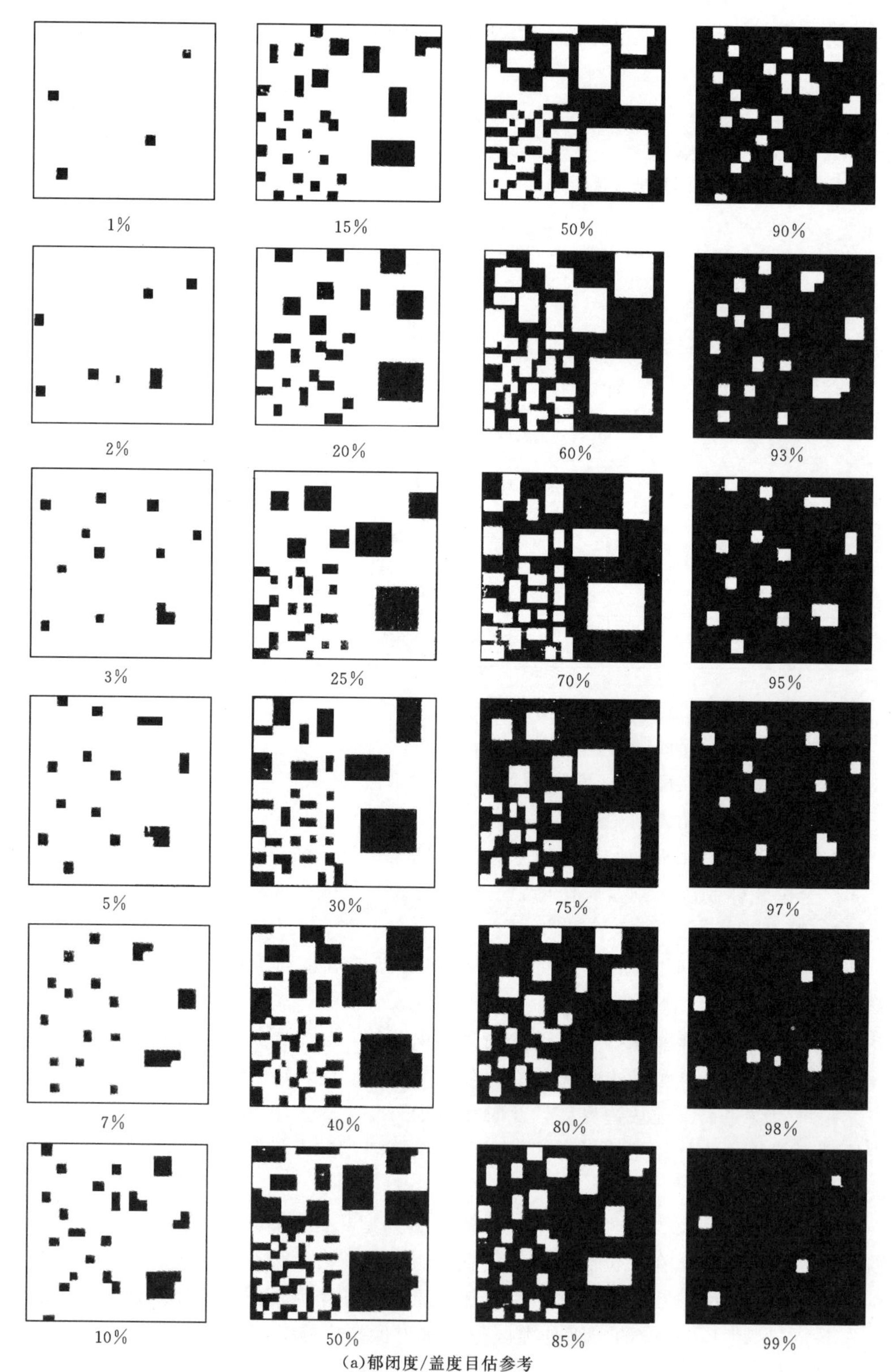

(a)郁闭度/盖度目估参考

图 4.12（一）　人工目估植被郁闭度/盖度（黑白）参考图

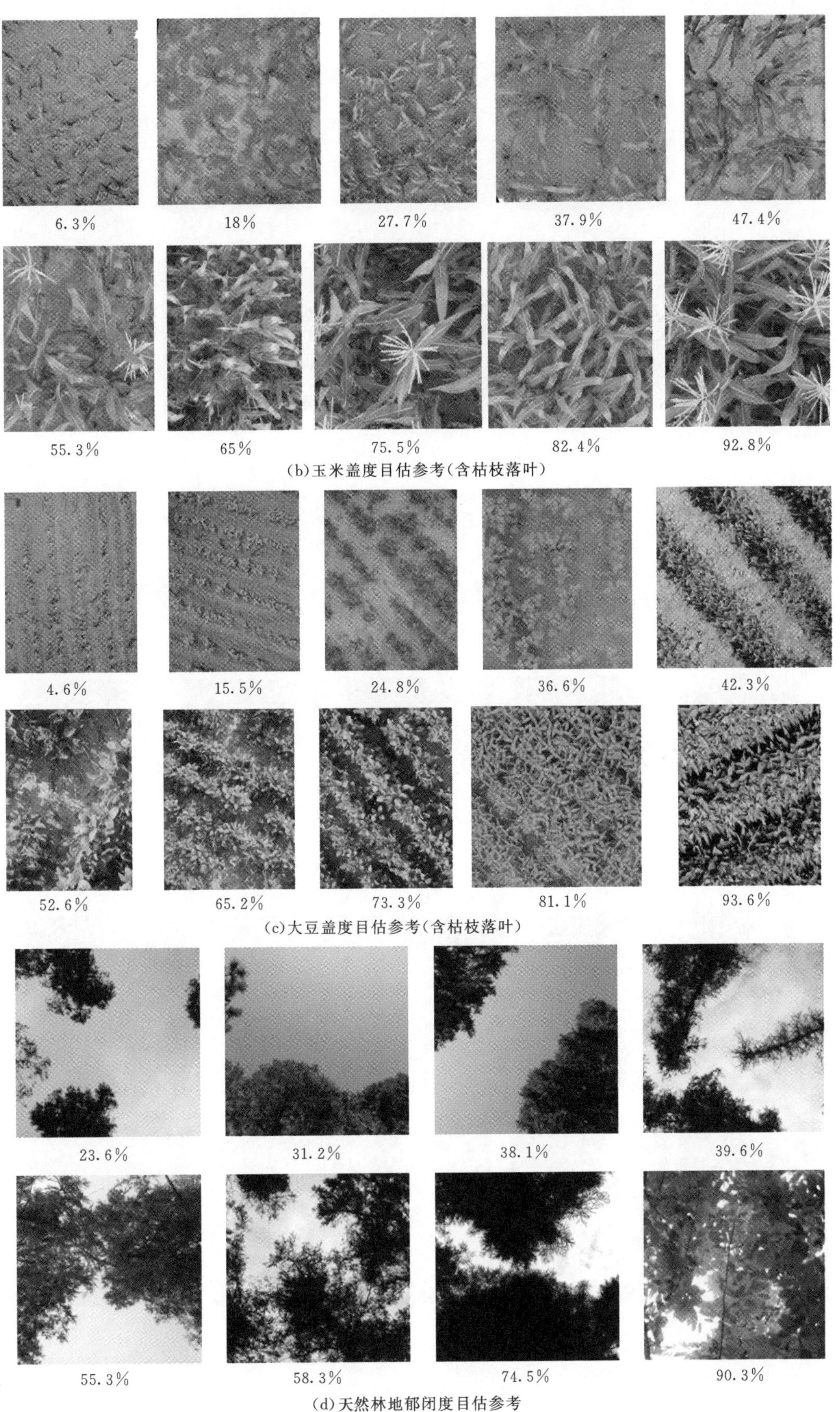

图 4.12(二)　人工目估植被郁闭度/盖度(黑白)参考图

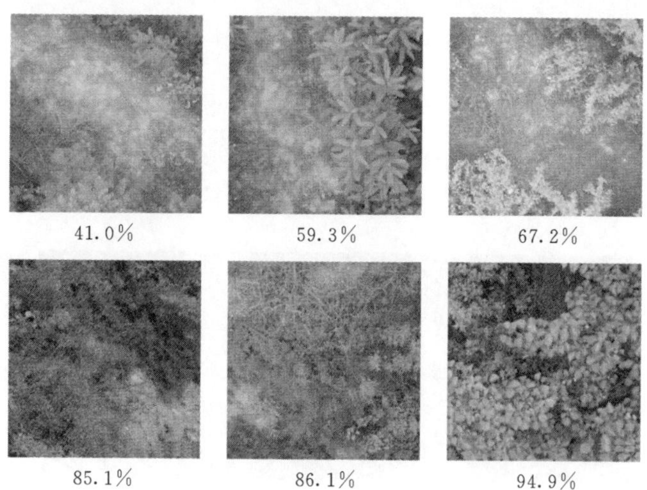

(e)灌木林地盖度目估参考(含枯枝落叶)

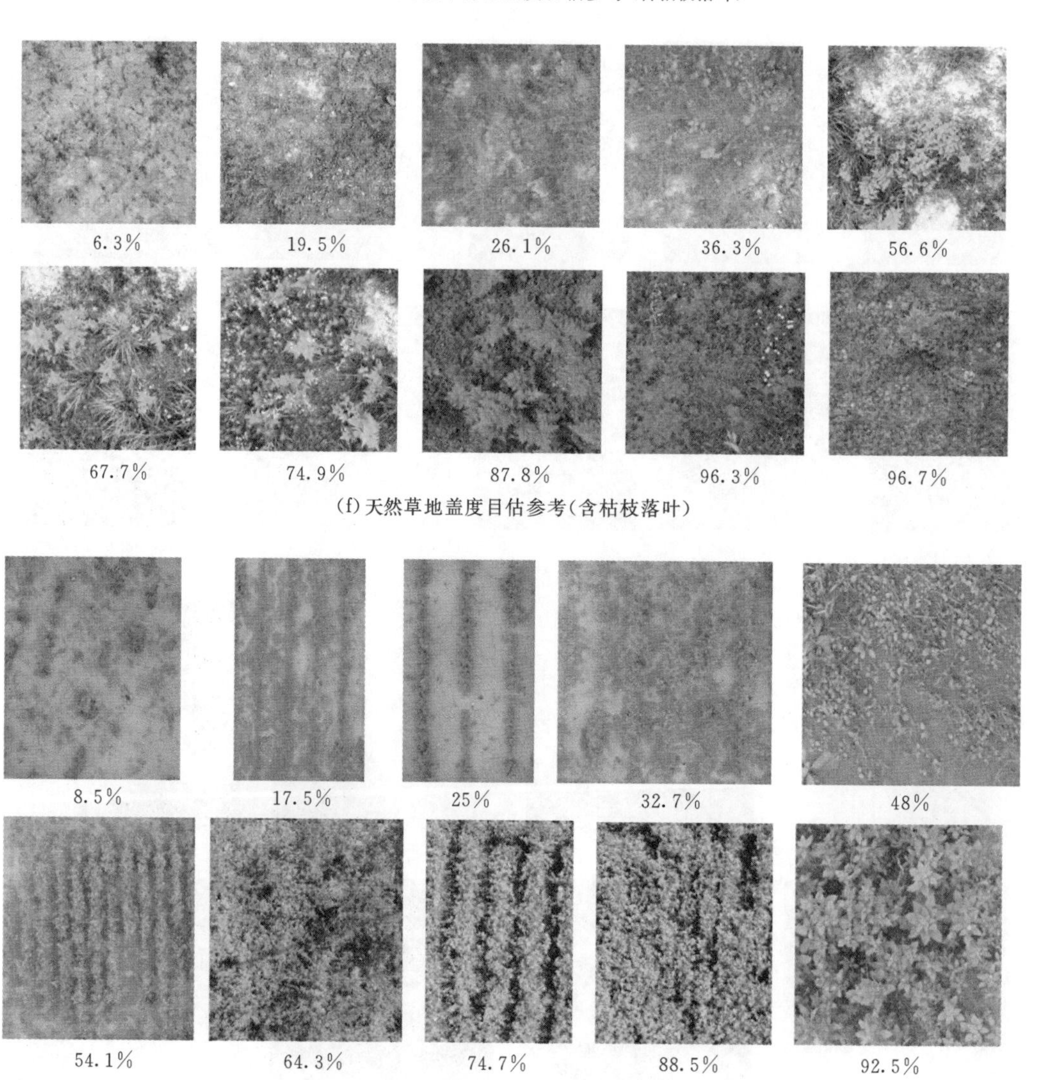

(g)人工草地盖度目估参考(含枯枝落叶)

图 4.12(三) 人工目估植被郁闭度/盖度(黑白)参考图

表 4.6　　野外调查单元土地利用现状分类表

一级分类		二级分类		含　义
编码	名称	编码	名称	
01	耕地			指种植农作物的土地，包括熟地，新开发、复垦、整理地，休闲地（含轮歇地、轮作地）；以种植农作物（含蔬菜）为主，间有零星果树、桑树或其他树木的土地；平均每年能保证收获一季的已垦滩地和海涂。耕地中包括南方宽度小于 1.0m、北方宽度小于 2.0m 固定的沟、渠、路和地坎（埂），临时种植药材、草皮、花卉、苗木等的耕地，以及其他临时改变用途的耕地
		011	水田	指用于种植水稻、莲藕等水生农作物的耕地。包括实行水生、旱生农作物轮种的耕地
		012	水浇地	指有水源保证和灌溉设施，在一般年景能正常灌溉，种植旱生农作物的耕地。包括种植蔬菜等的非工厂化的大棚用地
		013	旱地	指无灌溉设施，主要靠天然降水种植旱生农作物的耕地。包括没有灌溉设施，仅靠引洪淤灌的耕地
02	园地			指种植以采集果、叶、根、茎、汁等为主的集约经营的多年生木本和草本作物，盖度大于 50%或每亩株数大于合理株数 70%的土地。包括用于育苗的土地
		021	果园	指种植果树的园地
		022	茶园	指种植茶树的园地
		023	其他园地	指种植桑树、橡胶、可可、咖啡、油棕、胡椒、药材等其他多年生作物的园地
03	林地			指生长乔木、竹类、灌木的土地，及沿海生长红树林的土地。包括迹地，不包括居民点内部的绿化林木用地，铁路、公路征地范围内的林木，以及河流、沟渠的护堤林
		031	有林地	指树木郁闭度不小于 0.2 的乔木林地，包括红树林地和竹林地
		032	灌木林地	指灌木盖度不小于 40%的林地
		033	其他林地	包括疏林地（指树木郁闭度在 0.1～0.2 的林地）、未成林地、迹地、苗圃等林地
04	草地			指生长草本植物为主的土地
		041	天然牧草地	指以天然草本植物为主，用于放牧或割草的草地
		042	人工牧草地	指人工种植牧草的草地
		043	其他草地	指树木郁闭度小于 0.1，表层为土质，生长草本植物为主，不用于畜牧业的草地
05	居民点及工矿用地	051	城镇居民点	指城镇用于生活居住的各类房屋用地及其附属设施用地。包括普通住宅、公寓、别墅等用地
		052	农村居民点	指农村用于生活居住的宅基地
		053	独立工矿用地	指主要用于工业生产、物资存放场所的土地
		054	商服及公共用地	指主要用于商业、服务业以及机关团体、新闻出版、科教文卫、风景名胜、公共设施等的土地
		055	特殊用地	指用于军事设施、涉外、宗教、监教、殡葬等的土地
06	交通运输用地			指用于运输通行的地面线路、场站等的土地。包括民用机场、港口、码头、地面运输管道和各种道路用地
07	水域及水利设施用地			指河流水面、湖泊水面、水库水面、坑塘水面、沿海滩涂、内陆滩涂、沟渠、水工建筑用地、冰川及永久积雪等用地。不包括滞洪区和已垦滩涂中的耕地、园地、林地、居民点、道路等用地
08	其他土地			指上述地类以外的其他类型的土地。包括盐碱地、沼泽地、沙地、裸地等

注　本表参考《土地利用现状分类》（GB/T 21010—2007）和 1984 年制订的《土地利用现状调查技术规程》，以 GB/T 21010—2007 为主制作完成。

表 4.7　野外调查单元水土保持措施分类表

一级分类		二级分类		三级分类		含义描述
代码	名称	代码	名称	代码	名称	
01	植物措施	0101	造林	010101	人工乔木林	采取人工种植乔木林措施，以防治水土流失
				010102	人工灌木林	采取人工种植灌木林措施，以防治水土流失
				010103	人工混交林	采取人工种植两个或两个以上树种组成的森林的措施，以防治水土流失
				010104	飞播乔木林	采取飞机播种方式种植乔木林措施，以防治水土流失
				010105	飞播灌木林	采取飞机播种方式种植灌木林措施，以防治水土流失
				010106	飞播混交林	采取飞机播种方式种植两个或两个以上树种组成的森林措施，以防治水土流失
				010107	经果林	采取人工种植经济果树林措施，以防治水土流失
				010108	农田防护林	主林带走向应垂直与主风向，或呈不大于 30°～45°的偏角。主林带与副林带垂直；如因地形地物限制，主、副林带可以有一定交角。主带宽 8～12m，副带宽 4～6m，地少人多地区，主带宽 5～6m，副带宽 3～4m。林带的间距应按乔木主要树种壮龄时期平均高度的 15～20 倍计算。主林带和副林带交叉处只在一侧留出 20m 宽缺口，便于交通
				010109	四旁林	指在非林地中村旁、宅旁、路旁、水旁栽植的树木
		0102	种草	010201	人工种草	采取人工种草措施，以防治水土流失
				010202	飞播种草	采取飞机播种种草措施，以防治水土流失
				010203	草水路	为防止沿坡面的沟道冲刷而采用的种草护沟措施。草水路用于沟道改道或阶地沟道出口，沿坡面向下，处理径流进入水系或其他出口。可以利用天然的排水沟或草间水沟。一般用在坡度小于 11°的坡面
		0103	封育	010301	封山育乔木林	原始植被遭到破坏后，通过围栏封禁，严禁人畜进入，经长期恢复为乔木林
				010302	封山育灌木林	原始植被遭到破坏后，通过围栏封禁，严禁人畜进入，经长期恢复为灌木林
				010303	封坡育草	由于过度放牧等导致草场退化，通过围栏封禁，严禁牲畜进入和采取改良措施
				010304	生态恢复乔木林	原始植被遭到破坏后，通过政策、法规及其他管理办法等，限制人畜进入，经长期恢复为乔木林
				010305	生态恢复灌木林	原始植被遭到破坏后，通过政策、法规及其他管理办法等，限制人畜进入，经长期恢复为灌木林
				010306	生态恢复草地	由于过度放牧等导致草场退化，通过政策、法规及其他管理办法等，限制牲畜进入，经长期恢复为草地
		0104	轮牧			不同年份或不同季节进行轮流放牧，使草场恢复的措施

续表

一级分类		二级分类		三级分类		含义描述
代码	名称	代码	名称	代码	名称	
02	工程措施	0201	梯田	020101	土坎水平梯田	田面宽度，陡坡区一般5～15m，缓坡区一般20～40m；田边蓄水埂高0.3～0.5m，顶宽0.3～0.5m，内外坡比约1∶1。黄土高原水平梯田的修建多为就地取材，以黄土修建地埂
				020102	石坎水平梯田	长江流域以南地区，多为土石山区或石质山区，坡耕地土层中多夹石砾、石块。修筑梯田时就地取材修筑石坎梯田。修筑石坎的材料可分为条石、块石、卵石、片石、土石混合。石坎外坡坡度一般为1∶0.75；内坡接近垂直，顶宽0.3～0.5m
				020103	坡式梯田	在较为平缓的坡地上沿等高线构筑挡水拦泥土埂，埂间仍维持原有坡面不动，借雨水冲刷和逐年翻耕，使埂间坡面渐渐变平，最终成为水平梯田。埂顶宽30～40cm。埂高50～60cm，外坡1∶0.5，内坡1∶1。根据地面坡度情况，一般是地面坡度越陡，沟埂间距越小；地面坡度越缓，沟埂间距越大。根据地区降雨情况，一般雨量和强度大的地区沟埂间距小些，雨量和强度小的地区沟埂间距应大些
				020104	隔坡梯田	是根据拦蓄利用径流的要求，在坡面上修建的每一台水平梯田，其上方都留出一定面积的原坡面不修，坡面产生的径流拦蓄于下方的水平田面上，这种平、坡相间的复式梯田布置形式，叫做隔坡梯田。隔坡梯田适应的地面坡度(15°～25°)，水平田宽一般5～10m，坡度缓的可宽些，坡度陡的可窄些。以水平田面宽度为1，则斜坡部分的宽度比例可为1∶1～1∶3（或者更大）
		0202	软埝			在小于8°的缓坡上，横坡每隔一定距离做一条埂子，埂的两坡坡度很缓。时间久了，通过软埝，可以把坡地变成梯田
		0203	坡面小型蓄排工程			指防治坡面水土流失的截水沟、排水沟、蓄水池、沉沙池等工程
				020301	截水沟	当坡面下部是梯田或林草，上部是坡耕地或荒坡时，应在其交界处布设截水沟
				020302	排水沟	一般布设在坡面截水沟的两端，用以排除截水沟不能容纳的地表径流。排水沟的终端连接蓄水池或天然排水道
				020303	蓄水池	一般布设在坡脚或坡面局部低凹处，与排水沟的终端相连，以容蓄坡面排水
				020304	沉沙池	一般布设在蓄水池进水口的上游附近。排水沟排出的水量，先进入沉沙池，泥沙沉淀后，再将清水排入池中
		0204	水平阶（反坡梯田）			适用于15°～25°的陡坡，阶面宽1.0～1.5m，具有3°～5°反坡，也称反坡梯田。上下两阶间的水平距离，以设计的造林行距为准。要求在暴雨中各台水平阶间斜坡径流，在阶面上能全部或大部容纳入渗，以此确定阶面宽度、反坡坡度，调整阶间距离

续表

一级分类		二级分类		三级分类		含义描述
代码	名称	代码	名称	代码	名称	
02	工程措施	0205	水平沟			适用于15°～25°的陡坡。沟口上宽0.6～1.0m，沟底宽0.3～0.5m，沟深0.4～0.6m，沟由半挖半填作成，内侧挖出的生土用在外侧作梗。树苗植于沟底外侧。根据设计的造林行距和坡面暴雨径流情况，确定上下两沟的间距和沟的具体尺寸
		0206	鱼鳞坑			坑平面呈半圆形，长径0.8～1.5m，短径0.5～0.8m；坑深0.3～0.5m，坑内取土在下沿作成弧状土埂，高0.2～0.3m（中部较高，两端较低）。各坑在坡面基本上沿等高线布设，上下两行坑口呈“品”字形错开排列。坑的两端，开挖宽深各约0.2～0.3m、倒“八”字形的截水沟
		0207	大型果树坑			在土层极薄的土石山区或丘陵区种植果树时，需在坡面开挖大型果树坑，深0.8～1.0m，圆形直径0.8～1.0m，方形各边长0.8～1.0m，取出坑内石砾或生土，将附近表土填入坑内
		0208	路旁、沟底小型蓄引工程	020801	水窖	是一种地下埋藏式蓄水工程。主要设在村旁、路旁、有足够地表径流来源的地方。窖址应有深厚坚实的土层，距沟头、沟边20m以上，距大树根10m以上。在土质地区和岩石地区都有应用。在土质地区的水窖多为圆形断面，可分为圆柱形、瓶形、烧杯形、坛形等，其防渗材料可采用水泥砂浆抹面、黏土或现浇混凝土；岩石地区水窖一般为矩形宽浅式，多采用浆砌石砌筑
				020802	涝池	主要修于路旁，用于拦蓄道路径流，防止道路冲刷与沟头前进；同时可供饮牲口和洗涤之用
		0209	沟头防护	020901	蓄水型沟头防护	主要是用来制止坡面暴雨径流由沟头进入沟道或使之有控制的进入沟道，制止沟头前进。当沟头以上坡面来水量不大，沟头防护工程可以全部拦蓄时，采用蓄水型
				020902	排水型沟头防护	主要是用来制止坡面暴雨径流由沟头进入沟道或使之有控制地进入沟道，制止沟头前进。当沟头以上坡面来水量较大，蓄水型防护工程不能完全拦蓄，或由于地形、土质限制，不能采用蓄水型时，应采用排水型沟头防护
		0210	谷坊			主要修建在沟底比降较大（5%～10%或更大）、沟底下切剧烈发展的沟段。其主要任务是巩固并抬高沟床，制止沟底下切，稳定沟坡，制止沟岸扩张（沟坡崩塌、滑塌、泻溜等）。谷坊分土谷坊、石谷坊、植物谷坊三类
				021001	土谷坊	由填土夯实筑成，适宜于土质丘陵区。土谷坊一般高3～5m
				021002	石谷坊	由浆砌或干砌石块建成，适于石质山区或土石山区。干砌石谷坊一般高1.5m左右，浆砌石谷坊一般高3.5m左右
				021003	植物谷坊	多由柳桩打入沟底，织梢编篱，内填石块而成，统称柳谷坊。柳谷坊一般高1.0m左右

续表

一级分类		二级分类		三级分类		含义描述
代码	名称	代码	名称	代码	名称	
02	工程措施	0211	淤地坝			是指在沟壑中筑坝拦泥，巩固并抬高侵蚀基准面，减轻沟蚀，减少入河泥沙，变害为利，充分利用水沙资源的一项水土保持治沟工程措施
				021101	小型淤地坝	一般坝高 5～15m，库容 1 万～10 万 m^3，淤地面积 0.2～2hm^2，修在小支沟或较大支沟的中上游，单坝集水面积 1km^2 以下，建筑物一般为土坝与溢洪道或土坝与泄水洞"两大件"
				021102	中型淤地坝	一般坝高 15～25m，库容 10 万～50 万 m^3，淤地面积 2～7hm^2，修在较大支沟下游或主沟的中上游，单坝集水面积 1～3km^2，建筑物少数为土坝、溢洪道、泄水洞"三大件"，多数为土坝与溢洪道或土坝与泄水洞"两大件"
				021103	大型淤地坝	一般坝高 25m 以上，库容 50 万～500 万 m^3，淤地面积 7hm^2 以上，修在主沟的中、下游或较大支沟下游，单坝集水面积 3～5km^2 或更多，建筑物一般是土坝、溢洪道、泄水洞"三大件"齐全
		0212	引洪漫地			指在暴雨期间引用坡面、道路、沟壑与河流的洪水、淤漫耕地或荒滩的工程
		0213	崩岗治理工程	021301	截水沟	应布设在崩口顶部外沿 5m 左右，从崩口顶部正中向两侧延伸。截水沟长度以能防止坡面径流进入崩口为准，一般 10～20m，特殊情况下可延伸到 40～50m
				021302	崩壁小台阶	一般宽 0.5～1.0m，高 0.8～1.0m，外坡：实土 1：0.5，松土 1：0.7～1：1.0；阶面向内呈 5°～10°反坡
				021303	土谷坊	坝体断面一般为梯形。坝高 1～5m，顶宽 0.5～3m，底宽 2～25.5m，上游坡比 1：05～1：2，下游坡比 1：1.0～1：2.5
				021304	拦沙坝	与土谷坊相似
		0214	引水拉沙造地			有水源条件的风沙区采用引水或抽水拉沙造地
				021401	引水渠	比降为 0.5%～1.0%，梯形断面，断面尺寸随引水量大小而定。边坡 1：0.5～1：1
				021402	蓄水池	池水高程应高于拉沙造地的沙丘高程，可利用沙湾蓄水或人工围埂修成，形状不限
				021403	冲沙壕	比降应在 1%以上，开壕位置和形式有多种
				021404	围埂	平面形状应为规整的矩形或正方形，初修时高 0.5～0.8m，随地面淤沙升高而加高；梯形断面顶宽 0.3～0.5m，内外坡比 1：1
				021405	排水口	高程与位置应随着围埂内地面的升高而变动，保持排水口略高于淤泥面而低于围埂
		0215	沙障固沙			指用柴草、活性沙生植物的枝茎或其他材料平铺或直立于风蚀沙丘地面，以增加地面糙度，削弱近地层风速，固定地面沙粒，减缓和制止沙丘流动
				021501	带状沙障	沙障在地面呈带状分布，带的走向垂直于主风向
				021502	网状沙障	沙障在地面呈方格状（或网状）分布，主要用于风向不稳定，除主风向外，还有较强侧向风的地方

续表

一级分类		二级分类		三级分类		含义描述
代码	名称	代码	名称	代码	名称	
03	耕作措施	0301	等高耕作			在坡耕地上顺等高线（或与等高线呈1%～2%的比降）进行耕作
		0302	等高沟垅种植			在坡耕地上顺等高线（或与等高线呈1%～2%的比降）进行耕作，形成沟垅相间的地面，以容蓄雨水，减轻水土流失。播种时起垅，由牲畜带犁完成。在地块下边空一犁宽地面不犁，从第二犁位置开始，顺等高线犁出第一条犁沟，向下翻土，形成第一道垅，垅顶至沟底深约20～30cm，将种子、肥料洒在犁沟内
		0303	垄作区田			在传统垄作基础上，按一定距离在垄沟内修筑小土挡，成为区田
		0304	掏钵（穴状）种植			适用于干旱、半干旱地区。在坡耕地上沿等高线用锄挖穴（掏钵），穴距30～50cm，以作物行距为上下两行穴间行距（一般为60～80cm），穴的直径20～50cm，深约20～40cm，上下两行穴的位置呈“品”字形错开。挖穴取出的生土在穴下方作成小土埂，再将穴底挖松，从第二穴位置上取出10cm表土至于第一穴，施入底肥，播下种子
		0305	抗旱丰产沟			适用于土层深厚的干旱、半干旱地区。顺等高线方向开挖，宽、深、间距均为30cm，沟内保留熟土，地埂由生土培成
		0306	休闲地水平犁沟			在坡耕地内，从上到下，每隔2～3m，沿等高线或与等高线保持1%～2%的比降，作一道水平犁沟。犁时向下方翻土，使犁沟下方形成一道土垅，以拦蓄雨水。为了加大沟垅容蓄能力，可在同一位置翻犁两次，加大沟深和垅高
		0307	中耕培垄			中耕时，在每棵作物根部培土堆，高10cm左右，并把这些土堆子串联起来，形成一个一个的小土堆，以拦蓄雨水
		0308	草田轮作			适用于人多地少的农区或半农半牧区，特别是原来有轮歇、撂荒习惯的地区。主要指作物与牧草的轮作
		0309	间作与套种			要求两种（或两种以上）不同作物同时或先后种植在同一地块内，增加对地面的覆盖程度和延长对地面的覆盖时间，减少水土流失。间作，两种不同作物同时播种。套种，在同一地块内，前季作物生长的后期，在其行间或株间播种或移栽后季作物
		0310	横坡带状间作			基本上沿等高线，或与等高线保持1%～2%的比降，条带宽度一般5～10m，两种作物可取等宽或分别采取不同宽度，陡坡地条带宽度小些，缓坡地条带宽度大些
		0311	休闲地绿肥			指作物收获前，在作物行间顺等高线地面播种绿肥植物，作物收获后，绿肥植物加快生长，迅速覆盖地面
		0312	留茬少耕			指在传统耕作基础上，尽量减少整地次数和减少土层翻动，和将作物秸秆残茬覆盖在地表的措施。作物种植之后残茬盖度至少达到30%
		0313	免耕			指作物播种前不单独进行耕作，直接在前茬地上播种，在作物生育期间不使用农机具进行中耕松土的耕作方法。一般留茬在50%～100%就认定为免耕
		0314	轮作			指在同一块田地上，有顺序地在季节间或年间轮换种植不同的作物或复种组合的一种种植方式

注 1. 本表参照《水土保持综合治理技术规范》(GB/T 16453.1—1996) 等编写。

2. “轮作”措施三级分类名称和代码详见《全国轮作制度区划及轮作措施三级分类》(见表4.8)。

如图 4.13 所示为某野外调查单元的地块分布及其编号。调查单元内共有 9 个地块（见表 4.9）：2 号、6 号、7 号都是果园且都有土坎水平梯田，但 2 号地与 6 号、7 号地空间不连续，6 号、7 号地块相连且措施相同，但盖度相差很大，故分为不同的地块。1 号、8 号为空间不连续的两个农村居民点。3 号、4 号、5 号、9 号地块土地利用类型不同，分别为其他林地、有林地、灌木林地和旱地。

注意：对于林地、灌木林地和草地，当郁闭度/盖度的差异不大于 10%时，认为其郁闭度/盖度相同。对于耕地，种植不同作物、水土保持措施类型相同或都无水土保持措施，且空间连续时，属于一个地块。

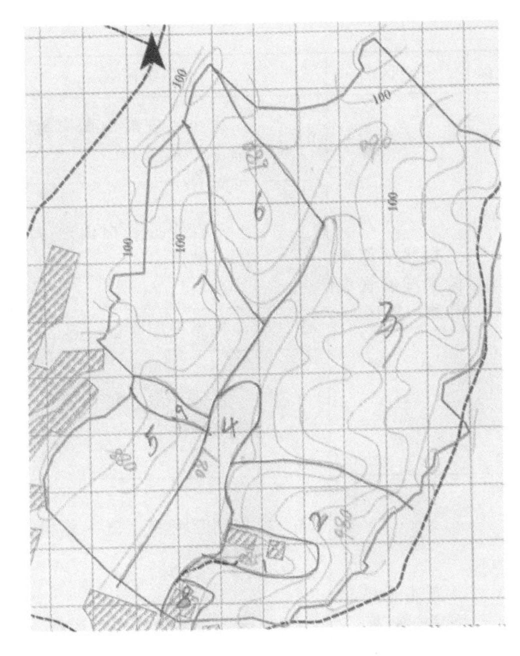

图 4.13 某野外调查单元地块分布示意图

表 4.8 全国轮作制度区划及轮作措施三级分类表

一级区	一级区名	二级区	二级区名	代码	名　称
Ⅰ	青藏高原喜凉作物一熟轮歇区	Ⅰ1	藏东南川西河谷地喜凉一熟区	031401A	春小麦→春小麦→春小麦→休闲或撂荒
				031401B	小麦→豌豆
				031401C	冬小麦→冬小麦→冬小麦→休闲
		Ⅰ2	海北甘南高原喜凉一熟轮歇区	031402A	春小麦→春小麦→春小麦→休闲或撂荒
				031402B	小麦→豌豆
				031402C	冬小麦→冬小麦→冬小麦→休闲
Ⅱ	北部中高原半干旱喜凉作物一熟区	Ⅱ1	后山坝上晋北高原山地半干旱喜凉一熟区	031403A	大豆→谷子→糜子
		Ⅱ2	陇中青东宁中南黄土丘陵半干旱喜凉一熟区	031404A	春小麦→荞麦→休闲
				031404B	豌豆（扁豆）→春小麦→马铃薯
				031404C	豌豆（扁豆）→春小麦→谷麻
Ⅲ	北部低高原易旱喜温作物一熟区	Ⅲ1	辽吉西蒙东南冀北半干旱喜温一熟区	031405A	大豆→谷子→马铃薯→糜子
		Ⅲ2	黄土高原东部易旱喜温一熟区	031406A	小麦→马铃薯→豆类
				031406B	豆类→谷→高粱→马铃薯
				031406C	豌豆扁豆→小麦→小麦→糜
				031406D	大豆→谷→马铃薯→糜
		Ⅲ3	晋东半湿润易旱一熟填闲区	031407A	玉米‖大豆→谷子
		Ⅲ4	渭北陇东半湿润易旱冬麦一熟填闲区	031408A	豌豆→冬小麦→冬小麦→冬小麦→谷糜
				031408B	油菜→冬小麦→冬小麦→冬小麦→谷糜

续表

一级区	一级区名	二级区	二级区名	代码	名　称
Ⅳ	东北平原丘陵半湿润喜温作物一熟区	Ⅳ1	大小兴安岭山麓岗地喜凉一熟区	031409A	春小麦→春小麦→大豆
				031409B	春小麦→马铃薯→大豆
		Ⅳ2	三江平原长白山地凉温一熟区	031410A	春小麦→谷子→大豆
				031410B	春小麦→玉米→大豆
				031410C	春小麦→春小麦→大豆→玉米
		Ⅳ3	松嫩平原喜温一熟区	031411A	大豆→玉米→高粱→玉米
		Ⅳ4	辽河平原丘陵温暖一熟填闲区	031412A	大豆→高粱→谷子→玉米
				031412B	大豆→玉米→玉米→高粱
				031412C	大豆→玉米→高粱→玉米
Ⅴ	西北干旱灌溉一熟兼二熟区	Ⅴ1	河套河西灌溉一熟填闲区	031413A	春小麦→春小麦→玉米→马铃薯
				031413B	春小麦→春小麦→玉米（糜子）
				031413C	小麦→小麦→谷糜→豌豆
		Ⅴ2	北疆灌溉一熟填闲区	031414A	冬小麦→冬小麦→玉米
		Ⅴ3	南疆东疆绿洲二熟一熟区	031415A	冬小麦-玉米
				031415B	棉→棉→棉→高粱→瓜类
				031415C	冬小麦→玉米→棉花→油菜/草木樨
Ⅵ	黄淮海平原丘陵水浇地二熟旱地二熟一熟区	Ⅵ1	燕山太行山山前平原水浇地套复二熟旱地一熟区	031416A	小麦-夏玉米
				031416B	小麦-大豆
				031416C	小麦/花生
				031416D	小麦/玉米
		Ⅵ2	黑龙港缺水低平原水浇地二熟旱地一熟区	031417A	麦-玉米
				031417B	麦-谷
		Ⅵ3	鲁西北豫北低平原水浇地粮棉二熟一熟区	031418A	小麦-玉米
		Ⅵ4	山东丘陵水浇地二熟旱坡地花生棉花一熟区	031419A	甘薯→花生→谷子
				031419B	棉花→花生
				031419C	麦-玉米→麦-玉米
				031419D	小麦-玉米
		Ⅵ5	黄淮平原南阳盆地旱地水浇地二熟区	031420A	小麦-大豆
				031420B	小麦-玉米
				031420C	小麦-甘薯
		Ⅵ6	汾渭谷地水浇地二熟旱地一熟二熟区	031421A	麦-玉米
				031421B	麦-甘薯
		Ⅵ7	豫西丘陵山地旱地坡地一熟水浇地二熟区	031422A	马铃薯/玉米
				031422B	小麦-夏玉米→春玉米
				031422C	小麦-谷子→春玉米

续表

一级区	一级区名	二级区	二级区名	代码	名　称
Ⅶ	西南中高原山地旱地二熟一熟水田二熟区	Ⅶ1	秦巴山区旱地二熟一熟兼水田二熟区	031423A	麦/玉米
				031423B	油菜-玉米
				031423C	麦-甘薯
		Ⅶ2	川鄂湘黔低高原山地水田旱地二熟兼一熟区	031424A	油菜-甘薯
				031424B	小麦-甘薯
				031424C	油菜-花生
				031424D	麦-玉米
		Ⅶ3	贵州高原水田旱地二熟一熟区	031425A	小麦-甘薯
				031425B	油菜-甘薯
				031425C	麦-玉米
		Ⅶ4	云南高原水田旱地二熟一熟区	031426A	小麦-玉米
				031426B	冬闲-春玉米‖豆
				031426C	冬闲-夏玉米‖豆
		Ⅶ5	滇黔边境高原山地河谷旱地一熟二熟水田二熟区	031427A	马铃薯/玉米两熟
				031427B	马铃薯/大豆
				031427C	小麦/玉米
Ⅷ	江淮平原丘陵麦稻二熟区	Ⅷ1	江淮平原麦稻二熟兼旱三熟区	031428A	小麦-玉米
				031428B	小麦-甘薯
				031428C	小麦-大豆
		Ⅷ2	鄂豫皖丘陵平原水田旱地二熟兼旱三熟区	031429A	麦-玉米
				031429B	麦-花生
				031429C	麦-甘薯
				031429D	麦-豆类
Ⅸ	四川盆地水田旱地二熟兼三熟区	Ⅸ1	盆西平原水田麦稻二熟填闲区	031430A	小麦-玉米
				031430B	小麦-甘薯
				031430C	油菜-玉米
				031430D	油菜-甘薯
		Ⅸ2	盆东丘陵低山水田旱地二熟三熟区	031431A	麦-玉米
				031431B	麦-甘薯
				031431C	油菜-玉米
				031431D	油菜-甘薯
Ⅹ	长江中下游平原丘陵水田三熟二熟区	Ⅹ1	沿江平原丘陵水田旱三熟二熟区	031432A	麦-甘薯
				031432B	麦-玉米
				031432C	麦-棉
				031432D	油菜-甘薯

续表

一级区	一级区名	二级区	二级区名	代码	名　称
Ⅹ	长江中下游平原丘陵水田三熟二熟区	Ⅹ2	两湖平原丘陵水田中三熟二熟区	031433A	麦-甘薯
				031433B	麦-玉米
				031433C	麦-棉
				031433D	油菜-甘薯
Ⅺ	东南丘陵山地水田旱地二熟三熟区	Ⅺ1	浙闽丘陵山地水田旱地三熟二熟区	031434A	甘薯-小麦
				031434B	甘薯-马铃薯
				031434C	玉米-小麦
				031434D	玉米-马铃薯
		Ⅺ2	南岭丘陵山地水田旱地二熟三熟区	031435A	春花生-秋甘薯
				031435B	春玉米-秋甘薯
		Ⅺ3	滇南山地旱地水田二熟兼三熟区	031436A	低山玉米‖豆一年一熟
Ⅻ	华南丘陵沿海平原晚三熟热三熟区	Ⅻ1	华南低丘平原晚三熟区	031437A	花生（大豆）-甘薯
				031437B	玉米-油菜
				031437C	玉米/黄豆
				031437D	玉米-甘薯
		Ⅻ2	华南沿海西双版纳台南二熟三熟与热作区	031438A	玉米-甘薯

注　1. 表中“名称”栏符号意义：“-”表示作物年内的轮作顺序；“→”表示年际或多年的轮作顺序；“/”表示套作；“‖”表示间作。

2. 本表依据刘巽浩、韩湘玲等（1987）编著的《中国耕作制度区划》制定。

表 4.9　野外调查单元地块信息示例

地块编号	土地利用编码	土地利用类型	郁闭度（%）	盖度（%）	工程措施
1	52	农村居民点	无	无	无
2	21	果园	15	5	土坎水平梯田
3	33	其他林地	10	80	无
4	31	有林地	25	90	无
5	32	灌木林地	0	70	无
6	21	果园	10	90	土坎水平梯田
7	21	果园	10	5	土坎水平梯田
8	52	农村居民点	无	无	无
9	13	旱地	无	无	坡式梯田

注　此表只选择小流域土壤侵蚀野外调查表的部分要素。

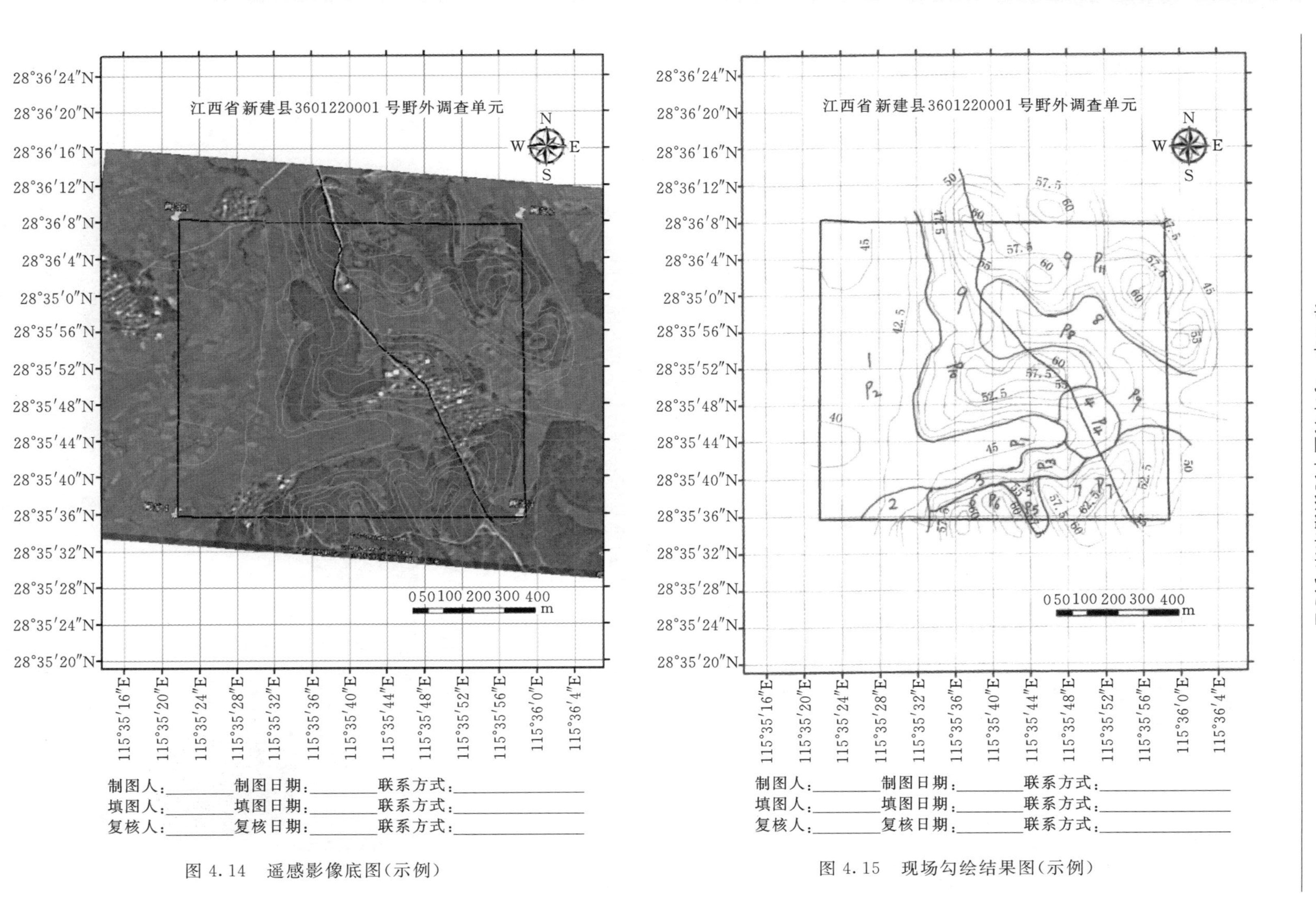

图 4.14　遥感影像底图(示例)

图 4.15　现场勾绘结果图(示例)

1. 勾绘调查图

可采用遥感影像勾绘、现场目估勾绘、GPS定位勾绘三种方法，在调查底图上勾绘地块边界，根据实际情况结合使用各种方法。无论采用哪种调查底图野外勾绘地块，建议回室内后清绘在dt1上。

（1）遥感影像勾绘。如果遥感影像图能清楚地辨别出地块边界时，可参照遥感影像底图（见图4.14），在调查底图dt1上勾绘地块边界（见图4.15），或直接勾绘在遥感调查底图dt2上，回室内后清绘清楚。

（2）现场勾绘。如果没有遥感影像图或遥感影像图不清楚时，利用野外调查单元底图的等高线特征、地貌特征，或地形图上的标志性地物，通过实地目估，在调查底图dt1上勾绘地块边界（见图4.15）。

（3）GPS定位。在用手持GPS的条件下，可利用GPS确定地块边界的经纬度坐标，根据该坐标在调查底图dt1上确定相应位置，勾绘地块边界。

2. 填写水蚀野外调查表

完成一个地块边界的勾绘后，立刻将该地块信息填写在《水蚀野外调查表》中，填写时请务必仔细阅读填表说明。

如果调查单元内的水土保持措施类型及代码在表4.7中没有列出，只填写该类型名称，代码为“99”，同时拍摄反映其基本特征的近景照片，在表中另起一行，描述该水土保持措施的基本规格、特征、用途等。

3. 拍摄景观照片

景观照片既是重要的影像档案，也是检验调查质量的重要依据。

（1）景观照片拍摄内容，包括：

1）标识照片：第一张照片同时拍摄水蚀调查底图上的野外调查单元编号和手持GPS上显示的经纬度（见图4.16），该经纬度应在调查单元内。

2）地块照片：能反映地块全貌或主体部分。

3）远景照片：从不同角度拍摄野外调查单元的宏观远景照片（见图4.17）。

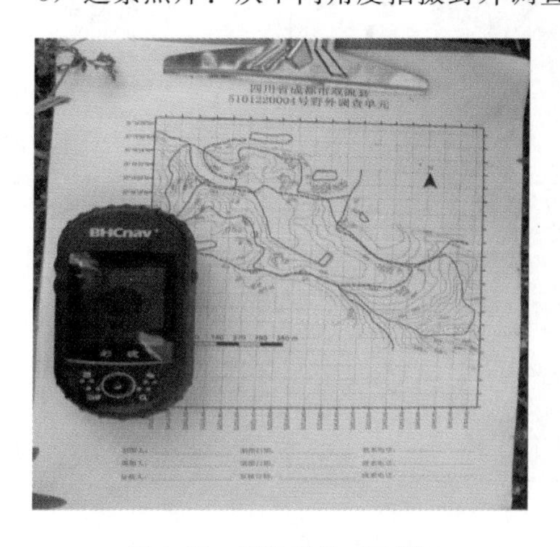

图4.16　标识照片（示例）

图4.17　远景照片（示例）

4）水保措施照片：典型水土保持措施的近景特写照片，能清晰地反映水土保持措施特征（见图4.18）。

图4.18　水保措施照片（示例）

（2）景观照片拍摄要求，包括：

1）使用数码相机，分辨率建议为1024×768。

2）照片上有拍摄日期。

3）所有照片都要有编号，采用数码相机上的自动编号。

4）每拍摄完一张照片后，要将照片编号标注在调查底图被照对象的位置上，标注的编号方向与拍摄景观照片的方向一致。

5）回到室内后将数码相机内的照片导入计算机，保存到basic目录下。

6）清绘时将照片编号标注清楚。

4.2.1.3　调查数据整理

调查数据整理包括清绘野外调查成果草图，将水蚀野外调查表信息录入计算机，将拍摄的景观照片下载到计算机。

1. 清绘调查成果草图

野外勾绘完成的图称为野外调查成果草图。每天结束调查，回室内后，应及时清绘调查成果草图。清绘后的图称为调查成果清绘图（见图4.19）。清绘内容包括：

（1）用红色签字笔清楚地描绘调查单元边界线。

（2）用黑色签字笔清楚地描绘地块边界线。

（3）用黑色签字笔清楚地标注每个地块的编号，并检查与水蚀野外调查表记录的地块编号是否一致。

（4）用黑色签字笔清楚地标注照片编号。

注意：如果采用dt2作为野外调查底图，清绘成果草图时，应用不同颜色的彩色笔将调查单元边界、地块边界、地块编号、照片编号等信息清楚地表示出来。

2. 录入水蚀野外调查表

在四级目录的basic文件夹下，打开“水蚀野外调查登记表.xls”，准确录入水蚀野外调查信息。

注意：①参考野外调查成果图，保证录入的地块信息与成果图一致；②所有“其他措

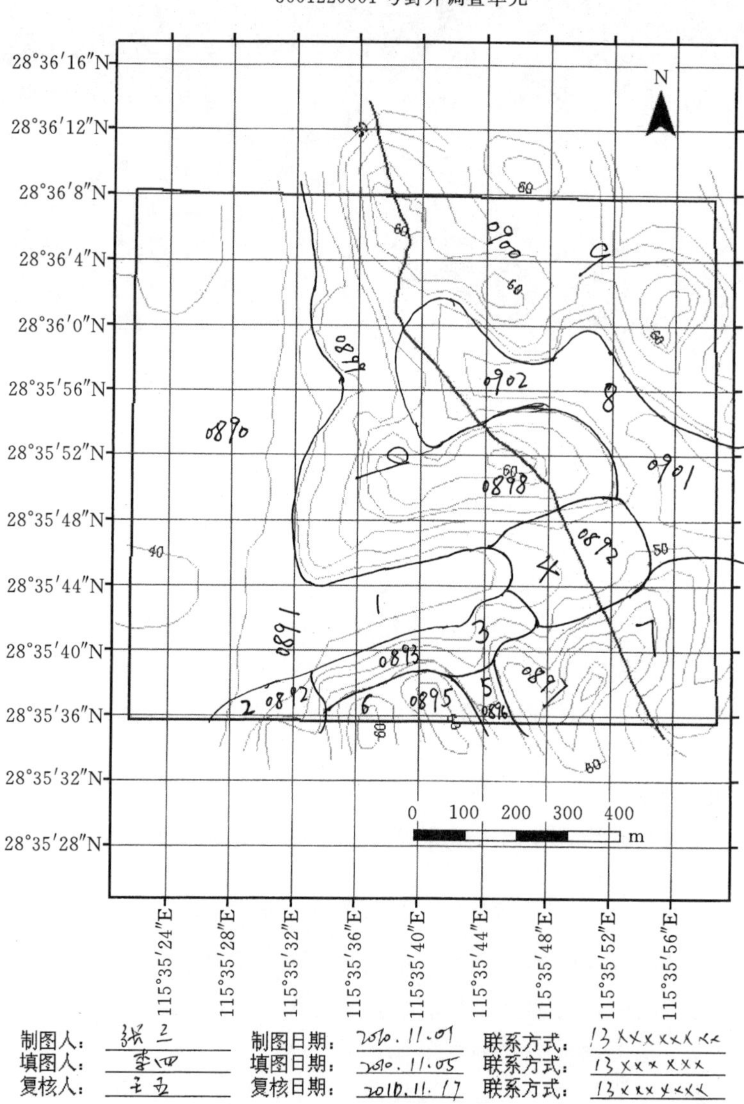

图 4.19 调查成果清绘图（示例）

施”的描述都放在备注栏；③有两种（含）以上措施时，名称和代码填在同一栏内；④确认信息无误后保存，不得改变文件名称。

3. 下载景观照片

将拍摄的所有景观照片下载到四级目录的 basic 文件夹。

注意：①jpg 格式；②照片名称和内容与野外调查成果图上所注照片名称一致；③多余的照片删除。

4. 野外调查阶段质量控制

野外调查阶段数据质量控制的内容包括：野外地块边界勾绘正确，信息填写正确，调查成果图清绘正确，水蚀野外调查表录入正确。数据质量控制从三个环节进行：县级普查机构审查、省级普查机构审查、国家级普查机构审查。

（1）数据质量控制标准。三个环节的数据质量控制标准相同，具体包括：

1）地块边界：小于20m×20m的地块不勾绘边界，并入附近最大面积地块内；勾绘地块边界与实际地块边界偏差小于20m；勾绘地块面积与实际地块面积误差小于20%；按地块个数计，边界或面积勾绘错误的地块数量小于20%。

2）野外调查成果图：图上地块编号和数量与水蚀野外调查表一致。

3）水蚀野外调查表：表中所有地块信息（主要是土地利用类型、生物、工程和耕作措施类型）与实际情况一致。

4）景观照片：编号正确；照片内容反映实际情况。

5）调查成果清绘图与野外调查成果图一致：内容清晰，地块边界清晰，地块编号正确，照片编号和方向正确。

6）水蚀野外调查表录入：录入内容与水蚀野外调查表记录信息完全一致，水蚀野外调查表电子版格式与纸质版完全一致。

（2）三个环节的数据质量控制。

1）县级普查机构审查。普查员和普查指导员同时到野外调查单元填图与填表，填完后参照上述标准自审，然后相互复核。复核内容主要包括地块边界勾绘是否正确，填图内容与水蚀野外调查表填写的地块信息是否一致。县级普查机构组织相关行业专家组成数据质量工作组，主要审查野外调查成果清绘图和水蚀野外调查表。具体方法如下：抽查本县10个调查单元，如不足10个，则全部审查。按上述标准审查，某一调查单元全部符合标准，则为该单元合格。以抽查的调查单元数量计，合格率要求100%。不合格的调查单元要修改。

2）省级普查机构审查。省级普查机构抽查本省所有县各3个调查单元，按上述标准审查。当抽查的一个调查单元全部满足各项标准时，认为该调查单元合格，超过1项（含）不满足要求时，认为该调查单元不合格。以县为单位统计合格率：各县抽查的3个调查单元全部合格，则该县合格；如果1个调查单元不合格，则为不合格；不合格的县重新检查所有调查单元，直至省级审查合格。省级普查机构审查合格后，要在以县为单位装订成册的调查成果清绘图和水蚀野外调查表封面签字并加盖公章。

3）国家级普查机构审查。国普办抽查每个省3个县，每个县3个调查单元，按上述标准审查。当抽查的一个调查单元全部满足各项标准时，认为该调查单元合格，超过1项（含）不满足要求时，认为该调查单元不合格。按抽查的调查单元计，合格率为100%。如果不合格，省级普查机构要重新审查修改，直至国务院普查办公室审查合格。

5. 调查成果提交

（1）纸质数据。包括调查成果清绘图与水蚀野外调查表：将每个调查单元的成果清绘图和调查表放在一起，并按调查单元编号排列。普查人员签字，加盖县级普查机构公章。

（2）电子数据。将县级目录系统整体拷贝上交省级普查机构，包括已经填写的《水蚀野外调查表》和景观相片。

县级普查机构必须保留纸质数据和电子数据的备份文件。

4.2.2 风力侵蚀

4.2.2.1 野外调查表填写

通过实地调查获得野外调查单元基础数据，并填写在《风蚀野外调查表》中。填写信息时，地名的名称必须是全称，并书写规范。当遇到同一野外调查单元内有两种甚至三种土地利用类型时，需要在《风蚀野外调查表》内填写所有内容。具体调查方法如下：

当野外调查单元内仅有一种土地利用类型地块时，选取5个调查点。其中：1个调查点位于野外调查单元中心位置，另外4个调查点分别位于中心位置的正北、正东、正南、正西方向的250m处（见图4.20）。

当野外调查单元内有两种或者三种土地利用类型地块时，在每种土地利用类型地块上选取5个调查点。其中：1个调查点位于该土地利用类型地块的中心位置，另外4个调查点分别位于该中心位置的正北、正东、正南、正西方向，距离地块边缘20m处（见图4.21）。

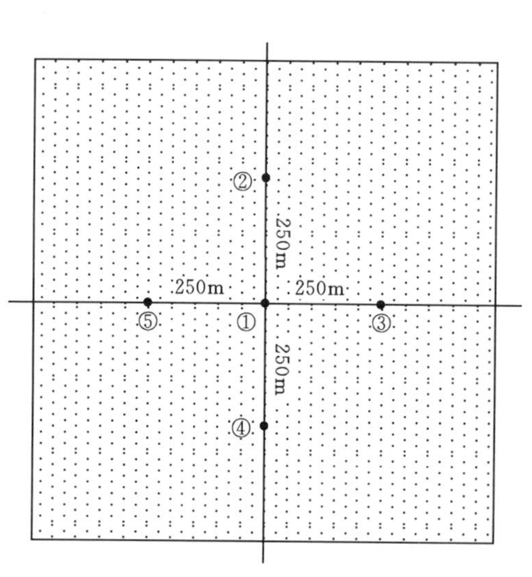

图4.20 野外调查单元内仅有一种土地利用类型地块时的调查点位置

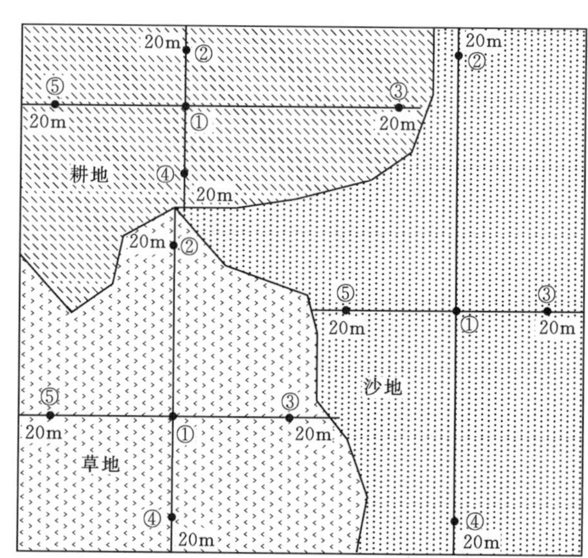

图4.21 野外调查单元内有多种土地利用类型地块时的调查点位置

野外调查时，在每个调查点附近采取目估方法估计5处郁闭度/植被盖度，同时量取这5处的植被高度，及时记录在野外使用的记录本上。植被盖度为投影盖度。目估植被盖度时，每个目估点的面积分别为：草地植被1m×1m，灌草植被5m×5m，乔灌草植被20m×20m。每种土地利用类型的郁闭度/植被盖度和植被高度分别调查25个数据，共50个数据。然后，将每个调查点调查得到的郁闭度/植被盖度数据相加，再除以25，即获得这类土地利用类型上的郁闭度/植被盖度，填写在《风蚀野外调查表》的相应空格内；按照同样的方法，计算植被高度，填写在《风蚀野外调查表》的相应空格内。对于面积小于 $2500m^2$ 的地块，不予调查。

判断“地表平整状况”的依据为：每种土地利用类型斑块中心点周围5m范围内，地表没有深度超过10cm的坑洼，或者没有高度超过10cm的凸起，为“平整”；否则为“不平整”。在所选择的“□”内画“√”号。耕地在10m×10m范围内没有起垄，为“平整”；否则为“不平整”。

判断“地表有无砾石”的依据为：在每种土地利用类型斑块中心点，以及距离中心点正北、正东、正南、正西方向5m处，分别选择一个20cm×20cm方格，在这5个方格内的砾石总数不大于10个，为“无”；否则为“有”。在所选择的“□”内画“√”号。

判断“地表紧实状况”的依据为：当调查人员走过野外调查单元时，没有出现完整脚印，为“紧实”；否则为“不紧实”。在所选择的“□”内画“√”号。

4.2.2.2　地表近景照片拍摄

野外调查单元内各类土地利用类型地块的地表近景照片，既是风力侵蚀临界风速和地表粗糙度的重要判断依据，也是宝贵的影像档案和检验调查质量的重要参照物。地表近景照片应符合以下要求：

（1）拍摄照片时，照片内无物体和人员阴影（可以有植物），垂直投影拍摄。

（2）一个野外调查单元内的每类土地利用类型拍摄1张地表近景照片，并显示拍照日期（年/月/日）。

（3）清晰显示约30cm×45cm视场范围内的地表状况，以及钢卷尺的刻度。

（4）耕地、沙地（漠）和草（灌）地照片编号，分别按照在“县级行政单位编码-野外单元编号fs”之后加“-1”、“-2”和“-3”。照片为JPEG格式，分辨率不小于1280×960。

4.2.3　冻融侵蚀

4.2.3.1　野外调查准备

1. 图件

（1）野外调查单元分布图：由全国水利普查机构提供。

（2）地形图：1∶1万或1∶5万等比例尺的纸质地形图，图上标注有野外调查单元的位置，由省级水利普查机构提供。

（3）卫星影像图：标有调查单元位置的高分辨率卫星影像图，由省级普查机构提供。

（4）调查区已有的地貌图、土地利用图、土壤图、植被图、草地类型图、行政区划图等图件，由县级水利普查机构在本县收集。

2. 文件资料表格

（1）每人一份技术细则。

（2）每人一份野外调查手册。

（3）野外调查记录表。

(4) 预解译的土地利用图。

(5) 野外调查记录本。

3. 调查工具及设备

(1) 手持 GPS 和数据线、电池。

(2) 数码相机及数据线、电池。

(3) 罗盘(坡度尺)、细钢(铁)钎(直径 2mm,长 30cm)、铁锹、细绳(长度大于 4m)、夹板、钢卷尺、测绳(100m 长)。

(4) 标牌、签字笔、铅笔、板擦等。

(5) 高寒装备:部分调查区需要准备帐篷、气垫床、鸭绒睡袋、野外炊具等。

4. 其他

配置性能好的野外考察车若干辆,并准备处理陷车及拖车的工具。

4.2.3.2 野外调查

野外调查包括以下步骤:①到达野外调查单元;②调查并填写调查表;③核实土地利用类型图,冻融侵蚀区土地利用现状分类见表 4.10;④拍摄冻融侵蚀形态照片。下面介绍各步骤的具体工作方法。

1. 到达野外调查单元

可利用地形图、GPS 导航或者询问当地人等途径到达野外调查单元,在调查单元中心位置插好标牌,标牌上写明单元编号、经纬度、调查日期等资料,然后调查和填写调查表。

2. 调查并填表

表 4.10　冻融侵蚀区土地利用现状分类表

一级		二级		三级		含义
编码	名称	编码	名称	编码	名称	
01	耕地	011	水田	0111	平原水田	
		012	水浇地	0112	梯田	
		013	旱地	0131	平原旱地	
				0132	梯地	
				0133	坡耕地	
02	园地	021	果园			
		022	茶园			
		023	其他园地			
03	林地	031	林地	0311	高郁闭度	>0.5
				0312	中郁闭度	0.3~0.5
				0313	低郁闭度	0.2~0.3
		032	灌木林地	0321	高盖度	>75%
				0322	中盖度	75%~50%
				0323	低盖度	50%~40%
		033	其他林地			

续表

一级		二级		三级		含义
编码	名称	编码	名称	编码	名称	
04	草地	041	天然草地	0411	高盖度	>50%
				0412	中盖度	50%～30%
				0413	低盖度	30%～5%
05	居民地、工矿用地					
06	交通用地					
07	水域					
08	其他用地	081	盐碱地			
		082	沼泽地			
		083	沙地、沙砾地			
		084	裸地（土）			
		085	裸岩			

3. 核实土地利用类型图

现场核实土地利用类型图。对室内编制的卫星影像图上的土地利用类型的界线和属性（见图4.22）进行核实和验证，对有变化和不符合实际的地方在图上进行修改并用不同颜

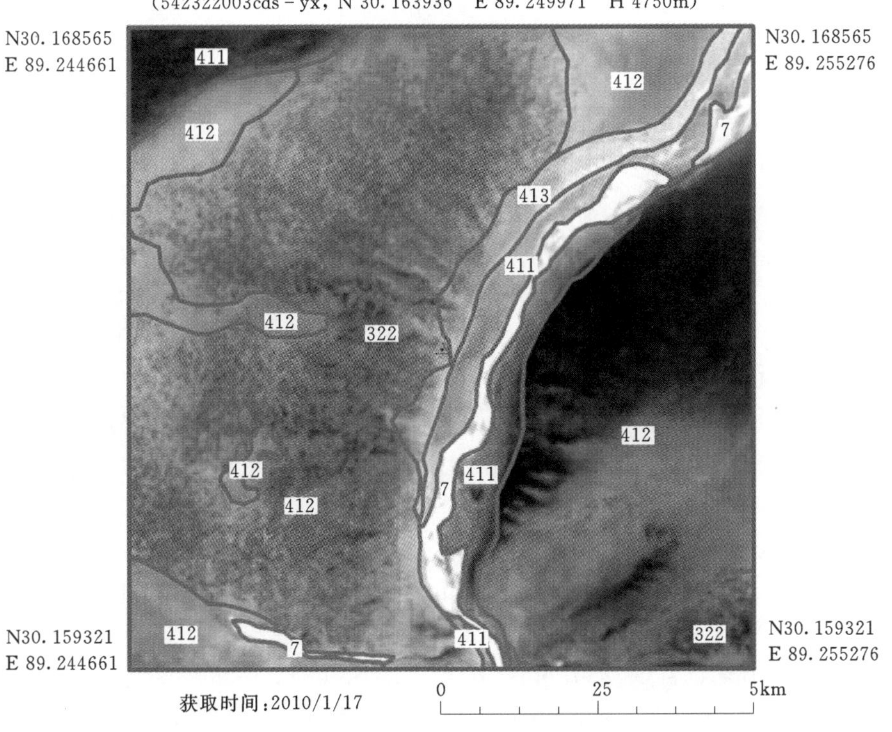

图4.22 室内勾绘的土地利用边界及属性（示例）

色的笔进行标注。完成核实验证工作之后，同时将该类型地块属性填写在《冻融侵蚀野外调查表》中，图表的属性需保持一致。

记录并勾绘调查单元内冻融侵蚀形态的方式、位置和范围，并标注在土地利用类型图上相应的位置。

4. 拍摄景观照片

按照技术规范拍摄照片，照片需要清楚显示标牌、调查点的景观特征，将照片编号并存放在相应的文件目录里。

4.3 数 据 处 理

4.3.1 水力侵蚀

野外调查单元数据处理主要是对野外调查成果清绘图进行数字化，建立地块属性表。

4.3.1.1 数字化野外调查成果清绘图

首先将野外调查成果清绘图扫描，扫描要求如下：①普通扫描仪 A4 整幅扫描；②正北方向扫描；③调查成果清绘图 4 个角点的经纬度要清晰；④扫描分辨率设为 300dpi，颜色模式设为 RGB；⑤扫描结果保存为 jpg 格式，文件名为“qht. jpg”，存储在 basic 目录下。

然后使用 R2V 软件，对调查成果清绘图的地块边界进行数字化，主要步骤包括：①对调查成果清绘图上 4 个标有经纬度的角点进行配准；②对地块边界进行数字化；③将数字化结果保存为线状文件，文件名为 dkx. shp，存储在 shp 目录下。

附录 2. 4 给出了使用 R2V 软件对野外调查成果清绘图地块边界数字化的具体过程。

也可利用 GIS 软件对调查成果清绘图的地块边界数字化，直接生成线状属性的地块边界数字化文件 dkx. shp，存储于 shp 目录下，此时无数字化过程文件。

4.3.1.2 建立地块属性表

利用 GIS 软件，将数字化的地块边界线状文件 dkxp. shp 与资料准备阶段已经生成的调查单元边界线状文件 bjxp. shp 进行编辑粘贴后，转化为地块边界的面状文件 dkmp. shp，表示调查单元内的地块以多边形的矢量形式存储，对各个地块建立地块属性表。主要内容包括：①添加地块属性字段；②为各地块属性字段赋值。具体步骤参见附录 2. 5。

4.3.1.3 数据处理阶段质量控制

数据处理阶段质量控制内容包括四个方面：普查数据储存目录完整与准确、数字化调查成果清绘图准确、坐标与投影定义正确、地块与等高线属性表准确。

1. 数据质量控制标准

两个环节的数据质量控制标准相同，具体包括：

（1）basic 目录必须包含文件：dxty. jpg、qht. jpg、dxts. tif、dt1. jpg 或 dt2. jpg、spotdt. jpg、dxts. prj、dxts. pbk；可能包含文件：录入信息的“水蚀野外调查表 . xls”。

（2）shp 目录必须包含以 bjx、bjm、dgx、dgxp、dkx、dkm、dkmp 命名的文件，且每个都包含如 shp、prj、dbf、sbx、sbn、shx、xml 等若干后缀的过程文件。

（3）dgxp 和 dkmp 命名的文件投影正确。

（4）等高线属性表中的字段名为DGX；高程值与地形图等高线数值完全一致，无空格。

（5）数字化地块边界正确，且与扫描野外清绘图上的边界误差不大于1mm。数字化地块图层（dkmp.shp）的流域边界与野外调查单元边界图层（bjmp.shp）的流域边界完全一致。

（6）地块属性表中字段名齐全、正确，大写，无空格；字段的数据类型选择正确。

（7）地块属性表中的文本及数值无空格，内容与水蚀野外调查表完全一致。

2. 两个环节的数据质量控制

（1）省级普查机构复核与审查：省级普查指导员对该省全部野外调查单元按上述标准复核。一个调查单元全部满足要求时，认为该调查单元合格；超过1项（含）不满足要求，则认为该单元不合格。以调查单元个数计，要求合格率100%。省级普查机构数据质量工作组抽查省内全部野外调查单元个数的20%，按上述标准审查。一个调查单元全部满足要求时，认为该调查单元合格，超过1项（含）不满足要求，则认为该单元不合格。以抽查的调查单元个数计，合格率为100%。如果有不合格调查单元，省级普查机构要重新复核，直至所有调查单元合格。

（2）国家级普查机构审查：国普办抽查每个省10个调查单元，按上述标准审查。一个调查单元全部满足上述标准时，认为该调查单元合格；超过1项（含）不满足要求，则认为该单元不合格。以抽查的调查单元个数计，合格率为100%。如果有不合格调查单元，省级普查机构需重新审查，直至国普办审查合格。

4.3.1.4 数据成果提交

（1）电子数据：包含二级、三级和四级目录的文件体系，具体清单见表4.1。重要的电子文档包括：四级目录basic目录内的“水蚀野外调查表.xls”，相关野外调查底图文件dxty.jpg、dt1.jpg或dt2.jpg、spotdt.jpg、qht.jpg、景观照片等；四级目录shp目录内的数字化文件bjxp、dgxp、dkxp、dkmp，及其后缀不同的若干过程文件，如“.prj”、“.dbf”、“.shp”等。

（2）纸质数据，包括：①野外调查成果清绘图；②水蚀野外调查表。每县合订一册（A4幅面）。

4.3.2 风力侵蚀

地表粗糙度提取时，下垫面分为耕地、沙地和草（灌）地。由于耕地状况较为复杂，为使地表粗糙度提取方便，野外调查单元分为两类：一类是下垫面为耕地中的“翻耕，耙平”和“翻耕，未耙平”；另一类包括耕地中的“未翻耕”和“留茬地”，以及沙地和草（灌）地。

地表粗糙度提取时，涉及的数据项目很多，如果通过人工直接提取，会产生许多人为错误，经过试验后决定采用编程提取，具体过程如下。

4.3.2.1 野外调查表格式转换

由于原始的风力侵蚀野外调查表为word格式，为便于编程处理，首先将所有调查单元信息转换为xls表。通过人工修改，使得每个调查单元的xls表行列数一致，即38行、

L列，并且使各项目所在的位置完全一致（见图4.23）。

全国水利普查
China Census for Water

风蚀野外调查表
2011年

表　号：P 6 0 3 表
制定机关：水　利　部
国务院水利普查办公室
批准机关：国　家　统　计　局
批准文号：国 统 制 [2010]181号
有效期至：2 0 1 2 年 8 月

一、基本情况

1.行政区名称及代码：
1.1 名称：河北 省（自治区、直辖市） 张家口 地区（市、州、盟） 张北 县（区、市、旗）
1.2 代码：130722
2.野外调查单元基本信息：2.1编号 [illegible]　2.2高程（m） [illegible]
2.3经度 114°58′19″　2.4纬度 41°01′29″

二、地表粗糙度

3.耕地：3.1翻耕，耙平 □；3.2翻耕，未耙平 √；3.3未翻耕 □；3.4休耕地 □
4.沙地：4.1无沙丘 □；4.2有沙丘 □；4.3无植被 □；4.4草本植被 □；4.5灌草植被 □；4.6乔灌草植被 □
5.草（灌）地：5.1无山丘 □；5.2有山丘 √；5.3无砾石 □；5.4有砾石 √；5.5草本植被 □；5.6灌草植被 √；5.7乔灌草植被 □

三、地表覆被状况

土地利用	植被类型	6.植被状况 6.1郁闭度/植被盖度（%）	6.2植被高度（m）	7.表土状况 7.1地表平整状况	7.2表土有无砾石	7.3表土紧实状况
耕地	翻耕地	——		平整□　不平整√	有√ 无□	紧实□ 不紧实√
	留茬地			平整□　不平整□	有□ 无□	紧实□ 不紧实□
沙地	草本			平整□　不平整□	有□ 无□	紧实□ 不紧实□
	灌草			平整□　不平整□	有□ 无□	紧实□ 不紧实□
	乔灌草			平整□　不平整□	有□ 无□	紧实□ 不紧实□
草（灌）地	未放牧草地			平整□　不平整□	有□ 无□	紧实□ 不紧实□
	已放牧草地			平整□　不平整□	有□ 无□	紧实□ 不紧实□
	已割草草地			平整□　不平整□	有□ 无□	紧实□ 不紧实□
	灌木+草本	78	0.67	平整□　不平整√	有√ 无□	紧实□ 不紧实√
	乔灌草			平整□　不平整□	有□ 无□	紧实□ 不紧实□

图4.23　风蚀野外调查表经过转换后的xls表

4.3.2.2　地表粗糙度提取编码设计

为便于数据进一步处理，将下垫面3种类型中涉及的项目进行编码（见表4.11），同时将代表地表覆被状况的“7. 表土状况”中的各项用“1”或者“2”编码（见表4.12）。

表4.11　“地表粗糙度”栏编码

土地利用类型	数据项目	编码	土地利用类型	数据项目	编码
3. 耕地	3.1 翻耕，耙平 □	1	5. 草（灌）地	5.1 无山丘 □	1
	3.2 翻耕，未耙平 √	2		5.2 有山丘 √	2
	3.3 未翻耕 □	3		5.3 无砾石 □	3
	3.4 休耕地 □	4		5.4 有砾石 √	4
4. 沙地	4.1 无沙丘 □	1		5.5 草本植被 □	5
	4.2 有沙丘 □	2		5.6 灌草植被 √	6
	4.3 无植被 □	3		5.7 乔灌草植被 □	7
	4.4 草本植被 □	4			
	4.5 灌草植被 □	5			
	4.6 乔灌草植被□	6			

表 4.12　“地表覆被状况”栏编码

7.1 地表平整状况				7.2 表土有无砾石				7.3 表土紧实状况			
类型	编码	类型	编码	类型	编码	类型	编码	类型	编码	类型	编码
平整□	1	不平整√	2	有□	1	无√	2	紧实□	1	不紧实√	2

4.3.2.3　地表粗糙度提取总表生成

根据以上编码结果，将每个调查单元的 xls 表经过处理，生成整个风蚀区地表粗糙度提取总表，即每个调查单元为总表中的一条记录，此记录详细记录了该调查单元的全部信息（见表 4.13）。

表 4.13　地表粗糙度提取总表（示例）

省（自治区、直辖市）	地区（市、州、盟）	县（区、市、旗）	县（区、市、旗）代理	野外调查单元编号	高程	经度	纬度	耕地	…
内蒙古	赤峰市	市辖区	150401	105401-0101fs 重选	…	…	…	…	…
内蒙古	呼和浩特市	玉泉区	150101	150101-0002fs	…	…	…	…	…
内蒙古	呼和浩特市	赛罕区	150101	150101-0006fs	…	…	…	…	…
内蒙古	呼和浩特市	赛罕区	150101	150101-0036fs 重选	…	…	…	…	…
内蒙古	呼和浩特市	赛罕区	150101	150101-0040fs	…	…	…	…	…
…	…	…	…	…	…	…	…	…	…

4.3.2.4　地表粗糙度提取结果

通过程序对每一条记录进行检索，根据检索的信息进行判读，依据地表粗糙度提取表的相关规定，计算该调查单元的地表粗糙度，结果见表 4.14。

表 4.14　地表粗糙度提取结果（示例）

调查单元编号	3. 耕地	4. 沙地-有无沙丘	4. 沙地-植被	…	耕地-地表粗糙度（cm）	沙地-地表粗糙度（cm）	草灌地-地表粗糙度（cm）
152723-0010fs	3			…	0.06		1.10
152723-0053fs	3	1	5	…	0.06	0.50	0.88
152724-0016fs	3	2	5	…	0.10	0.19	3.00
152724-0313fs	3			…	0.06		1.00
152726-0145fs	3			…	0.06		0.10
152726-0168fs	3			…	0.10		0.88
…	…	…	…	…	…	…	…

4.3.3　冻融侵蚀

野外调查完成后，省级普查机构将对野外调查成果进行系统的整理、处理和归档，主要包括：对土地利用数据进行修订并制图、完成调查表数据的录入和检查、照片统一编号和核实。

4.3.3.1 土地利用图的修正与定稿

依据野外勾绘或核实的调查单元土地利用类型图，修改电子数据的图斑界线和属性。完成土地利用图的定稿，修正后的图称为调查成果图。修正内容包括：

（1）根据实地调查，进一步确认图斑边界线。

（2）根据野外核实的土地利用类型，最后确定图斑的属性，并标注冻融侵蚀形态方式、位置及范围。

（3）最后编制完成野外调查成果图。

4.3.3.2 调查数据录入

冻融侵蚀普查工作中，需要录入的数据包括：冻融侵蚀野外调查表、野外调查单元内的不同土地利用类型图（含冻融侵蚀形态标注），以及地表近景远景照片和冻融侵蚀形态照片。

（1）冻融侵蚀野外调查表录入。将野外调查填写的冻融侵蚀野外调查表每一项参数都录入到电子版的调查表中。考虑到调查表中有多项单选与操作计算机方便，录入时将所选择的"□"涂成绿色"□"或"√"都可。数据录入并核实后，按照规定的文件命名要求命名，并存于四级目录文件夹（野外调查单元信息）。

（2）土地利用类型图录入。将调查成果图以 jpeg 格式保存，基线为 28.8kbps，按照规定的文件命名形式命名，存入四级目录文件夹（野外调查单元信息）。

4.3.3.3 地表景观及冻融侵蚀形态照片

将野外调查单元的照片统一编号，照片格式为 jpeg，分辨率不低于 1280×960，存入四级目录文件夹（野外调查单元信息）。

第5章　水力侵蚀分析与评价

水力侵蚀分析与评价包括降雨侵蚀力、土壤可蚀性、地形和水土保持措施等侵蚀影响因子的计算分析，以及水力侵蚀强度的分析与评价。

5.1　降雨侵蚀力因子

降雨侵蚀力是土壤侵蚀模型的一个基本因子，反映了雨滴击溅和径流冲刷引起土壤侵蚀的潜在能力。它与其他侵蚀因子如土壤、地形、地表覆盖以及水土保持措施等共同作用，决定了一个地区的实际土壤流失量。美国通用土壤流失方程USLE和RUSLE中的降雨侵蚀力因子（简称R因子）利用降雨动能E和最大30min雨强I_{30}的乘积EI_{30}来表征，需要使用详细的降雨过程资料精确计算。受到资料的限制，本次普查使用日降雨资料估算。为了获得全国普查范围内尽可能多的测站日雨量资料，通过两种途径进行收集：①全国各省（自治区、直辖市）上报降雨数据；②国家级技术支撑单位北京师范大学收集全国国家基本气象站降雨数据。通过数据质量审核，最终确定采用的测站总数为2678个。利用冷暖季日雨量估算模型，计算1980—2009年（1981—2010年）年均降雨侵蚀力和24个半月降雨侵蚀力，再通过克里金插值方法将站点降雨侵蚀力进行插值，得到全国R栅格图层和24个半月R占年R比例的栅格图层。野外调查单元R因子利用单元边界从全国R栅格图层上裁切；植物措施B因子的计算需要利用24个半月R占年R的比例作为年内季节变化的修正系数。

5.1.1　数据收集与数据质量控制

5.1.1.1　数据收集

根据普查实施方案：水蚀类型区或与风蚀、冻融侵蚀交错分布的类型区，由省级普查机构收集辖区内各县的日降水量。2011年3—7月，各省（自治区、直辖市）陆续通过“气象数据上报系统”上报了所收集的1980—2009年或1981—2010年逐年逐日雨量大于等于12mm的日雨量资料，共2218个站点，包括2002个水文站和216个气象站（数据集S）。北京师范大学收集了全国743个国家基本气象站1980—2009年逐日降雨数据（数据集Q）。

5.1.1.2　数据质量审核

降雨数据质量审核包括两方面内容：一是数据缺失情况评价；二是数据质量情况评价。评价数据缺失情况时，采用中国气象局《地面气象观测规范》（气象出版社，2003年）中规定的日、月、年缺测标准。一月中缺测6天或以下，按实有记录做月合计，缺测

7天以上按缺测处理。一年中缺测一个月或以上时，该年不做年合计，按缺测处理。将缺测10年（不含）以下的站称为有效站，2218个上报站中，有效站数量为2131个，占实际上报总数的96.1%；743个基本气象站中，有效台站646个，占收集气象站总数的87%。

评价数据质量时，认为数据集Q已经符合质量标准，因为该数据集来自中国气象局国家气象信息中心主办的中国气象科学数据共享服务网（http://cdc.cma.gov.cn/），经过质量控制后发布。采用两种方法审核上报数据集S的质量：①与气象站数据集Q对比方法；②空间连续性分析方法。上报数据集S和气象站数据集Q共有的91个测站数据对比分析表明，上报数据质量较好（见表5.1）。具体表现为：侵蚀性雨量多年平均值指标有18.7%站点的相对偏差为0，即两套数据完全吻合；69.2%站点的相对偏差在±20%以内；只有12.1%的站点相对偏差在±20%以外。极端最大日降雨量指标有72.5%站点的相对偏差为0；14.3%站点的相对偏差在±20%以内；只有13.2%站点的相对偏差在±20%以外。

表5.1　上报数据相对于气象站数据（91个站）的偏差分布

相对偏差E（%）	$E<-50$	$-50\leqslant E<-20$	$-20\leqslant E<0$	$E=0$	$0<E\leqslant 20$	$20<E\leqslant 50$	$E>50$
侵蚀性雨量多年平均值	5.5	1.1	42.9	18.7	26.4	3.3	2.2
极端最大日降雨量	0.0	4.4	7.7	72.5	6.6	3.3	5.5

空间连续性分析方法是将数据集S的侵蚀性雨量多年平均值进行空间点绘形成等值线图，如果某点数值明显与周围站点差异较大，首先分析是否由于地形或其他因素的影响，确认无明显影响情况下，则认为该点数据的可靠性较低，认为是无效站，不参与计算。对上报数据侵蚀性雨量多年平均值等值线图的空间连续分析表明：绝大部分站点上报数据质量可靠，2131个上报有效站中，只有8个站点雨量与周围站点差异较大（见表5.2），且周围没有特殊地形影响，因此删除其不参与计算。这样，原2131个有效站降为2123个，最终的有效站数占实际上报站数的95.7%。

表5.2　8个站侵蚀性降雨量多年平均值（mm）与周围站点比较

台站编码	台站名称	本站	周围站点1	周围站点2
00051430	察布查尔锡伯自治县	2151.3	75.2	183.3
00057176	南召县白土岗	48.4	457.4	831.6
00051629	温宿县气象局	455.3	53.1	30.9
00051436	新源国家气象站	219.6	136.8	55.8
10520920	板房	160.9	276.3	324.7
80751800	崇左	631.3	858.9	983.5
60861300	向阳（二）	701.4	1075.6	1233.5
81825300	八所	818.4	1304.3	1309.8

通过前述两套数据缺失情况和数据质量分析结果，最终确定采用的测站总数为2678个（站点空间分布见图5.1），包括2032个各省（自治区、直辖市）上报测站（2032个县份）、555个气象站（533个县份），以及两个数据集共有的91个气象站（91个县份）。考虑到数据集Q经过了严格的质量控制发布，91个共有测站最终采用气象站数据。这样参与全国降雨侵蚀力因子计算的上报数据测站数为2032个，气象站数量为646个。

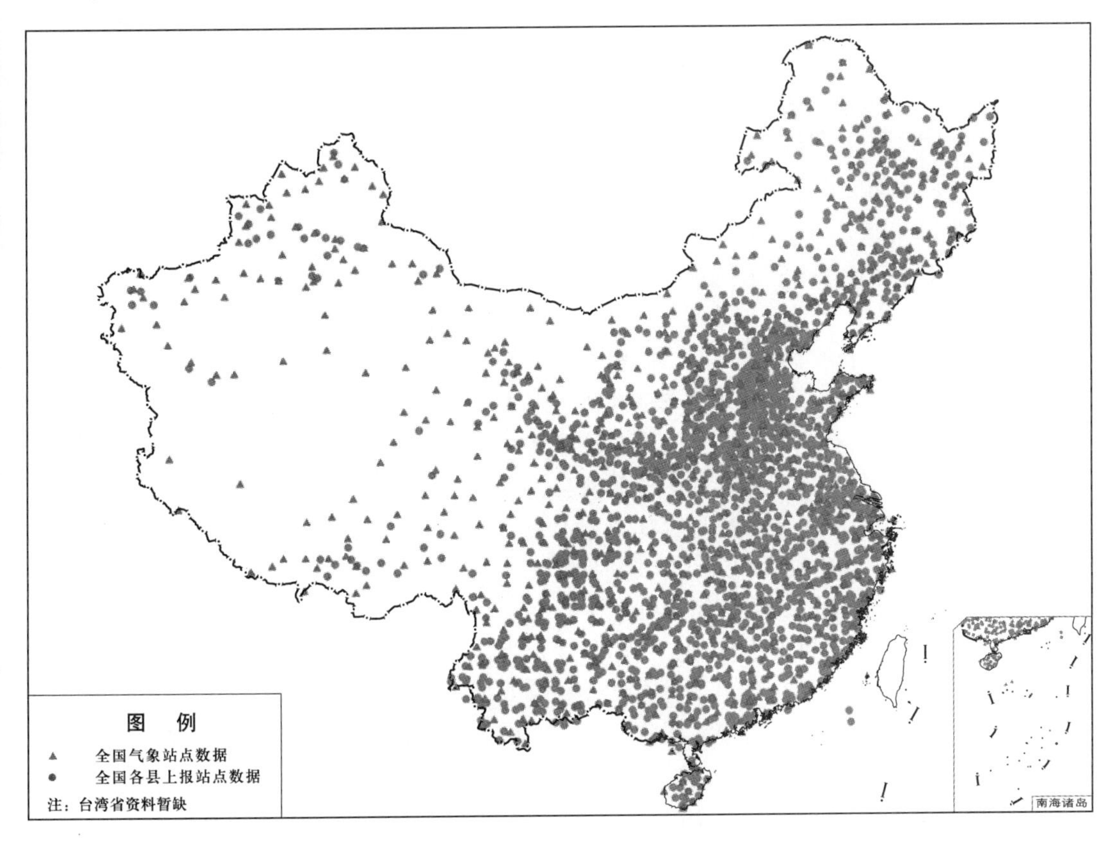

图5.1　确定采用的2678个测站（气象、水文）站点空间分布

5.1.2　计算与空间插值

降雨侵蚀力的计算与空间插值采用降雨侵蚀力计算系统（Rainfall Erosivity Calculation，REC）。REC系统能够利用全国气象站或水文站逐日降水观测数据，计算一年24个半月降雨侵蚀力、年降雨侵蚀力以及半月降雨侵蚀力占年降雨侵蚀力比例，并实现对上述结果进行空间插值，同时具有区域数据裁剪、输出、图形显示等功能。

5.1.2.1　站点降雨侵蚀力的计算

站点降雨侵蚀力的计算采用冷暖季日雨量估算模型：

$$\overline{R}=\sum_{k=1}^{24}\overline{R}_{半月k} \tag{5.1}$$

$$\overline{R}_{半月k}=\frac{1}{N}\sum_{i=1}^{N}\sum_{j=0}^{m}(\alpha P_{i,j,k}^{1.7265}) \tag{5.2}$$

$$\overline{WR}_{半月k}=\frac{\overline{R}_{半月k}}{\overline{R}} \tag{5.3}$$

式中：$\overline{R}$为多年平均年降雨侵蚀力，MJ·mm/(hm²·h·a)；$k=1$，2，…，24，指将一年划分为24个半月；$\overline{R}_{半月k}$为第k个半月的降雨侵蚀力，MJ·mm/(hm²·h)；$i=1$，2，…，N，指1981—2010年时间序列；$j=0$，…，m，指第i年第k个半月内侵蚀性降雨日的数量（侵蚀性降雨日指日雨量大于等于12mm）；$P_{i,j,k}$为第i年第k个半月第j个侵蚀性日雨量，mm，如果某年某个半月内没有侵蚀性降雨量，即$j=0$，则令$P_{i,0,k}=0$；α为参数，暖季（5—9月）$\alpha=0.3937$，冷季（10—12月，1—4月）$\alpha=0.3101$；$\overline{WR}_{半月k}$为第k个半月平均降雨侵蚀力（$\overline{R}_{半月k}$）占多年平均年降雨侵蚀力（$\overline{R}$）的比例。

5.1.2.2 降雨侵蚀力的空间插值

降雨侵蚀力的空间插值采用克里金方法。克里金插值是一种最优、线性无偏内插估计方法，由南非地质学家Krige发明而命名，后经法国著名地理数学学家G. Matheron完善。该方法假定空间随机变量具有二阶平稳性，于是具有以下性质：距离较近的采样点比距离远的采样点更相似；相似程度或空间协方差大小，用点对的平均方差度量，方差大小只与采样点间的距离有关，与它们的绝对位置无关。该方法的最大优点是能够对误差做出逐点理论估计，不会产生回归分析的边界效应。

降雨侵蚀力等值线图的生成过程如下：

（1）2678个站点日雨量经过REC系统导入模块，生成站点年降雨侵蚀力数据矢量文件，采用WGS 1984坐标系统。

（2）利用空间插值模块中克里金插值方法，将站点数据矢量文件进行空间插值，生成全国降雨侵蚀力栅格数据，采用WGS 1984坐标系统，空间分辨率为0.01°。

（3）根据全国降雨侵蚀力栅格数据，生成全国降雨侵蚀力等值线，采用WGS 1984坐标系统。

（4）利用数据裁剪模块，对全国降雨侵蚀力等值线进行裁剪，生成各流域及各省（自治区、直辖市）降雨侵蚀力等值线，采用WGS 1984坐标系统。

降雨侵蚀力栅格图的生成过程如下：

（1）2678个站点日雨量经过REC系统导入模块，生成站点24个半月降雨侵蚀力数据矢量文件，采用WGS 1984坐标系统。

（2）利用空间插值模块中克里金插值方法，将站点数据矢量文件进行空间插值，栅格负值取0，生成全国24个半月降雨侵蚀力栅格数据，采用WGS 1984坐标系统，空间分辨率为0.01°。

（3）将全国24个半月降雨侵蚀力栅格数据进行栅格相加运算，得到全国年降雨侵蚀力栅格数据，采用WGS 1984坐标系统，空间分辨率为0.01°。

（4）将全国24个半月降雨侵蚀力栅格数据与年降雨侵蚀力栅格数据进行栅格除法运算，得到24个半月降雨侵蚀力占年降雨侵蚀力比例栅格数据，采用WGS 1984坐标系统，空间分辨率为0.01°。

（5）利用数据裁剪功能，将全国 24 个半月降雨侵蚀力比例和年降雨侵蚀力栅格数据进行裁剪和重采样，生成全国 1∶25 万地形图标准分幅的 24 个半月降雨侵蚀力比例和年降雨侵蚀力栅格图，采用 UTM WGS 1984 6 度带投影，空间分辨率为 30m（或 10m）。

5.1.3　精度控制

5.1.3.1　站点 *R* 因子的精度控制

在 5 个水蚀区各选 1 个气象（水文）站点的降雨过程资料，分别为黑龙江通河（东北黑土区）、陕西延安（西北黄土高原区）、北京榆林庄（北方土石山区）、四川成都（西南石质山区）、福建福州（南方红壤丘陵区），计算其多年平均半月降雨侵蚀力值、年降雨侵蚀力值及半月降雨侵蚀力占年降雨侵蚀力比例，作为精确值；将同一站点利用上报（气象）数据估算的结果与相应的精确值进行对比，计算其相对误差。由于降雨主要集中在 5—9 月且北方地区各站降雨过程资料只包括 5—9 月，故半月降雨侵蚀力值和比例的对比只包括 5 月上半月至 9 月下半月共 10 个半月。结果表明（见表 5.3）：估算的年降雨侵蚀力与精确值相对误差很小，5 个代表站点变化于 1.0%～26.8%之间，平均为 9.6%；估算的半月降雨侵蚀力值（比例）与精确值相对误差较小，变化于 12.9%～47.5%（12.6%～42.9%）之间，平均为 30.7%（30.9%）。

表 5.3　　5 个水蚀区代表站点降雨侵蚀力估算值与精确值相对误差对比

水蚀分区	站名	站号	相对误差（%）		
			年降雨侵蚀力值	半月降雨侵蚀力值	半月降雨侵蚀力比例
东北黑土区	黑龙江通河	50963	26.8	28.5	32.0
西北黄土高原区	陕西延安	53845	11.3	47.5	42.9
北方土石山区	北京榆林庄	11000010	2.8	28.3	30.3
西南石质山区	四川成都	56294	1.0	36.5	36.8
南方红壤丘陵区	福建福州	58847	6.1	12.9	12.6
平均			9.6	30.7	30.9

5.1.3.2　*R* 因子空间插值的精度控制

在所采用的 2768 个站的上报数据和气象站数据中，按均匀分布原则选取 100 个站点（见图 5.2）进行图件质量检验，方法如下：将上述各站点用公式计算的全国年降雨侵蚀力、24 个半月降雨侵蚀力所占比例结果作为标准值，与栅格图上该点所在位置的相应值进行比较，分析二者之间的回归关系。

站点数据公式计算结果与插值结果的回归分析表明，年降雨侵蚀力和 24 个半月降雨侵蚀力比例插值结果很好。年降雨侵蚀力插值结果与公式计算结果 1∶1 线回归方程的决定系数达到 0.974，线性回归的斜率与 1 无显著差异（见图 5.3）。24 个半月降雨侵蚀力比例插值结果与公式计算结果也十分一致（见表 5.4）：24 个半月中有 15 个半月 1∶1 线回归方程的决定系数在 0.9 以上，第 9 半月（5 月上半月）和第 17 半月（9 月上半月）1∶1 线回归方程的决定系数分别为 0.628 和 0.618，第 2 半月（1 月下半月）和第 24 半月

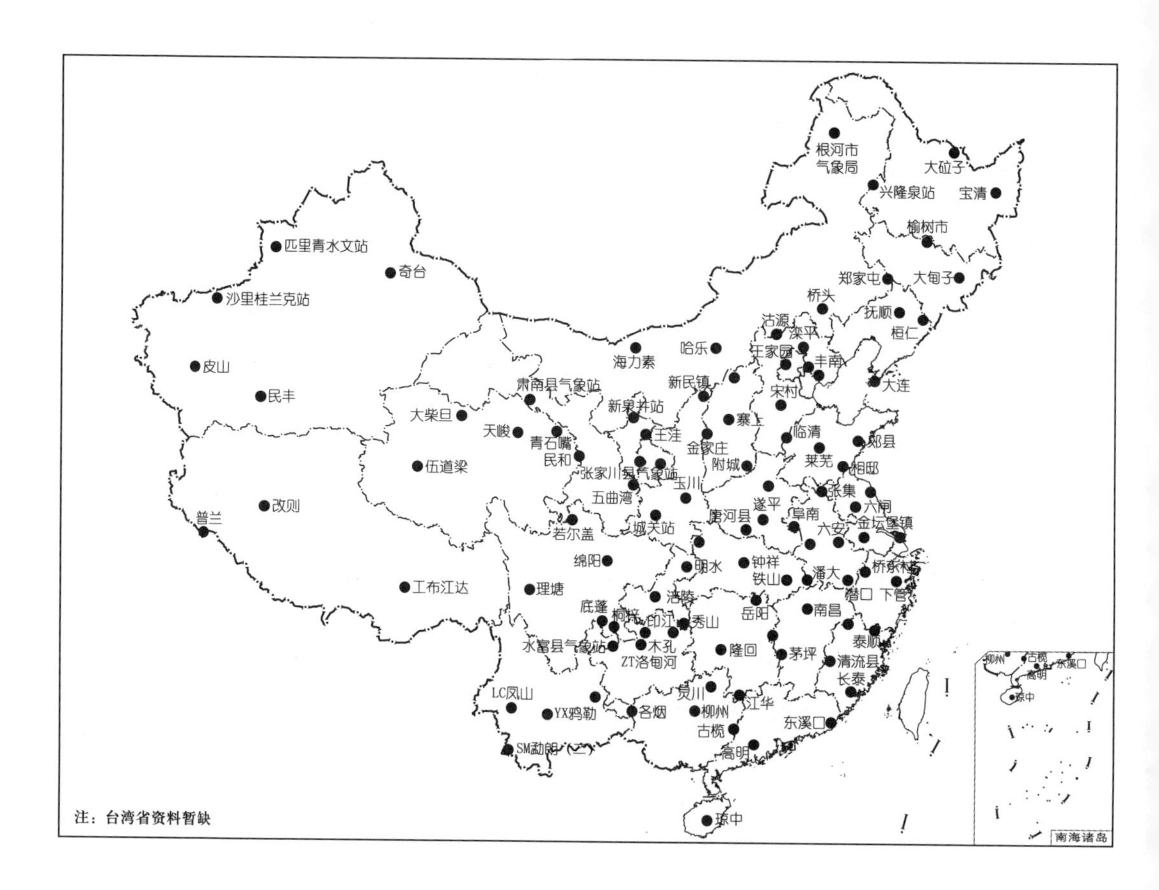

图 5.2　图件质量检验站点

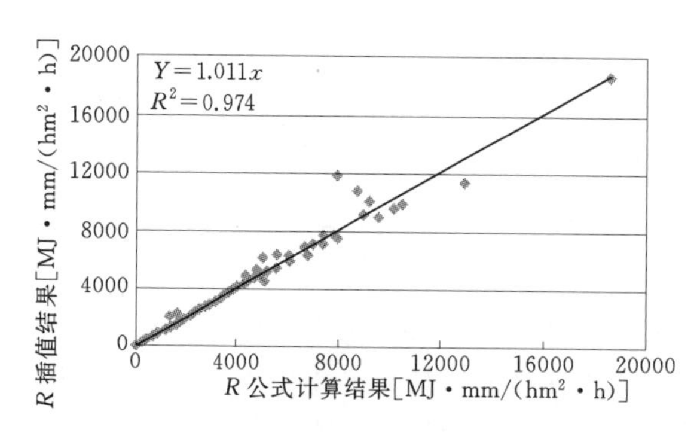

图 5.3　年降雨侵蚀力插值结果检验

（12 月下半月）1∶1 线回归方程的决定系数分别为 0.414 和 0.139。分析这 4 个半月各站点的计算结果发现，导致决定系数偏低的原因相同：均是位于新疆民丰和皮山、西藏改则和普兰、青海五道梁 5 个站由于降水量少，年际变率大引起的插值结果与公式计算结果相差较大。这 5 个站年降雨侵蚀力只有 29.9～208.6 MJ·mm/(hm^2·h)，半月降雨侵蚀力更小，且变率很大。将这几个点的数据删除后，决定系数大幅提高：第 2 半月（1 月下半月）回归决定系数由 0.414 提高至 0.917，第 9 半月（5 月上半月）回归决定系数由 0.628 提高至 0.759，第 17 半月（9 月上半月）回归决定系数由 0.618 提高至 0.795，第 24 半月（12 月下半月）回归决定系数由 0.139 提高至 0.963。值得注意的是，6 月下半月（第 12 个半月）到 9 月上半月（第 17 个半月）是我国主要降雨季节，回归方程的决定系数总体较非降雨季节偏低，小于 0.8。

表 5.4　　年降雨侵蚀力及 24 个半月降雨侵蚀力比例插值检验的决定系数（R^2）

	R^2		R^2		R^2		R^2		R^2
R	0.974	RBL05	0.989	RBL10	0.960	RBL15	0.751	RBL20	0.986
RBL01	0.981	RBL06	0.986	RBL11	0.926	RBL16	0.746	RBL21	0.946
RBL02	0.414	RBL07	0.942	RBL12	0.479	RBL17	0.618	RBL22	0.989
RBL03	0.986	RBL08	0.929	RBL13	0.662	RBL18	0.943	RBL23	0.981
RBL04	0.991	RBL09	0.628	RBL14	0.799	RBL19	0.964	RBL24	0.139

注　R 表示年降雨侵蚀力。RBL01，RBL02，…，RBL24 分别表示 24 个半月降雨侵蚀力占年降雨侵蚀力的比例。

5.1.4　结果分析

开发了降雨侵蚀力计算系统 REC，可以基于站点日降雨量资料计算年均降雨侵蚀力和 24 个半月降雨侵蚀力占年降雨侵蚀力的比例，并实现对上述结果进行空间插值，同时具有区域数据裁剪、输出、图形显示等功能；输出了全国年均降雨侵蚀力和 24 个半月降雨侵蚀力权重 1∶25 万地形图分幅 30m 分辨率栅格图；绘制了全国（1 套）、流域（7 套）和各省（31 套）年均降雨侵蚀力等值线系列图共 39 套；制作了全国各县年均降雨侵蚀力及 24 个半月侵蚀力降雨权重统计表。分析全国 R 值的空间分布规律，多年平均半月降雨量侵蚀力占 R 值比例，以及全国降雨侵蚀力季节分配曲线的特点。

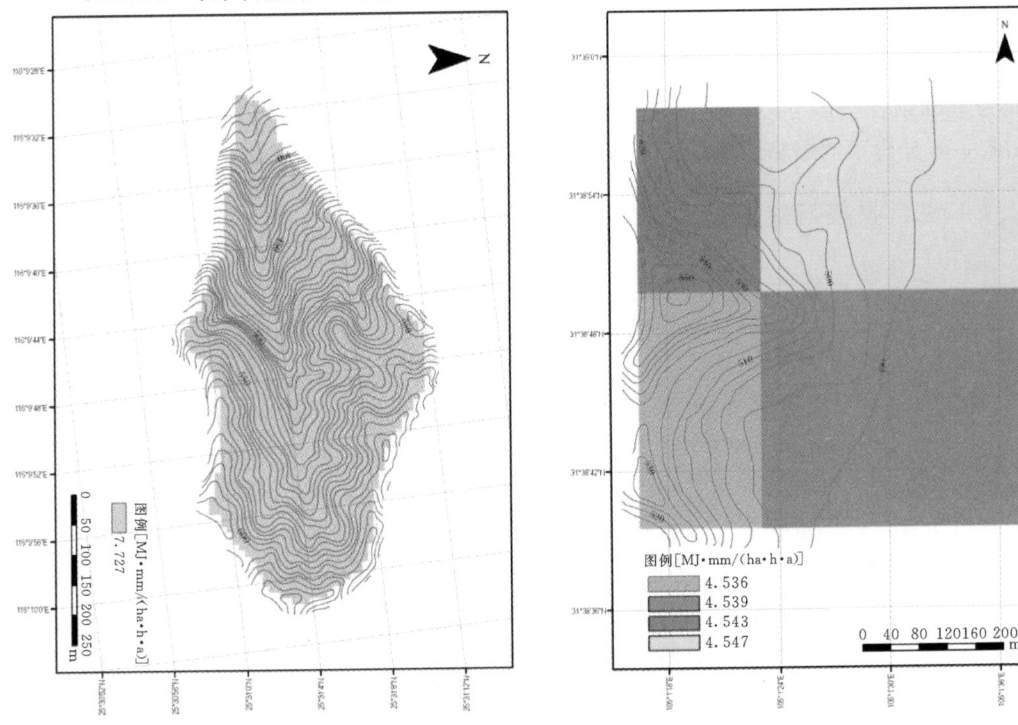

图 5.4　调查单元 R 因子图层（示例）

5.1.5 调查单元 *R* 因子图层生成

应用土壤流失量计算系统（Soil Loss Calculation，简称 SLC 系统）的裁剪 *R*/*K* 因子模块，调用全国多年平均年降雨侵蚀力和全年 24 个半月降雨侵蚀力比例栅格文件，直接以调查单元边界文件（bjm. shp）进行裁剪和重采样，生成所有调查单元 25 个 *R* 因子栅格文件，空间分辨率 10m×10m，WGS84－ALBERS 投影，如图 5.4 所示，存储在相应 4 级目录 raster 内。多年平均降雨侵蚀力文件命名为“*R*”，其他 24 个半月降雨侵蚀力比例文件（即每个半月降雨侵蚀力占全年降雨侵蚀力的比例）命名依次为“RBL01”，“RBL02”，…，“RBL23”，“RBL24”。

5.2 土壤可蚀性因子

土壤可蚀性是指土壤具有抵抗雨滴打击分离土壤颗粒和径流冲刷的能力，比较精确的指标是采用标准小区观测的土壤流失量与降雨侵蚀力得到，即标准小区单位降雨侵蚀力形成的土壤流失量，取决于土壤理化性质。标准小区是指坡长 22.13m，坡度 9%，保持连续清耕休闲状态的小区，并要求经常清除杂草，以保证植被盖度不大于 5%。考虑到标准小区观测资料有限，本次普查采用土壤理化性质指标进行估算，由技术支撑单位中国科学院南京土壤研究所完成。通过收集全国 31 个省（自治区、直辖市）第二次土壤普查土种志和土壤类型图资料，细化整理了全国 16493 个土壤剖面数据；通过采集分析土壤样品和查阅文献，更新了 1065 个土壤数据；通过扫描和数字化各省（自治区、直辖市）土壤类型图，得到全国分省 1∶50 万土壤类型矢量图及其属性表。最终计算了 7764 个土种可蚀性因子 *K* 值，并通过面积加权归并得出 3366 个土属、1597 个亚类和 670 个土类的 *K* 值。以此为基础结合全国分省 1∶50 万土壤类型矢量图，插值生成全国 1∶25 万地形图分幅 30m×30m 分辨率的栅格图共计 763 幅。

5.2.1 资料收集与数据处理

5.2.1.1 土壤属性数据收集

土壤属性数据主要来源于全国第二次土壤普查成果，由农业部、全国土壤普查办公室组织领导，历时 16 年（1979—1994 年），共完成了 2444 个县、312 个国营农（牧、林）场和 44 个林业区的土壤普查。全国土壤普查办公室编写了《中国土种志》（共 6 卷），列述了 2473 个土种，分属于 60 个土类、203 个亚类、402 个土属，具有较广泛的代表性和区域特色。每个土种都有理化性状统计表和典型剖面性状表，并按剖面层次列出了机械组成、有机质含量、氮磷钾全量及有效量、pH 值、CEC 和盐基饱和度等主要理化性质。收集了 31 个省份的土种志资料，包括已出版的省份（黑龙江、吉林、辽宁、陕西、内蒙古、甘肃、宁夏、江苏、河南、浙江、湖北、湖南、四川、西藏）和《中国土种志》（6 卷），对收集不到正式出版土种志资料的省份，采用土壤所资料室保存的第二次土壤普查内部资料（河北、山东、江西、福建、广东、广西、海南、云南、贵州、青海、新疆等省份共 29 本油印资料）（见图 5.5）。

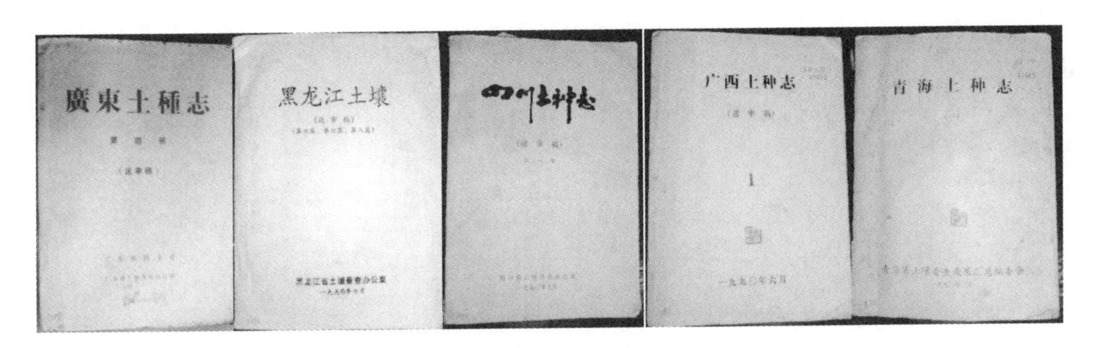

图 5.5 部分省份土种志资料

5.2.1.2 土壤类型图收集与数字化

收集了全国 31 个省（自治区、直辖市）土壤类型图，包括：20 个省份 1∶50 万土壤图；7 个省份 1∶20 万土壤图，分别为北京、天津、上海、重庆、宁夏、黑龙江和甘肃（其中黑龙江和甘肃为分县市的土壤图）；5 个省份 1∶100 万土壤图，分别为广东、西藏、新疆、青海和内蒙古。所有纸质图均扫描为 TIFF 格式的电子图（见图 5.6），共扫描得到 445 个图形文件，数据总量达 17.5GB。以这些图件作为底图进行数字化，得到各省（自治区、直辖市）土壤类型矢量图，并进行数据整理，主要内容包括：

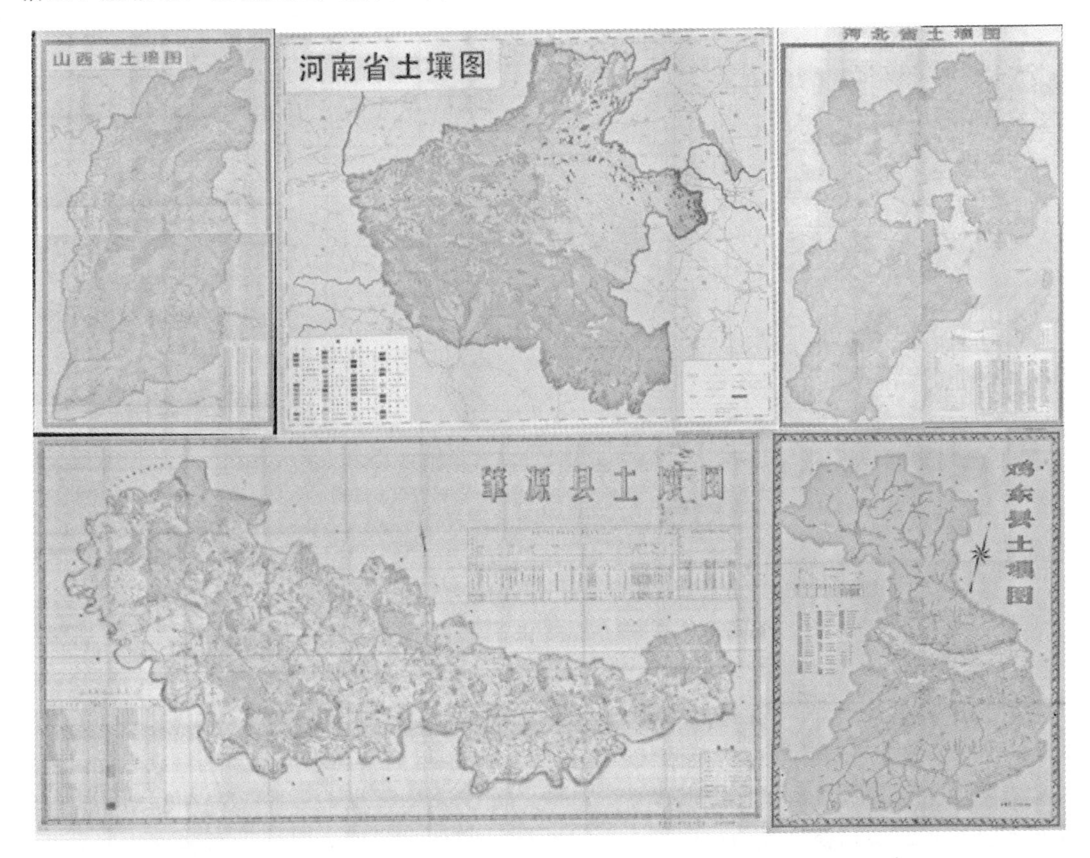

图 5.6 部分纸质土壤类型图扫描底图

（1）土壤图数字化。由于绝大多数省份只有原始土壤图扫描件，没有矢量数据，需要进行数字化（见图 5.7），将数据投影统一为 WGS84－Albers。为了保证数据质量和精度，选择人工逐点跟踪的方式，主要工作内容包括原始土壤图几何校正、土壤图数字化以及土壤名称对照等。

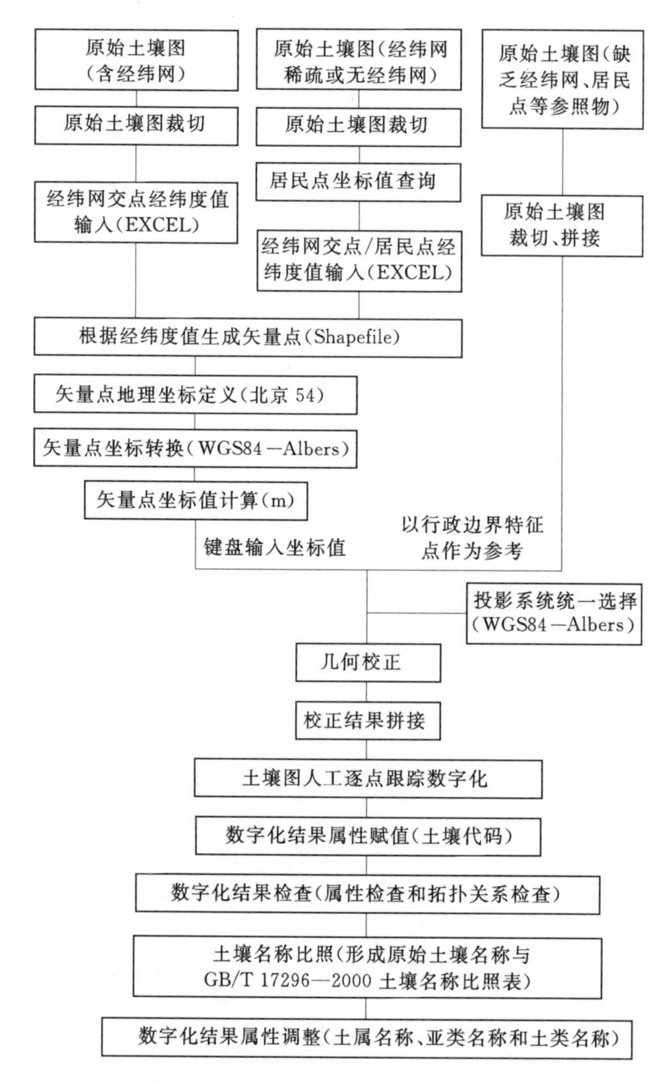

图 5.7　土壤图数字化流程

（2）土壤矢量数据整理（部分省份可能提供土壤类型矢量数据，但仍需要做进一步处理）。主要包括面矢量数据整理和线矢量数据整理两部分（见图 5.8）。面矢量数据整理工作主要有：①边界调整：按照统一的行政边界对矢量图层进行调整；②属性赋值：对边界处图斑的属性进行补充赋值；③重叠区调整：对于由两个矢量图层组成的县市或地区的面矢量数据，由于其重叠区域多边形边界不对应，需作进一步处理或补充数字化；④拓扑关系检查：检查图层拓扑关系的正确性；⑤属性字段调整与赋值：根据土壤名称比照结果，调整矢量图层属性字段（土壤代码、土属名称或土种名称、亚类名称和土类名称）。线矢量数据整理与面矢量数据整理相同，但多了数据格式转换（将线矢量数据转化为面矢量数据）。

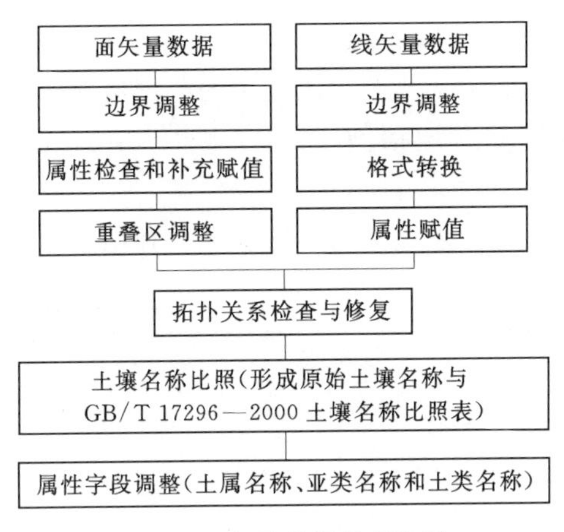

图5.8　矢量数据整理流程

5.2.1.3　土壤分类分级体系细化与属性处理

计算土壤可蚀性 K 值以土种属性为基础。属性指标包括：表层土壤有机质含量（%），机械组成（粗砂2～0.2mm、细砂0.2～0.02m、粉砂0.02～0.002mm和黏粒<0.002mm含量,%），土壤渗透等级和土壤结构等级。因此需要将收集的各省土种志土壤分类分级体系细化到土种，然后以土种为单位输入对应的土壤理化指标。具体处理过程包括：

(1) 土壤分类分级体系细化。由于所依据的分省土壤类型图比例尺为1：20万、1：50万和1：100万不等，土壤图斑的属性精度也各不相同。主要受制图比例尺的影响：1：20万和1：50万土壤图的土壤类型一般划分到土属，1：100万土壤图的土壤类型则划分到亚类。同时还受土壤分布面积的影响：分布面积较大的土壤类型，1：50万土壤图上可能划分到土种，1：100万图上也可能划分到土属；相反1：20万和1：50万图上分布面积较小的土壤类型可能只划分到亚类，部分图斑甚至只划分到土类。对于土壤类型图属性表中划分到土属的条目，需根据土种志资料找到该土属对应的土种类型，列在土属条目下。若属性表中条目划分到亚类，则需先找到该亚类对应的土属，再找到各土属对应的土种。若属性表中条目划分到土类，则需找出对应的亚类，再找出对应的土属和土种。列出的土种、土属或亚类数须占其所属上一级土壤类型的80%以上，如某一土属下有5个土种，则须列出至少4个土种。

(2) 分布面积处理。分布面积是进行 K 值加权归并的依据。鉴于亚类、土属和土种都需要向上级类型归并，因而分别列出对应的面积属性。若土壤类型图属性表中的属性记录已经为土种，可以直接成图而不需要向土属归并，也不用输入面积；土属记录需输入其对应土种的分布面积；亚类记录需输入其对应的土属和土种分布面积；土类记录需输入其对应的亚类、土属和土种分布面积。

(3) 土壤有机质和机械组成处理。如果收集的资料或者获取的土壤分析资料是国际制，需要进行土壤粒级转化，变为 K 因子计算公式需要的美国制。采用两种方法进行转换：一是函数拟合法。首先基于机械组成分级比例进行累加，得到小于某一粒级的累加比例，然后建立该累加比例与对应粒级自然对数之间的回归关系，回归方程形式选用 $Y=Ax+b$ 或 $Y=Ax^2+Bx+C$，其中，Y 为小于某一粒级的累加比例，x 为对应粒级的自然对数，确定性系数 R^2 须大于0.9，然后用该回归方程计算美国制机械组成对应的粒级累加比例（小于0.05和0.1粒级的含量），再做相减运算得到对应的分级百分比。二是插值法。首先将国际制机械组成分级进行累加得到小于某一粒级的累加比例，然后在matlab中进行插值运算得到对应的美制土壤机械组成。使用三次样条插值命令interpl（x，y，xx，'spline'）进行插值转换，若发现转换后的值存在负数，则换成线性插值来计算。

（4）土壤渗透等级处理。利用机械组成确定，首先依据转化为美制单位后的机械组成，查表5.5获得该土种的土壤质地；然后根据土壤质地，查表5.6获得该土种的土壤渗透等级。实际计算时，在Excel中编写条件判断语句为不同机械组成的土壤类型进行渗透等级赋值。

（5）土壤结构系数处理。利用土种志记录的结构描述，查阅表5.7进行判断。

表5.5　美国制土壤质地分类标准

土壤质地分类		各粒级含量（%）		
类别	名称	黏粒 <0.002mm	粉砂粒 0.05～0.002mm	砂粒 2～0.05mm
砂土类	砂土	0～10	0～15	85～100
	壤砂土	0～15	0～30	70～90
	粉砂土	0～12	80～100	0～20
壤土类	砂壤土	0～20	0～50	43～100
	壤土	8～28	28～50	23～52
	粉壤土	0～28	50～88	0～50
黏壤土类	砂黏壤土	20～35	0～28	45～80
	黏壤土	28～40	15～53	20～45
	粉砂黏壤土	28～40	40～72	0～20
黏土类	砂黏土	35～55	0～20	45～65
	粉砂黏土	40～60	40～60	0～20
	黏土	40～100	0～40	0～45

表5.6　土壤质地对应的土壤渗透等级查对表

土壤质地	土壤渗透等级	饱和导水率（mm/h）
粉砂黏土，黏土	6	<1.02
粉砂黏壤土，砂黏土	5	1.02～2.04
粉砂黏壤土，黏壤土	4	2.04～5.08
壤土，粉壤土	3	5.08～20.32
壤砂土，粉砂土，粉壤土	2	20.32～60.96
砂土	1	> 60.96

表5.7　土壤结构系数查对表

土壤结构	大小（mm）	土壤结构等级	备注
立体结构			
块状结构	>20	4	不耐水
团块状结构			
大团块状结构	20～10	4	较耐水
中团块状结构	10～1	3	
小团块状结构	1～0.25	2	
核状结构			很耐水

续表

土　壤　结　构	大小（mm）	土壤结构等级	备　　注
大核状结构	20～10	4	
中核状结构	10～7	3	
小核状结构	7～5	3	
粒状结构			很耐水
大粒状结构	5～3	3	
中粒状结构	3～1	2	
小粒状结构	1～0.5	1	
棱柱状结构			
柱状结构	50～30	4	不耐水
棱状结构	50～30	4	不耐水
板状结构			
板状结构	5～3	4	不耐水
片状结构	3～1	4	不耐水
薄片状结构	<1	4	不耐水

5.2.1.4 计算采用数据

数字化的全国 1∶50 万土壤类型矢量图对应的属性表含有土壤分级分类体系，细化后用于计算 K 值的属性指标（见表 5.8）。

表 5.8　　　　土壤属性数据库表头

土壤代码	土类		亚类			土属			土种		
	名称	K 值	名称	K 值	面积（万亩）	名称	K 值	面积（万亩）	名称	K 值	面积（万亩）

国际制机械组成（%）				美国制机械组成（%）				有机质	结构等级	渗透等级
2～0.2	0.2～0.02	0.02～0.002	<0.002	2～0.1	0.1～0.05	0.05～0.002	<0.002			

最终共细化整理和收集了全国 16493 个土壤剖面数据，构建了土壤属性数据库，其中处理了 7764 个土种表层属性数据用于 K 值计算（见表 5.9），表层土种数据量超过《中国土种志》中所记录土种表层数据的 3 倍。

表 5.9　　　　全国 31 个省（自治区、直辖市）K 值计算的相关资料信息

序号	省（自治区、直辖市）	代码	土种数量	土属数量	亚类数量	土类数量	实测土样数量	文献土样数量	土壤图比例尺
1	北京	11	59	24	24	9	20	0	1∶20 万
2	天津	12	224	56	16	6	0	0	1∶20 万
3	河北	13	360	170	49	21	0	6	1∶50 万
4	山西	14	347	127	40	17	0	5	1∶50 万

续表

序号	省（自治区、直辖市）	代码	土种数量	土属数量	亚类数量	土类数量	实测土样数量	文献土样数量	土壤图比例尺
5	内蒙古	15	151	170	107	37	7	3	1：100万
6	辽宁	21	209	119	62	30	19	19	1：50万
7	吉林	22	184	117	62	30	28	0	1：50万
8	黑龙江	23	151	91	57	19	65	0	1：20万
9	上海	31	92	25	7	4	0	0	1：20万
10	江苏	32	175	113	36	15	16	0	1：50万
11	浙江	33	337	102	20	35	14	1	1：50万
12	安徽	34	216	115	52	22	23	3	1：50万
13	福建	35	211	89	27	16	8	3	1：50万
14	江西	36	245	65	25	13	12	0	1：50万
15	山东	37	258	82	36	16	15	0	1：50万
16	河南	41	124	123	41	17	15	6	1：50万
17	湖北	42	398	134	31	14	15	3	1：50万
18	湖南	43	345	104	27	12	0	12	1：50万
19	广东	44	546	132	45	18	15	6	1：100万
20	广西	45	343	113	35	19	0	3	1：50万
21	海南	46	194	117	30	14	15	0	1：100万
22	重庆①	50	—	—	—	—	0	3	1：20万
23	四川	51	379	136	64	25	9	4	1：50万
24	贵州	52	373	115	106	53	0	20	1：50万
25	云南	53	376	163	45	19	0	8	1：50万
26	西藏	54	134	105	69	29	611	0	1：100万
27	陕西	61	282	136	52	25	43	0	1：50万
28	甘肃	62	205	203	128	44	0	9	1：20万
29	青海	63	229	80	88	34	0	0	1：100万
30	宁夏	64	202	76	100	17	0	1	1：20万
31	新疆和新疆生产建设兵团	65	415	164	116	40	0	0	1：100万
合计			7764	3366	1597	670	950	115	445

① 重庆市包含在四川省内，不再单独统计。

5.2.2 计算方法

5.2.2.1 基本公式

采用USLE模型Wischmeier提出的土壤可蚀性估算公式：

$$K=[2.1\times10^{-4}M^{1.14}(12-OM)+3.25(S-2)+2.5(P-3)]/100 \quad (5.4)$$

式中：$M=N_1(100-N_2)$ 或者 $M=N_1(N_3+N_4)$；N_1 为粒径在0.002～0.1mm之间的土壤砂粒含量百分比；N_2 为粒径<0.002mm的土壤黏粒含量百分比；N_3 为粒径在0.002～0.05mm的土壤粉砂含量百分比；N_4 为粒径在0.05～2mm的土壤砂粒含量百分比；

OM 为土壤有机质含量，%；S 为土壤结构系数；P 为土壤渗透性等级。

考虑到USLE公式计算有机质含量较高的土壤可蚀性可能出现 K 值为负的错误结果，采用EPIC模型Williams提出的公式计算 K 值：

$$K=\left\{0.2+0.3\exp\left[-0.0256S_a\left(1-\frac{S_i}{100}\right)\right]\right\}\left(\frac{S_i}{C_l+S_i}\right)^{0.3}$$
$$\left[1-\frac{0.25C}{C+\exp(3.72-2.95C)}\right]\left[1-\frac{0.7S_n}{S_n+\exp(-5.51+22.9S_n)}\right] \tag{5.5}$$

式中：$S_n=1-S_a/100$；S_a 为砂粒（2～0.05mm）含量，%；S_i 为粉砂含量（0.05～0.002mm），%；C_l 为黏粒含量（<0.002mm），%；C 为有机碳含量，%。

5.2.2.2 K值归并

计算出土种的 K 值之后，需要向上一级归并。以土壤类型图中的土壤代码为依据，对于图斑属性已经是土种的条目不再归并；图斑属性是土属、亚类和土类条目按以下原则归并（见表5.10）：

（1）土属条目。根据该土属下各土种的分布面积对土种的可蚀性 K 值进行加权平均，归并得到土属的可蚀性 K 值，对于无法得到土种分布面积的条目，直接取土种 K 值的算术平均值。

（2）亚类条目。先按土属条目的归并方法，由土种的可蚀性 K 值归并得到该亚类下各个土属的 K 值，然后基于各土属的分布面积将土属 K 值加权平均归并到亚类。如无法获取土属分布面积，也取算术平均值作为亚类的 K 值。

（3）土类条目。先按以上两条归并方法得到该土类条目下的亚类 K 值，再基于各亚类分布面积将 K 值加权平均归并到土类。如无法得到亚类面积，则取算术平均值进行 K 值归并。

表5.10　K 值归并示例

土属	土种		
	名称	K 值	面积
K	土种1	K_1	A_1
	土种2	K_2	A_2
	⋮	⋮	⋮
	土种 n	K_n	A_n

归并方程：

$$K=\sum K_iA_i/A \quad i=1,\cdots,n$$

式中：K 为归并得到的土属 K 值；K_i 为该土属下第 i 个土种的 K 值；A_i 为第 i 个土种所占的面积；A 为该土属下各土种面积之和。

5.2.2.3 区域优化

针对某些区域的特殊问题，进行计算方法的优化处理：

（1）黑土区极细砂粒转换模型。基于北京师范大学提供的样本和中国科学院水利部水土保持研究所在东北黑土区的研究结果，建立了黑土区极细砂粒转换模型以提高K值计算精度，将东北黑土区178对实测数据进行随机平均分为两组，分别用于建立和验证薄层

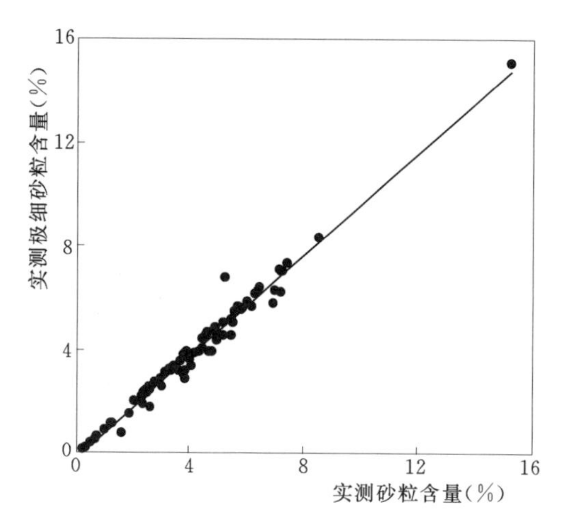

图 5.9 实测砂粒含量与极细砂粒含量相关关系图

黑土区极细砂粒含量转换算式（M-Vfs），以保证数据的独立性。利用部分实测砂粒含量和极细砂粒含量（89 对）间的相关关系（见图 5.9），建立修正极细砂粒含量的转换算式。通过比较各拟合公式的相关系数及有效性指数（ME），发现线性相关模型最为简便且具有较好的转换效果。构建极细砂粒含量转换算式如下：

$$f_{vfs}=0.9803f_{sand}-0.1933$$

$$R^2=0.977, P<0.01, n=89 \quad (5.6)$$

式中：f_{vfs} 为极细砂粒（0.05～0.1mm）百分含量，%；f_{sand} 为砂粒百分含量，%。

将另一组独立实测砂粒含量代入修正极细砂粒含量的转换算式，对其转换结果进行验证。发现经 M-Vfs 算式转换所得细砂粒含量与实测值之间的相对误差明显降低，平均相对误差降低至−0.98%，计算准确度得到较大提高。

最终计算 K 值时对黑土区各省份的极细砂含量用式（5.6）计算，对其他区的极细砂粒用式（5.4）计算。

（2）高有机质条件下的 K 值转换模型。由于 USLE 公式是基于国外小区监测资料得出的统计模型，用于复杂的自然环境条件下具有局限性。从原则上说，该模型不适于用在土壤有机质含量大于 12%的条件下，但这种土壤在我国很多地方都有分布，尤其在青藏高原地区，土壤腐殖质层较厚的情况下有机质含量高达 30%，使用该公式计算土壤可蚀性会出现 K 值为负的错误，在西藏表现最为突出（见图 5.10 和表 5.11），青海、四川也有出现，其他省区则出现较少。

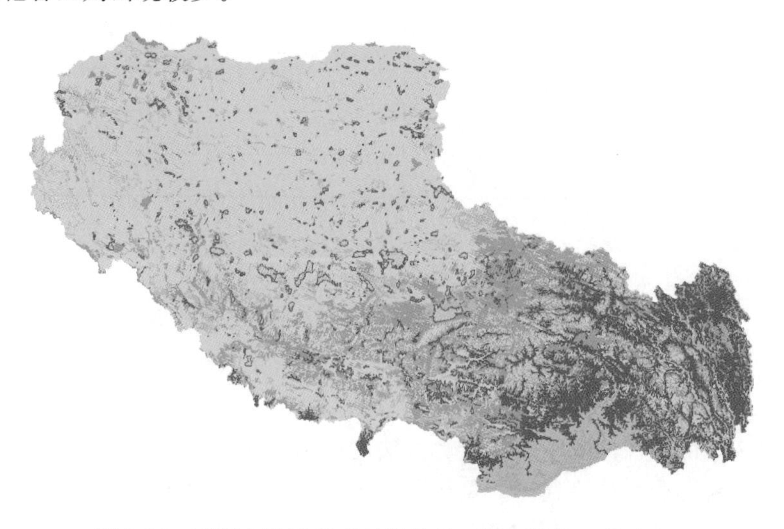

图 5.10 西藏自治区 K 值计算结果（深色部分 K 值为负）

表 5.11　**K 值负值示例**

土壤类型	有机质含量（%）	K 值
麻砂质棕壤	25.11	−0.054
湖积泥炭沼泽土	35.16	−0.066
洪积草甸沼泽土	27.95	−0.06

为了修正 USLE 公式计算 K 值存在的错误，基于实测得到的 611 个青藏高原土壤理化性质数据，分别利用 USLE 和 EPIC 公式计算 K 值，并通过回归分析建立二者之间的关系，用来修正 USLE 公式出现的负值情况：

$$K_{\mathrm{EPIC}}=0.02K_{\mathrm{USLE}}+0.25 \quad R=0.43, n=611 \tag{5.7}$$

（3）东北薄层黑土区 K 值优化模型。基于中国科学院水利部水土保持研究所的研究成果，典型黑土区 RUSLE2 模型的 K 值估算方法所得表层土壤 K 值与实测值极为接近，说明 RUSLE2 模型的 K 值估算方法适用于薄层黑土区土壤可蚀性的估算。同时，基于对 USLE 和 EPIC 估算方法差异性分析发现，各估算方法所得 K 值间呈现明显的规律性。鉴于 K 值估算模型适用性分析的结果，为了提高 K 值计算精度，以适用于东北薄层黑土区的 RUSLE2 计算 K 值为基准，对其他估算模型进行校正，得到以下关系式：

$$K_{\mathrm{RUSLE2}}=0.9608K_{\mathrm{USLE}}-0.0571 \quad R^2=0.9334, P<0.01, n=178 \tag{5.8a}$$

$$K_{\mathrm{RUSLE2}}=1.5876K_{\mathrm{EPIC}}-0.3718 \quad R^2=0.7623, P<0.01, n=178 \tag{5.8b}$$

校正后的 K 值平均准确度分别提高至 0.43%和 1.06%（见图 5.11）。这一结果表明，通过上式校正后 USLE 和 EPIC 的 K 值计算方法可用于我国薄层黑土区土壤可蚀性 K 值的计算。

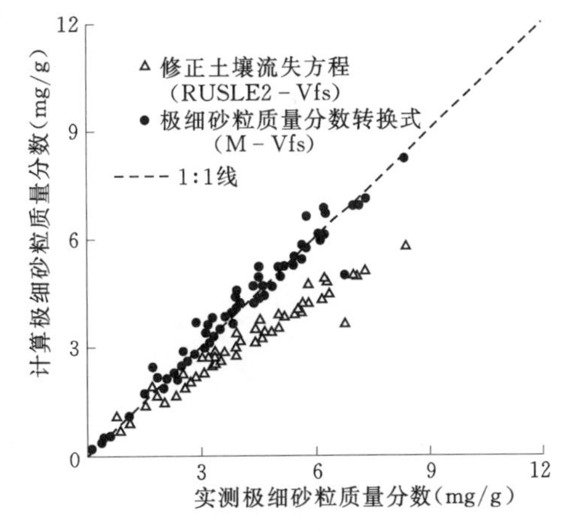

图 5.11　RUSLE2 估算 K 值与修正模型估算 K 值的关系

综上所述，黑土区的 K 值采用式（5.6）修正极细砂含量，采用式（5.8）计算 K 值；在青藏高原高有机质土壤条件下，采用式（5.7）计算 K 值，其他省份都采用式（5.4）计算 K 值。

5.2.3　结果分析

从全国各省（自治区、直辖市）土壤可蚀性 K 值最大、最小和平均值等方面，以及全国范围内 K 值的分布规律分析土壤可蚀性的空间分布规律。基于 K 值更新结果统计分析各省采样平均 K 值相对于土种志计算平均 K 值的变化，这种变化在一定程度上反映了该省土壤可蚀性 K 值的变化趋势。最新的 K 值计算结果表明，经过土壤理化性质 20 多年的变化，全国范围的土壤可蚀性有所减小。

5.2.4　数据质量审核

对全国土壤可蚀性 K 因子计算成果进行数据质量审核的主要内容和要求包括：

（1）土壤可蚀性因子计算结果的代表性（涵盖的土壤类型）：按照成果要求，计算以土种为基本单位，再按土属归并为平均 K 值，应保证采用的土种数占该土属内所有土种总数的 85%以上。

（2）土壤属性更新数据的代表性（涵盖的空间范围和土壤类型）：考虑到土种志资料年代久远，对土种属性通过采集土壤样品分析进行更新，应保证采集的土壤样品数覆盖水蚀区省份 80%以上的亚类。

（3）1∶50 万土壤类型图准确性：土壤类型图斑空间位置和属性表信息的误差小于 5%。

（4）1∶50 万土壤类型图无缝隙：各省交界处的土壤图斑不存在缝隙。

5.2.5 调查单元 *K* 因子图层生成

应用土壤流失量计算（Soil Loss Calculation，SLC）系统裁剪 R/K 因子模块，调用全国 25 万分幅 30m×30m 分辨率的土壤可蚀性 K 因子栅格文件，直接以调查单元边界文件（bjm.shp）进行裁剪和重采样，生成所有调查单元 K 因子栅格文件，空间分辨率 10m×10m，WGS84－Albers 投影，如图 5.12 所示，存储在相应 4 级目录 raster 内。文件命名为“k”。

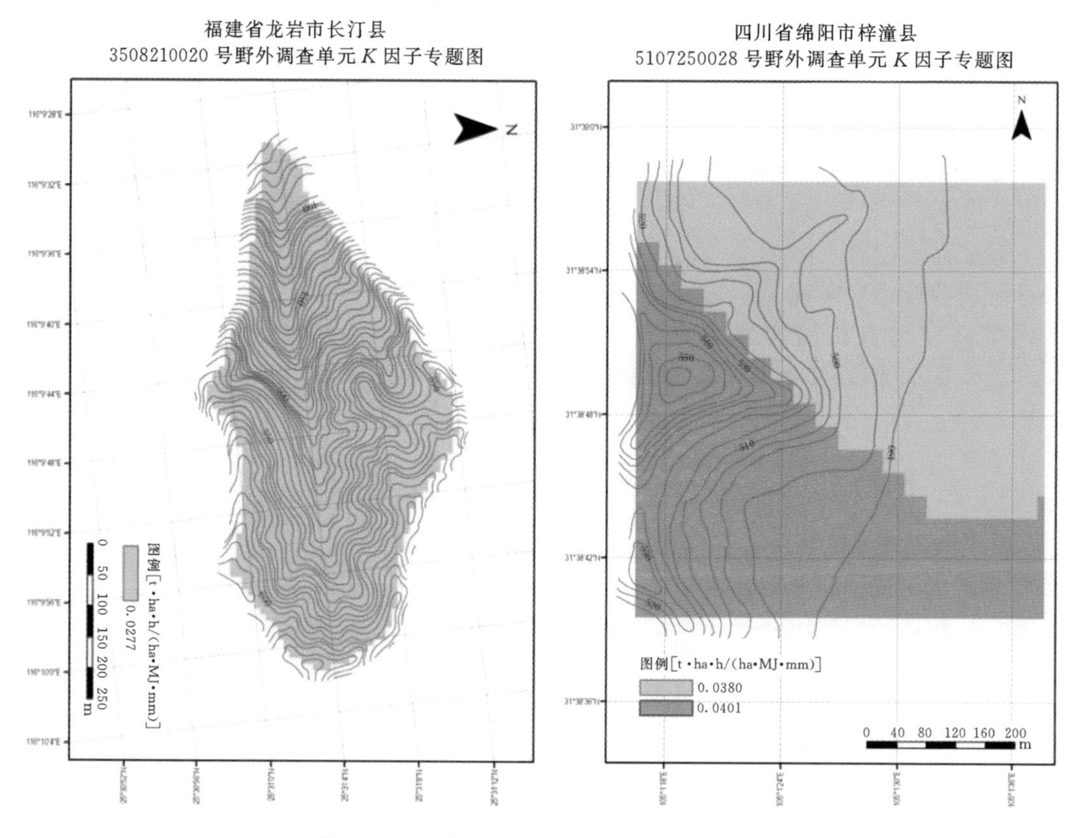

图 5.12 野外调查单元 *K* 因子图层（示例）

5.3 地 形 因 子

地形因子包括坡长因子和坡度因子。坡长因子定量反映了坡长与土壤流失量之间的关系，它是指其他条件（降雨、坡度、土壤、土地利用和水土保持工程措施等）一致情况下，某一坡长的土壤流失量与坡长为 22.13m 时的土壤流失量之比。坡度因子定量反映了坡度与土壤流失量之间的关系，它是指其他条件（坡向、坡长、降雨条件、土壤、土地利用和水土保持措施等）一致情况下，某一坡度的土壤流失量与坡度为 9%时的土壤流失量的比值。

本次普查计算坡长和坡度因子的资料来自全国各省（自治区、直辖市）上报的野外调查单元等高线矢量数据（dgxp. shp），利用 SLC 系统，首先将等高线矢量图层转换为 DEM10m×10m 分辨率栅格图层，分别提取坡长和坡度后，基于坡长因子和坡度因子公式计算了全国 32948 个水蚀野外调查单元的坡长因子和坡度因子图层。

5.3.1 资料与方法

计算数据来自全国各省（自治区、直辖市）上报的野外调查单元等高线矢量数据（dgxp. shp）。全部存储在普查数据四级目录 shp 文件夹下。

将省级普查机构上交的野外调查单元地形图等高线数字化的矢量文件（dgxp. shp），通过线插值方法（Topo to Raster）和点插值方法（Inverse Distance Weighted）相结合，进行空间插值，生成 10m×10m 分辨率，WGS84－Albers 投影的栅格文件 DEM。再依据水文学原理，以 DEM 为基础，通过流向和栅格坡长计算、局地山顶点和坡度变化点的提取等先完成坡度和坡长计算，然后根据坡度因子和坡长因子公式，生成调查单元坡度因子和坡长因子栅格文件，用调查单元边界面矢量文件（bjmpa）分别裁剪坡度、坡长、坡度因子和坡长因子栅格文件，得到最终地形因子的栅格文件，坡度文件 sdgree（单位度）和 slope（单位弧度），坡长文件 slength，坡度因子文件 s，坡长因子文件 1。具体计算流程如图 5.13 所示。

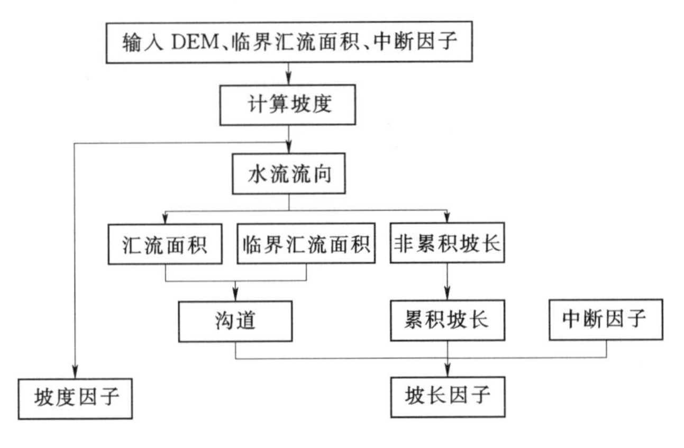

图 5.13　地形坡长、坡度因子计算流程图

(1) 沟道提取。第一步，对 DEM 数据进行填洼处理，此算法概括起来即为先将流域除边界外都升高到一个大的高度，再从流域出口方向递推出每一个能到达流域出口的单元格，剩下不能到达的通过提升高程使其也能到达流域出口。第二步，在填洼后的数据上判断每个单元格的水流方向。采用的方法为八方向最大坡降法，通过比较单元格与八方向上邻域的高程值得到高程差与中心点距离之商最大的单元格即为流向的单元格。第三步，沿水流方向计算每个单元格上的汇流面积，通过与沟道最小汇流面积阈值的对比，完成沟道提取。

(2) 坡长提取。沿水流方向计算经过每个单元格的最大流水线长度作为坡长值，同时引入中断因子和沟道来修正坡长值。沟道中的单元格坡长值全部设置为 0。

(3) 分段坡的坡度因子和坡长因子计算。坡长因子采用分段坡公式计算：

$$L_i=\frac{\lambda_i^{m+1}-\lambda_{i-1}^{m+1}}{(\lambda_i-\lambda_{i-1})\times 22.13^m} \tag{5.9}$$

式中：λ_i 和 λ_{i-1} 分别为第 i 个和第 $i-1$ 个坡段的坡长，m；m 为坡长指数，随坡度而变。

$$m=\begin{cases}0.2 & \theta\leqslant 1^\circ \\ 0.3 & 1^\circ<\theta\leqslant 3^\circ \\ 0.4 & 3^\circ<\theta\leqslant 5^\circ \\ 0.5 & \theta>5^\circ\end{cases} \tag{5.10}$$

分段坡的坡度因子计算公式为：

$$S=\begin{cases}10.8\sin\theta+0.03 & \theta<5^\circ \\ 16.8\sin\theta-0.5 & 5^\circ\leqslant\theta<10^\circ \\ 21.9\sin\theta-0.96 & \theta\geqslant 10^\circ\end{cases} \tag{5.11}$$

式中：S 为坡度因子，无量纲；θ 为坡度，(°)。

5.3.2 结果分析与数据质量审核

在全国 4 个水蚀区各选取 6 个、全国共计 24 个调查单元，每个调查单元选取 30 个坡面，人工量取坡长和坡度，与计算结果对比：坡长计算值与人工测量值之间的差值平均为 7.8m，部分坡面最大差值达到 30m 左右，各个坡面坡长的平均误差为 6～10m，标准差为 8～11m（见表 5.12）。坡度计算值与人工测量值之间的差值平均为 0.44°，部分坡面最大差值达到 2°～4°，各个坡面坡度的平均误差为 0.3°～0.5°，标准差为 0.6°～1°（见表 5.13）。

表 5.12　　坡长及坡长因子计算结果审核

水蚀区	单元编号	最大误差 (m)	最小误差 (m)	平均误差 (m)	标准差 (m)
西南土石山区	5107250002	16	0	8.14	9.12
	5107250019	24	0	9.90	11.33
	5107250032	21	0	7.43	9.13
	均值	20.33	0.00	8.49	9.86

续表

水蚀区	单元编号	最大误差(m)	最小误差(m)	平均误差(m)	标准差(m)
南方红壤丘陵区	3508210028	28	0	8.37	10.93
	3508210066	18	0	7	8.72
	3508210104	23	0	5.8	7.81
	均值	23.00	0.00	7.06	9.15
东北黑土区	2301250050	18	2	8.47	9.36
	2301250082	23	1	6.77	8.65
	2301250137	39	0	6.6	9.86
	均值	26.67	1.00	7.28	9.29
黄土高原区	6106240083	25	0	9.28	10.95
	6106240093	33	0	7.57	10.84
	6127270031	24	2	8.45	9.97
	均值	27.33	0.67	8.43	10.59
全国		24.33	0.42	7.82	9.72

表 5.13　坡度及坡度因子计算结果审核

水蚀区	单元编号	最大误差(°)	最小误差(°)	平均误差(°)	标准差(°)
西南土石山区	5107250002	2.23	0.01	0.58	0.90
	5107250019	0.65	0.01	0.31	0.38
	5107250032	0.40	0.04	0.22	0.25
	均值	1.09	0.02	0.37	0.51
南方红壤丘陵区	3508210024	0.23	0.00	0.15	0.17
	3508210066	0.65	0.06	0.27	0.36
	3508210070	0.52	0.09	0.26	0.31
	均值	0.47	0.05	0.23	0.28
东北黑土区	2301250038	1.39	0.04	0.23	0.45
	2301250070	0.98	0.00	0.57	0.66
	2301250113	2.36	0.15	0.66	0.95
	均值	1.58	0.06	0.49	0.69
黄土高原区	6106240008	1.48	0.07	0.61	0.76
	6106240052	1.09	0.06	0.50	0.61
	6127270066	2.70	0.14	0.87	1.13
	均值	1.76	0.09	0.66	0.83
全国		1.22	0.06	0.44	0.58

5.3.3　调查单元地形因子图层生成

在 SLC 系统中，选择地形因子计算模块，首先通过“等高线生成 DEM”子模块，输入省级普查机构上交的野外调查单元等高线成果，将等高线矢量数据转换为 DEM 栅格数据（见图 5.14），再通过“因子计算”，生成坡长和坡度图（见图 5.15），以及坡长因子和坡度因子栅格图（见图 5.16）。

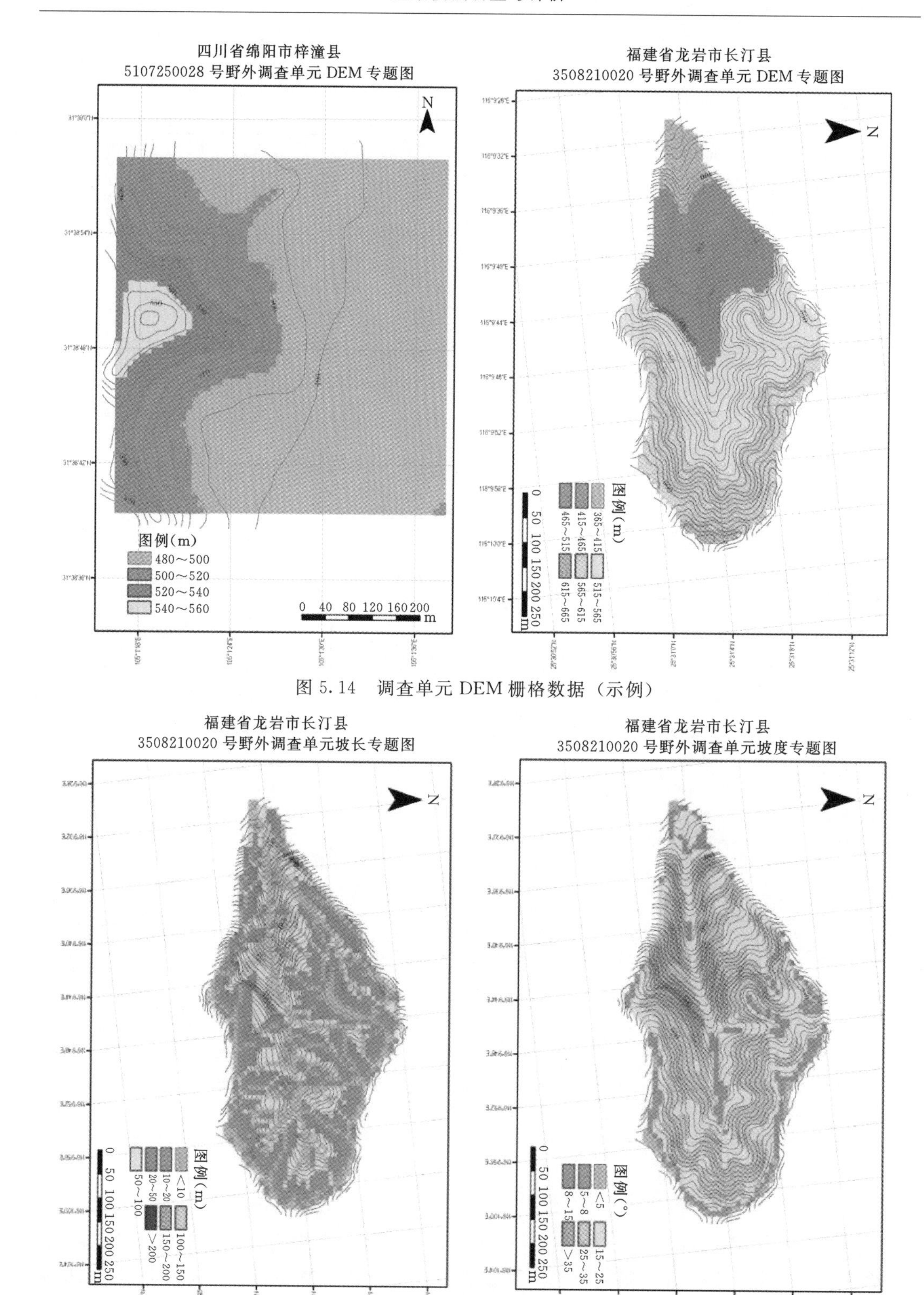

图 5.14 调查单元 DEM 栅格数据（示例）

图 5.15 调查单元坡度和坡长图（示例）

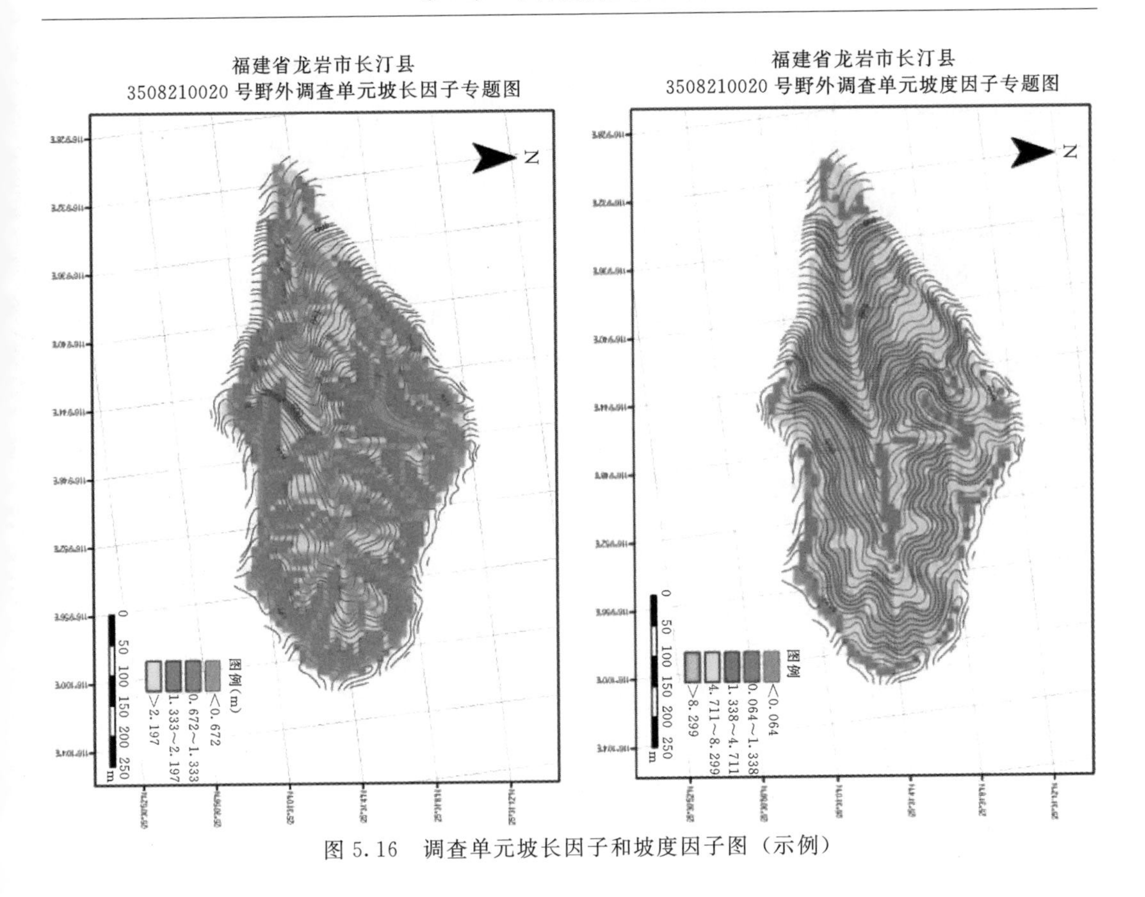

图5.16　调查单元坡长因子和坡度因子图（示例）

5.4　植物措施因子

植被覆盖与植物措施因子（*B*）是指有植被覆盖条件下的土壤流失量与同等条件下（降雨、土壤、坡度、坡长、工程措施和耕作措施一致）清耕休闲地土壤流失量之比，反映了有植被覆盖土壤流失量相对于无植被覆盖土壤流失量的相对大小，即覆盖的作用，一般利用小区观测获得。由于涉及的植被类型多样，盖度多变，本次普查利用遥感和地面调查相结合的方法。首先获得不同植被类型全年24个半月植被盖度，然后采用已有植被覆盖与植物措施因子关系的研究成果，分别按照园地、林地、草地和农地计算不同土地利用类型每个半月时段的土壤流失比率 B_i，再以各半月时段降雨侵蚀力比例为权重，得到年平均植被覆盖与植物措施因子 *B* 值，最终生成全国1∶25万分幅、全年24个半月植被盖度与土壤流失比率、年平均植被覆盖与植物措施因子栅格图，共计762个图幅×24期×2+762个图幅，30m×30m分辨率，WGS84－Albers投影，GRID格式，总计2800GB。再加上相关 *NDVI* 植被指数数据、遥感卫星原始数据和中间处理数据等，合计超过5000GB。

5.4.1　遥感数据收集

计算全国植被盖度所用到的遥感数据来自以下三方面：

(1) 高空间分辨率(30m左右)HJ-1多光谱反射率数据，3期共计2283个1:25万地形图标准图幅，用于计算一年24期的*NDVI*和植被盖度。

(2) 2010年1:10万全国土地利用图数据，用于分土地利用类型计算1:10万分辨率的*NDVI*和植被盖度。

(3) MODIS传感器数据，主要包括：

1) 低空间分辨率时间序列的*NDVI*数据：MODIS反射率产品(MCD43B4，Nadir BRDF-Adjusted Reflectance，NBAR)，空间分辨率为1km，时间分辨率为16天，时间为2005—2010年时间序列6年，用于生成可靠的*NDVI*时间序列，共计2240个区块。

2) 低空间分辨率的MODIS分类产品：MOD12Q1，空间分辨率为1km，时间2004年。

3) MODIS Albedo Quality Assurance产品(MOD43B2)用于质量控制，以消除*NDVI*时间序列中云的影响。

为了保证MODISNBAR的数据质量，选取了MODIS Albedo Quality Assurance产品(MOD43B2)用于质量控制，以消除*NDVI*时间序列中云的影响。实验结果表明，校正后的*NDVI*时间序列时间谱线更能反映出植被的真实生长情况，具有更高的质量和时空连续性。

由于部分环境卫星地表反射率数据存在重度条纹、云量较多以及空间匹配等问题，严重影响植被盖度生产的精度，因此，从2010年4月底开始，对全国3期2307幅环境卫星1:25万分幅数据进行质量检查，与中国资源卫星中心进行了讨论，最终通过对数据重新处理、用相近时间的好数据替代等方案，改进了存在严重问题的数据，得到覆盖全国、全年3期的环境卫星遥感数据。

5.4.2 植被盖度计算方法

基于遥感数据融合方法的植被盖度计算包括时间序列*NDVI*生成、*NDVI*和植被盖度之间转换系数计算、全国分植被区划植被盖度产品生产工作3个步骤。

5.4.2.1 时间序列*NDVI*生成

时间序列高分辨率*NDVI*计算的具体流程如图5.17所示，共包括以下5个步骤：

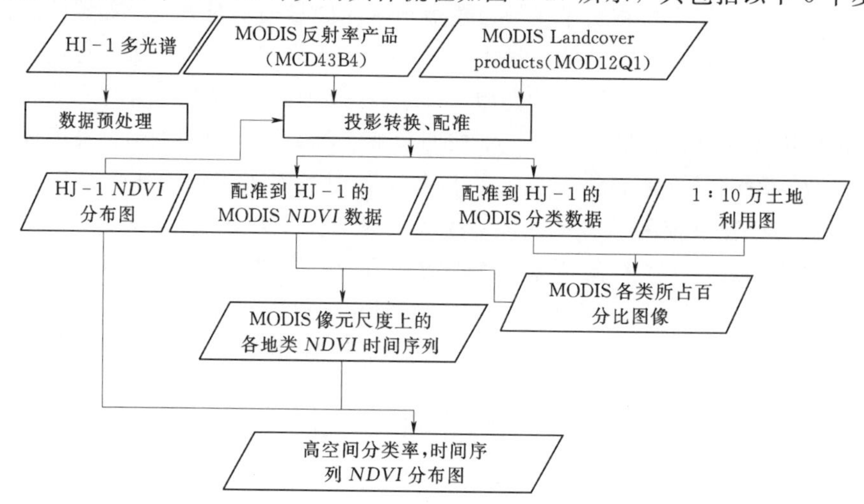

图5.17 融合MODIS产品和HJ-1影像生成时序*NDVI*的方法流程图

（1）HJ－1数据和MODIS数据的配准。MODIS 2级以上的产品采用正弦（SIN）投影，为了和其他数据匹配，使用MRT（MODIS Reprojection Tools，即MODIS投影转换工具）将MODISNBAR反射率数据和MODIS Land Cover数据由SIN投影转换到对应的UTM投影。

（2）HJ－1 *NDVI* 数据分布图。在对HJ－1多光谱数据大气纠正和角度订正的基础上，利用式（5.12）*NDVI* 的定义，生成不同时相HJ－1 *NDVI* 分布图。

$$NDVI=\frac{NIR-R}{NIR+R} \tag{5.12}$$

式中：*NDVI* 为归一化植被指数；*NIR* 为HJ－1的近红外反射率；*R* 为HJ－1的红光反射率。

（3）各个不同地类MODIS *NDVI* 纯像元的提取。由于MODIS NBAR数据的空间分辨率为1km，混合像元的情况比较明显，影响对植被真实情况的提取，选择将全国1∶10万土地利用土地覆盖数据和MODIS Land Cover结合提取各类植被的纯像元，以消除混合像元的影响。首先将研究区1∶10万土地利用土地覆盖数据重采样为30m，并与1km分辨率的MOD12Q1叠加，判断MODIS像元所覆盖的30m×30m分辨率的像元类别在该MODIS像元内所占百分比。假设一个类别为Tm，分辨率为1km的MODIS像元中包含 N 个30m分辨率像元；N 个30m×30m分辨率像元中包含类别为 Ta、Tb、Tc 的像元分别有 Na、Nb、Nc 个，则各类别在1个MODIS像元中所占百分比为 Na/N、Nb/N、Nc/N。若 Tm 与 Ta 对应，且 $Na/N>90\%$，则认为该MODIS像元为1个纯像元。MODIS分类产品（MOD12Q1）中包含五大分类体系，根据应用目的选取植被功能分类（PFT）产品，其包含地物类别分别为常绿针叶树、常绿阔叶树、落叶针叶树、落叶阔叶树、灌木、草地、谷类作物、阔叶作物、城镇、水体等。在实际运算过程中，由于1∶10万土地利用土地覆盖数据和MOD12Q1 IGBP分类系统不同，采用了表5.14所示的类别对应方式。

表5.14　不同土地分类系统类别对应

1∶10万土地利用图分类	MOD12Q1 IGBP	对应类别
有林地、疏林地、其他林地	常绿针叶林、常绿阔叶林、落叶针叶林、落叶阔叶林	林地
灌木林地	灌丛	灌木林地
高、中、低盖度草地	草地	草地
水田、旱地	谷类作物、阔叶作物	耕地
水域	积雪和水	水域
城镇用地、农村居民点用地、公交建设用地	建筑用地	建筑用地
未利用土地	裸地和荒漠	未利用土地

（4）MODIS *NDVI* 时间序列的提取。利用MODIS NBAR *NDVI* 数据和上面得到的各类别所占百分比图像，并结合MODIS QA（MOD43B2）数据，得到研究区各类别的 *NDVI* 时间序列。具体算法见式（5.13）：

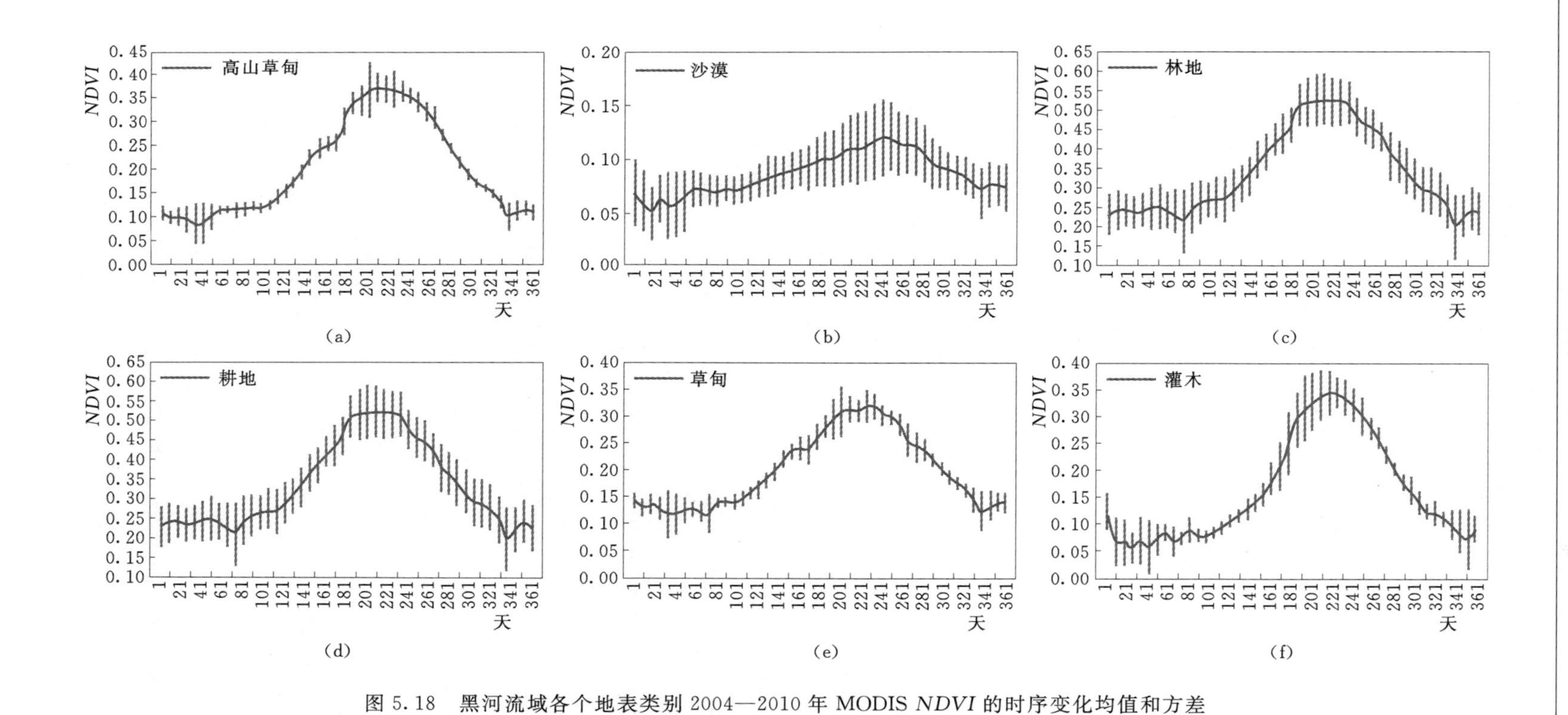

图 5.18 黑河流域各个地表类别 2004—2010 年 MODIS *NDVI* 的时序变化均值和方差

（图中曲线是多年平均值，每个时间点的纵线是该时间点数据的方差）

$$NDVI(t)=\frac{1}{6N}\sum_{y=2004}^{2010}\sum_{n=1}^{N}NDVI(t,y,n) \tag{5.13}$$

式中：t 为时间（DOY＝$8\times t-7$）；N 为某一类别纯像元的个数；y 为数据的年份；$NDVI(t,y,n)$ 为第 y 年 t 时间某类别第 N 个纯像元的 $NDVI$ 值；$NDVI(t)$ 为某类别 t 时间多年的 $NDVI$ 平均值。

以黑河流域为例，图 5.18 为提取的 2004—2010 年 MODIS *NDVI* 的时序变化均值和方差。

（5）高空间、高时间分辨率 *NDVI* 产品的生成。利用连续纠正法融合 MODIS *NDVI* 和 HJ－1 *NDVI* 数据得到 HJ－1 空间尺度上全年半月尺度的各地物类 *NDVI* 数据产品。连续纠正法算法见式（5.14）：

$$x_a(r_i)=x_b(r_i)+\frac{\sum_{j=1}^{n}\omega(r_i,r_j)[x_o(r_j)-x_b(r_j)]}{E_o^2/E_b^2+\sum_{j=1}^{n}\omega(r_i,r_j)} \tag{5.14}$$

式中：x_b 为模型状态变量的背景值，即提取的各个地表类别的 MODIS 多年平均值序列；$x_o(r_j)$，$j=1$，2，…，n 为同一变量的一系列观测值，即 n 个时相的 HJ－1 *NDVI* 数据；E_b^2 为背景误差方差；E_o^2 为观测误差方差；$\omega(r_i,r_j)$ 为 r_i 时刻的背景值和 r_j 时刻的观测值之间的权重。

5.4.2.2　*NDVI* 和植被盖度之间转换系数计算

计算植被盖度公式：

$$FVC=\left(\frac{NDVI-NDVI_{min}}{NDVI_{max}-NDVI_{min}}\right)^K \tag{5.15}$$

式中：FVC 为植被盖度；$NDVI$ 为像元 $NDVI$ 值；$NDVI_{max}$，$NDVI_{min}$ 为像元所在地类的转换系数；K 为非线性系数。

在同一气候地理区划类型内，确定 MODIS *NDVI* 影像中不同植被 *NDVI* 的最大值和裸土 *NDVI* 的最小值所在像元，取该像元空间范围内的 HJ－1 *NDVI* 平均值为转换系数。K 值的计算由分区划分地类的 MODIS NBAR *NDVI* 数据到 SPOT/VEGETATION 植被盖度拟合求取（见图 5.19）。

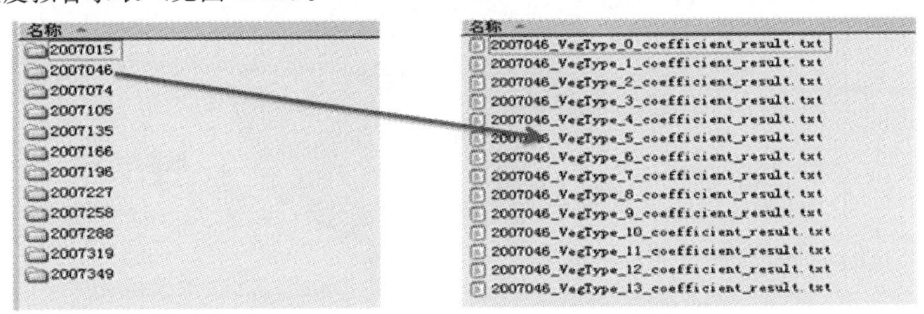

图 5.19　不同时相各植被区划 *NDVI* 到覆盖度转换系数文件示意图

5.4.2.3 全国分植被区划植被盖度产品生产

在每个植被区划内，针对 24 期每一个时相、每一个 1：10 万尺度的环境星 *NDVI* 像元，通过土地利用图的地类分配相应的 *NDVI* 和植被盖度转换系数，再通过公式计算对应的植被盖度值。全国植被盖度数据在计算出之后根据不同区划和地类进行平滑处理，以避免 HJ-1 数据不一致造成的干扰。最终生成全国 1：25 万分幅、全年 24 个半月植被盖度栅格图，共计 762 个图幅×24 期，30m×30m 分辨率，WGS84－Albers 投影，GRID 格式，总计 1423GB。再加上相关 *NDVI* 植被指数数据、遥感卫星原始数据和中间处理数据等，合计超过 4000GB。

5.4.3 遥感植被盖度栅格图生成与检验

利用 ENVI 软件重采样、裁剪和拼接功能，将全国 1：25 万标准分幅的 24 个半月 1：10 万比例尺植被盖度数据进行裁剪和重采样，生成全国的 24 个半月植被盖度栅格图，采用 UTM WGS 1984 6 度带投影。利用流域边界和省界裁剪生成各个流域和省的 24 个半月植被盖度图。

选择 2010 年 1 月上旬、4 月上旬、7 月上旬和 10 月下旬 4 个时相分别代表冬、春、夏、秋 4 个时段的植被盖度变化（见图 5.20）：时间上夏季植被盖度最大，冬季最小；空间上东北林区、新疆天山等地区的寒带针叶林一直保持比较高的植被盖度，西南和东南地区的常绿植被在冬天的植被盖度也明显较高。夏季东部地区植被盖度普遍比较高，西部特别是西北的干旱沙漠地带全年四季植被盖度都很少。植被盖度在全国的时空分布比较合理。

为了确定水保项目中植被盖度模型反演结果的精度和可靠性，前期花大量时间通过多次野外实测植被盖度数据以及高分辨率数据，对模型算法进行验证。

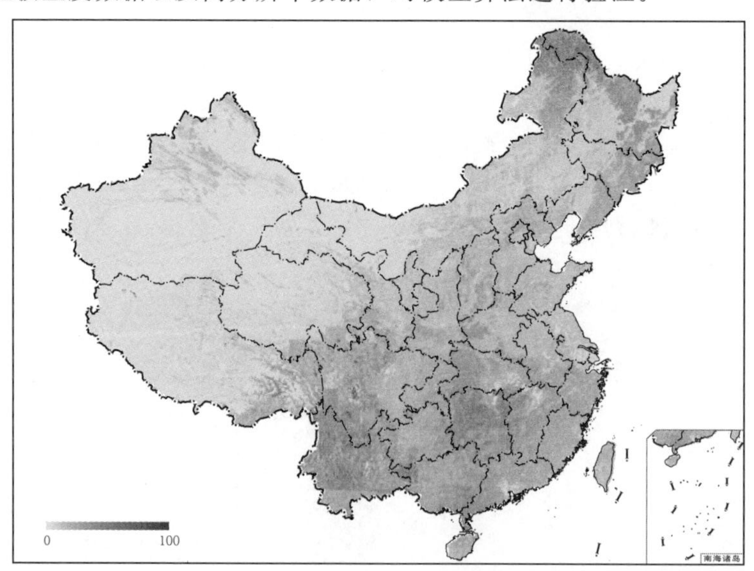

(a) 1 月上旬全国植被盖度

图 5.20（一） 2010 年全国 4 个时段植被盖度图（%）

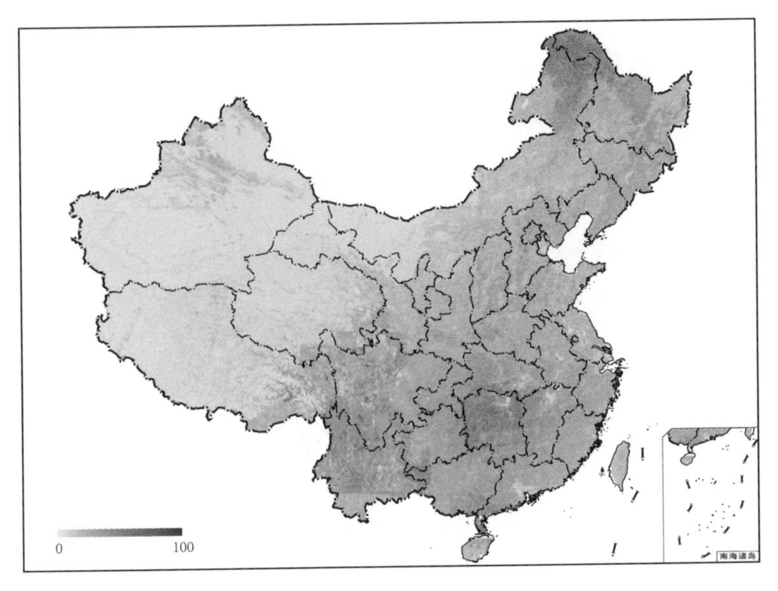

(b) 4月上旬全国植被盖度

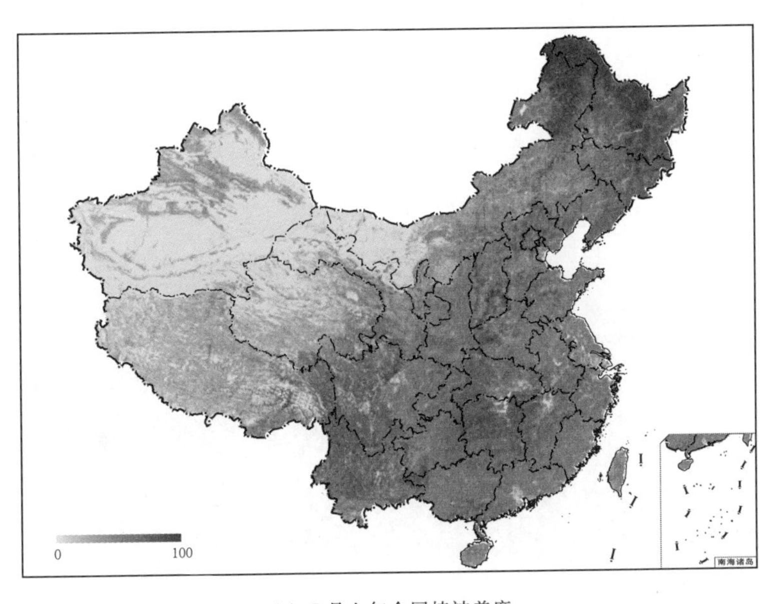

(c) 7月上旬全国植被盖度

图5.20（二）　2010年全国4个时段植被盖度图（%）

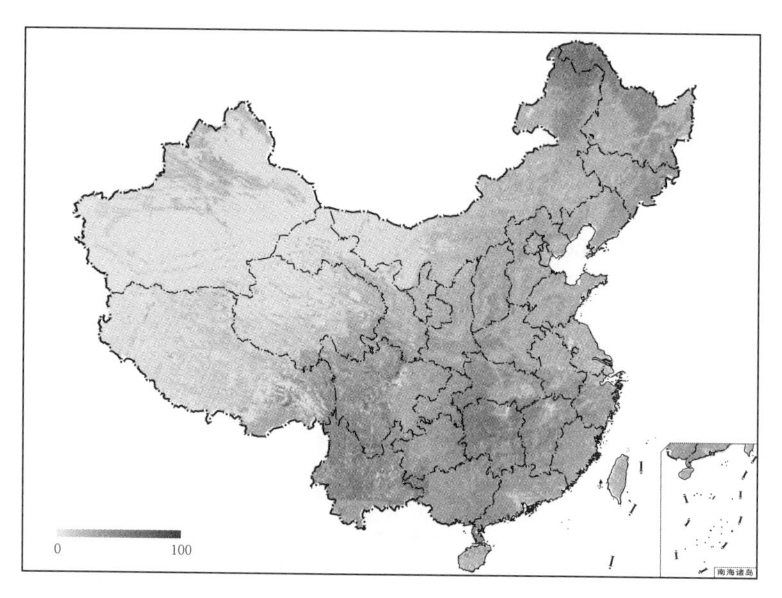

(d) 1月上旬全国植被盖度

图 5.20（三） 2010 年全国 4 个时段植被盖度图（%）

5.4.3.1 *NDVI* 的质量检查

选择黑河中游实验区进行质量检查。图 5.21 为生成的黑河中游实验区全年每隔 8 天、30m×30m 分辨率的 *NDVI* 数据，图 5.22 为生成结果与地面实测结果的比较。从图中可以看出，模型反演结果与实测结果有很好的一致性。

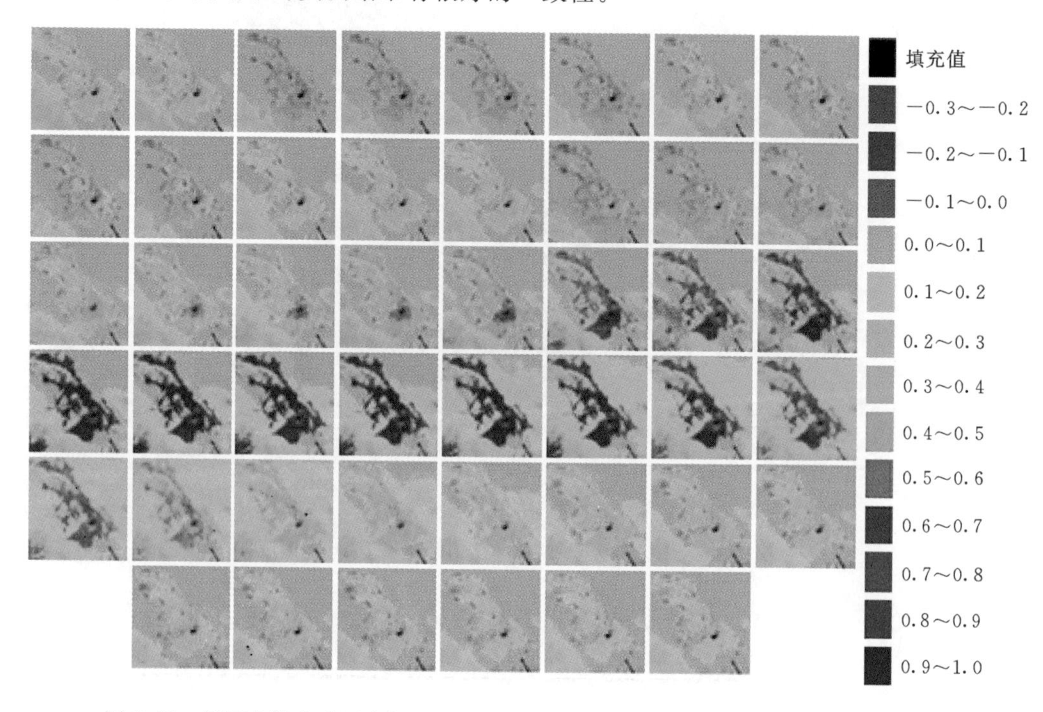

图 5.21 黑河中游实验区全年 8 天间隔、30m×30m 分辨率的 *NDVI* 时间序列数据

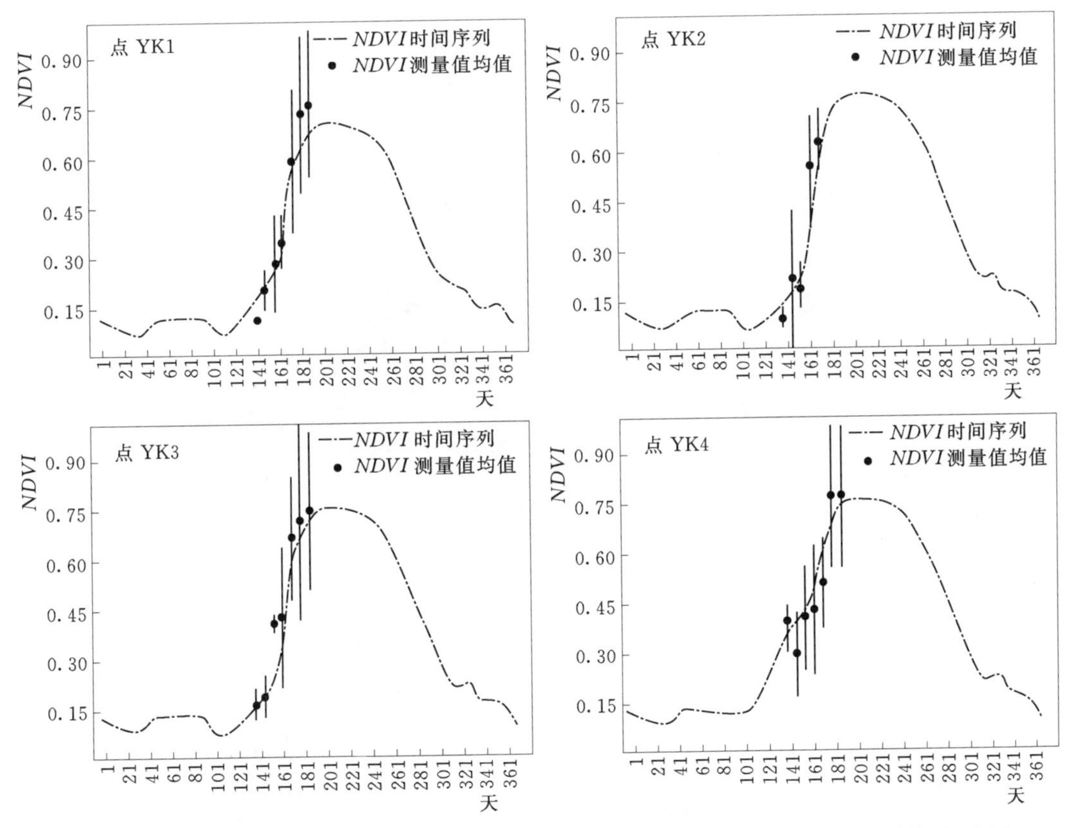

图 5.22　野外实测 *NDVI* 数据对 16 天间隔、30m×30m 分辨率 *NDVI* 时间序列数据的验证

5.4.3.2　植被盖度的质量审核

植被盖度质量审核步骤如下（见图 5.23）。

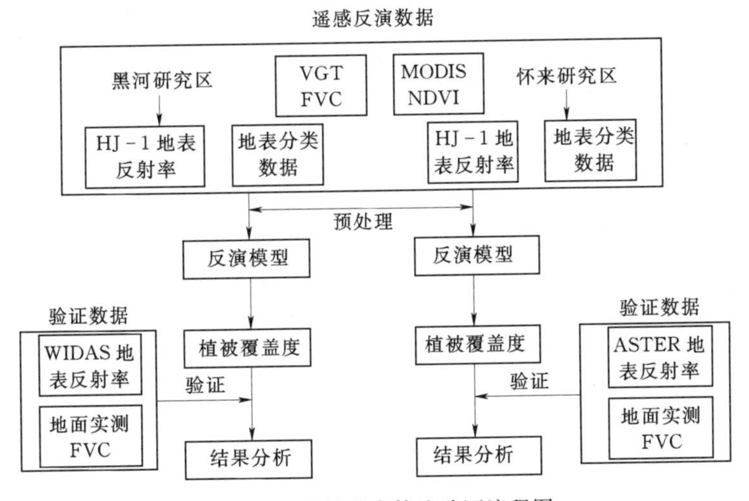

图 5.23　植被盖度算法验证流程图

1. 黑河和怀来遥感实验区测量数据对比验证

采用甘肃黑河和河北怀来遥感实验区的地面测量数据进行验证分析。图 5.24 为生成

对应该地区空间分辨率为 30m 和 250m 的植被盖度图。图 5.25 是利用空间分辨率为 1.25m 的 WiDAS 飞行数据生成的植被盖度分布图。从图中可以看出，模型反演结果与实测结果有很好的一致性。

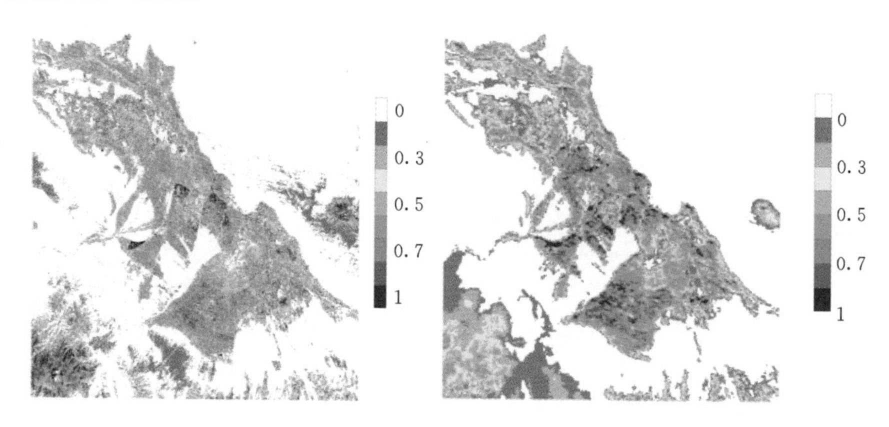

图 5.24 遥感模型反演的黑河流域植被盖度图（分辨率左图为 30m，右图为 250m）

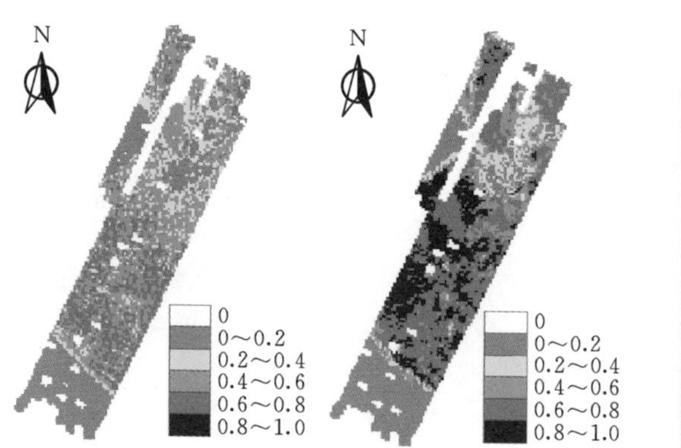

图 5.25 验证结果空间分布图

[左图是用地面实测数据与高分辨率的 WiDAS 数据（1.25m）计算的植被盖度，然后聚合到 250m 尺度用于验证 250m 的反演结果；右图是遥感模型反演的结果]

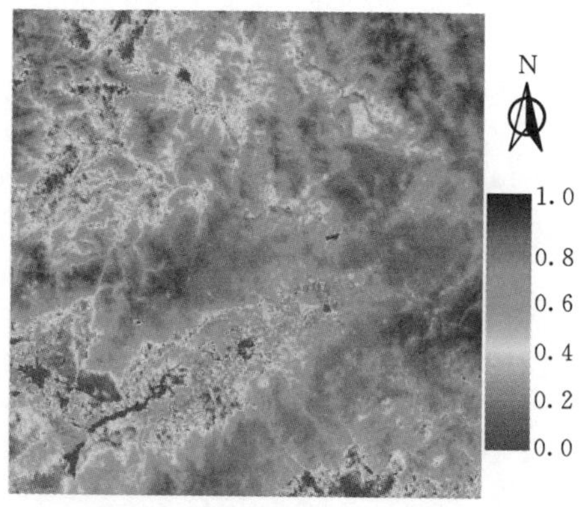

图 5.26 遥感估算的怀来 1：10 万植被盖度图

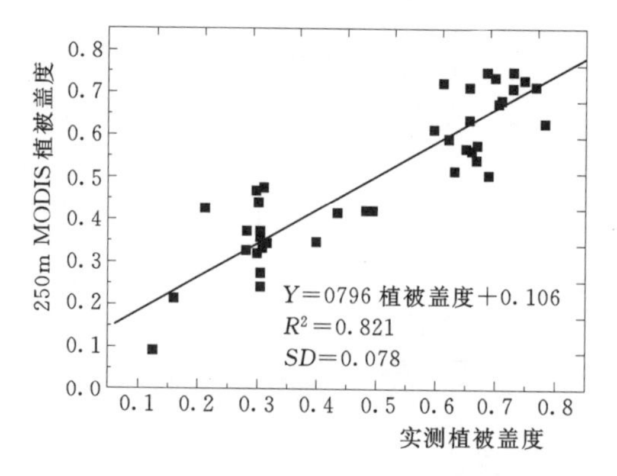

图 5.27 怀来实验区验证结果散点图

（横坐标是用地面实测的植被盖度数据聚合到 250m 分辨率，纵坐标是遥感模型反演的结果）

2010年怀来实验区野外实测数据验证结果如图5.26和图5.27所示，结果也说明模型反演结果与实测数据吻合比较好。

2. 采用地面测量的植被盖度数据和环境小卫星计算结果对比验证

图5.28是2010年河北省怀来县地面测量数据和植被盖度对比结果。

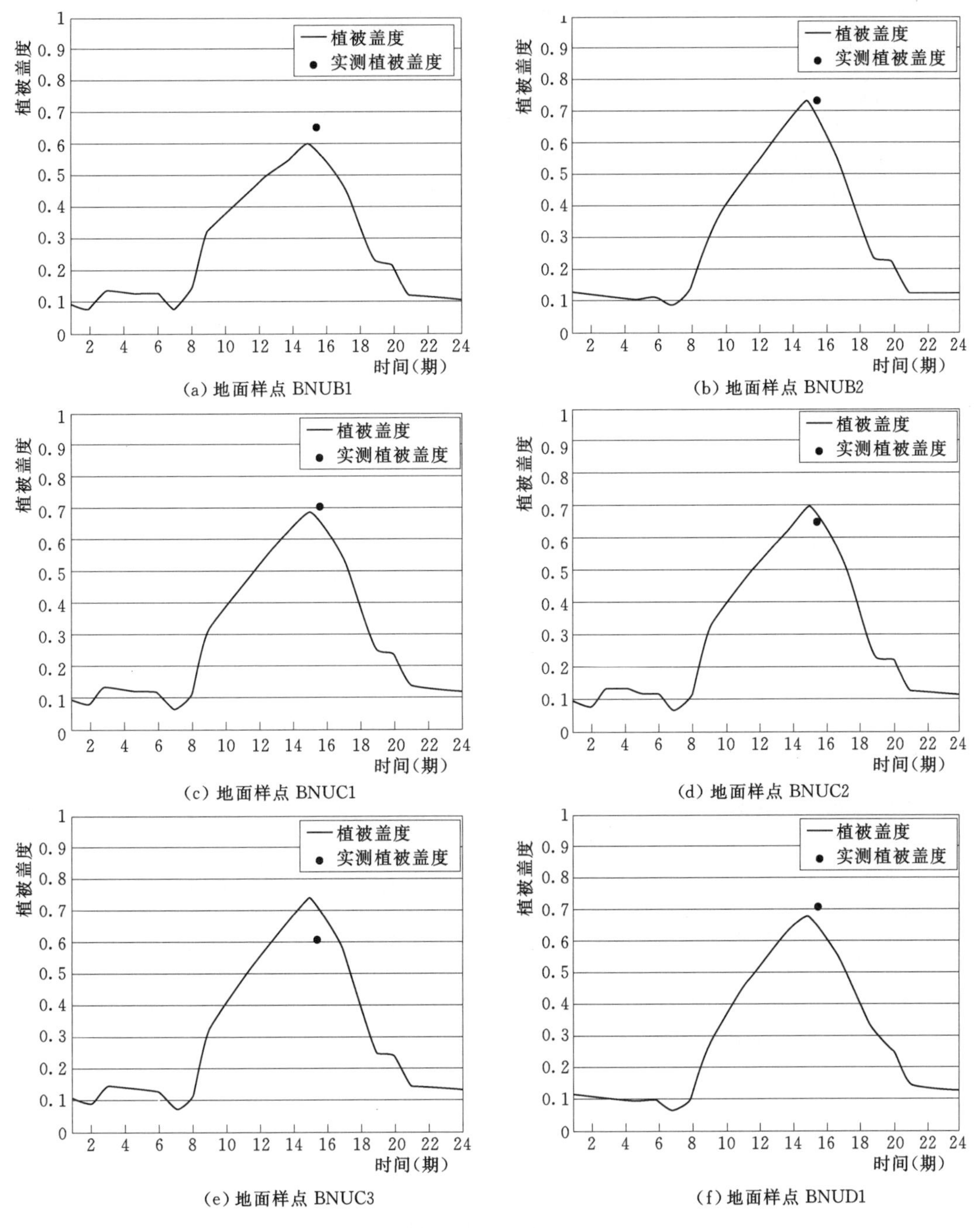

图5.28　2010年河北省怀来县地面测量数据和计算盖度对比结果

(曲线是HJ-1数据提取的植被盖度，●点表示地面测量数据)

3. 全国31个小流域植被盖度对比验证结果

在东北黑土区、北方土石山区、南方红壤丘陵区、西南土石山区等不同水蚀类型区中随机挑选了6个小流域进行精细地质量检查，见表5.15。

表5.15　遥感计算盖度和地面实测的精细比较样点分布

小流域名称	实测样点个数	地表均匀的样点个数	实测与土地利用图地表类型一致的样点个数	备注
福建省朱溪河	7	—	6	
云南省摩布小流域	5	3	3	
四川李子口小流域	6	4	0	云多，遥感植被盖度偏低
北京市田寺	4	3	2	
黑龙江宾县孙家沟	6	—	0	
黑龙江海伦光荣小流域	3	—	2	

注　"—"表示没有统计。

具体检查方法为：

（1）考虑到卫星图像和地面测量之间的定位偏差，采用通常遥感数据对比时的3×3个像元平均的方法，即9个1：10万图像上的遥感计算得到的覆盖度像元平均之后和地面测量的一个样点进行比较。

（2）检查土地利用图和地面调查的地表类型不匹配问题。发现对于大部分地面测量植被盖度样点来说，对应的土地利用图和实际调查不一致。通过随机抽样发现真正完全一致的情况只占20%～40%。比如在东北地区，黑龙江鹤北小流域实测点共有8个，其中有3个点的实测土地利用类型与土地利用图的分类相同，均为旱地。这中间有两个点分别与农村居民点用地和沼泽相邻近，考虑到卫星图像的几何匹配误差，植被盖度很容易和地面测量不一致。因此只选择编号为183的点进行验证。以实测点为中心，选择3×3个像元求平均。

（3）剔除掉遥感像元周围地物类型过于复杂的情况，使得对比更能够检验遥感提取盖度算法本身的精度。

（4）对于林地，地面实测数据分别测量了乔木的郁闭度和低矮灌草的盖度，在和遥感数据对比时先把两者进行了合理的加权平均。

小流域对比结果发现（见图5.29）：

（1）土地利用图的地类往往和地面测量点地类匹配不上，由此会引入一定的误差。

（2）取对应遥感像元周围3×3个像元平均之后对比效果会更好，比如云南摩布小流域的旱地。

（3）水田地类的盖度提取误差比较明显，如福建朱溪河。

（4）四川李子口小流域的问题是当地云太多，环境卫星数据质量不好，*NDVI*和植被盖度受云的影响，结果偏低。

（5）在一年的开始几期和最后几期遥感计算结果往往和地面实测误差偏大，夏天植被茂盛的时候误差相对小，这和地面测量数据在非夏季时插值较多、本身误差较大有关系。

(6) 因为实际的环境星数据只有3期，导致不同作物包括林地、草地的植被快速生长和凋落阶段往往不易被观测到，计算的植被盖度结果会有较大误差。

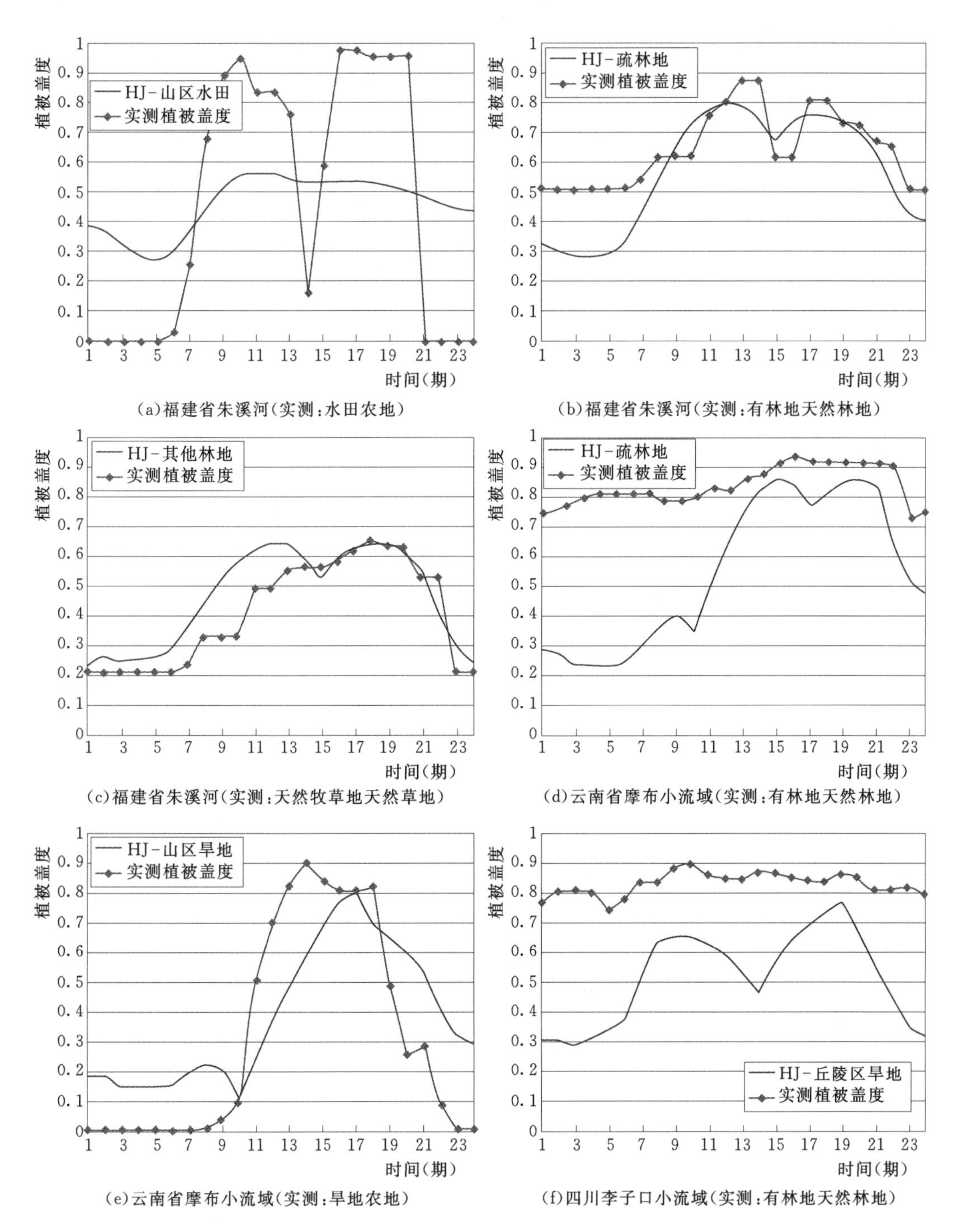

(a)福建省朱溪河(实测:水田农地)

(b)福建省朱溪河(实测:有林地天然林地)

(c)福建省朱溪河(实测:天然牧草地天然草地)

(d)云南省摩布小流域(实测:有林地天然林地)

(e)云南省摩布小流域(实测:旱地农地)

(f)四川李子口小流域(实测:有林地天然林地)

图5.29(一)　遥感计算盖度和地面实测结果比较

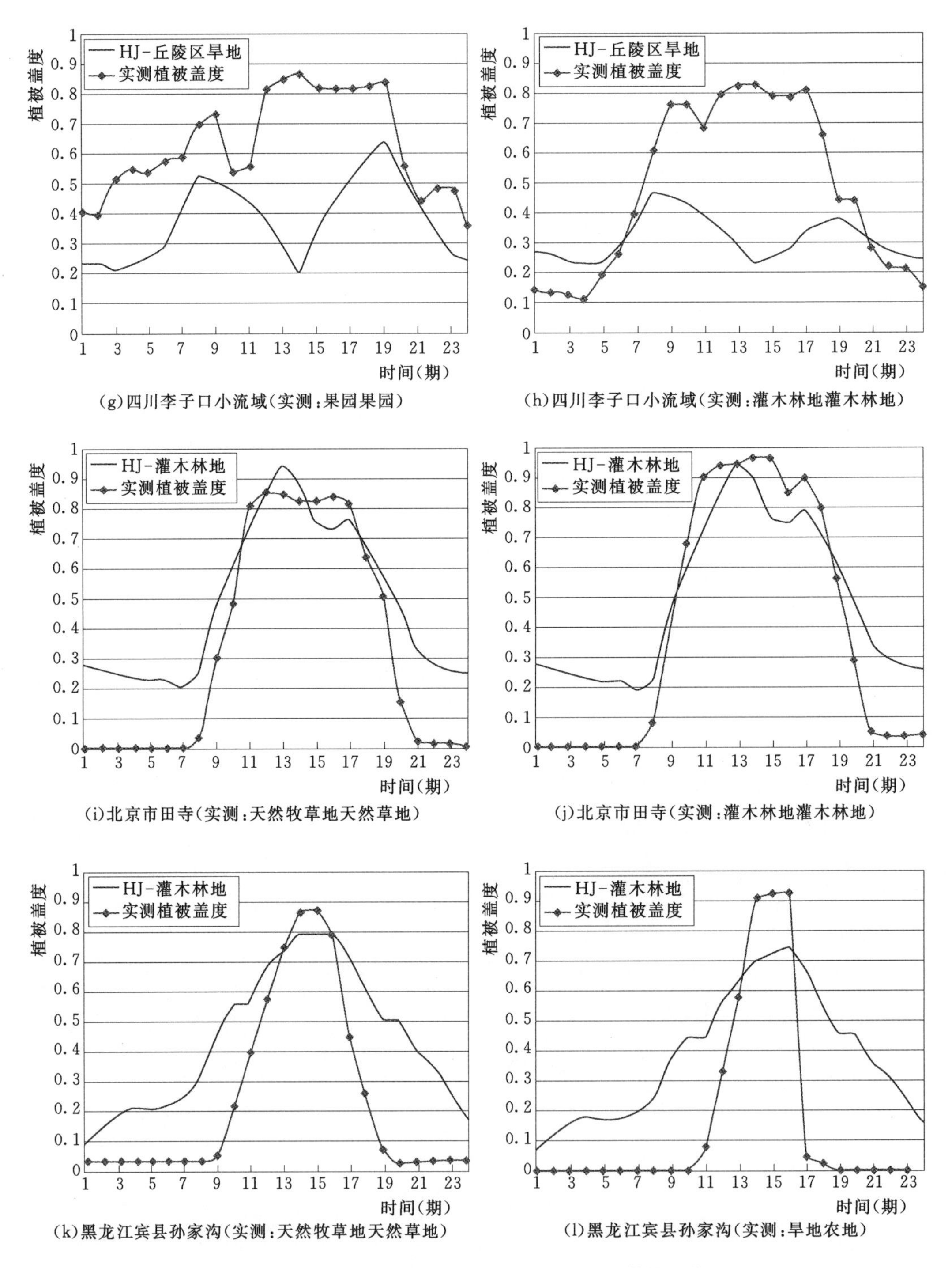

(g)四川李子口小流域(实测:果园果园)

(h)四川李子口小流域(实测:灌木林地灌木林地)

(i)北京市田寺(实测:天然牧草地天然草地)

(j)北京市田寺(实测:灌木林地灌木林地)

(k)黑龙江宾县孙家沟(实测:天然牧草地天然草地)

(l)黑龙江宾县孙家沟(实测:旱地农地)

图 5.29(二) 遥感计算盖度和地面实测结果比较

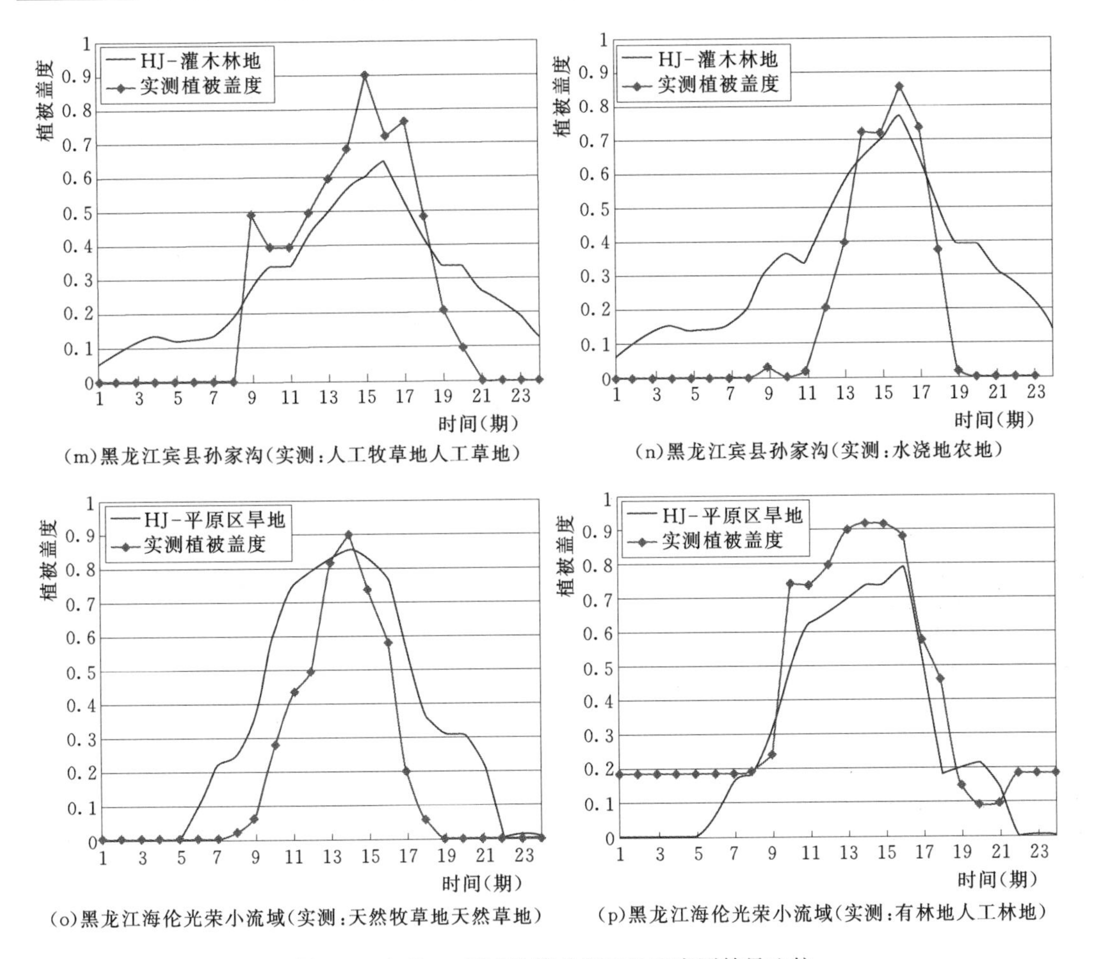

(m)黑龙江宾县孙家沟(实测:人工牧草地人工草地)

(n)黑龙江宾县孙家沟(实测:水浇地农地)

(o)黑龙江海伦光荣小流域(实测:天然牧草地天然草地)

(p)黑龙江海伦光荣小流域(实测:有林地人工林地)

图5.29(三)　遥感计算盖度和地面实测结果比较

4. 同时对比 *NDVI*、植被盖度和地面测量结果

同时对比 *NDVI*、植被盖度和地面测量结果，发现 *NDVI* 和植被盖度直接关系基本一致。对部分结果分析如下：

黑龙江省鹤北小流域（见图5.30）5月中旬以前和9月中旬以后，植被盖度的实测值为0，明显低于计算值。除了8—9月，其他时段的实测值均低于计算得到的植被盖度。

黑龙江海伦光荣小流域（见图5.31）实测点共有5个，其中2个点的实测类型与土地利用图的实测类型相同，均为旱地。并且两个实测点在土地利用图上位于相邻像元，因此对两个实测点的值取平均。同时，以实测点为中心，选择3×3个像元求平均。与鹤北小流域的情况类似，在5月中旬以前和9月中旬以后，植被盖度的实测值为0。从6月中旬到9月前，植被盖度实测值比计算得到的植被盖度高约0.1。

辽宁省东大道（见图5.32）实测点共有10个，其中2个点的实测类型与土地利用图的实测类型相同，分别为旱地和草地。由于旱地与居民用地相邻，因此只选择草地进行验证。以实测点为中心，选择3×3个像元求平均。在4月中旬以前和11月中旬以后，植被盖度的实测值为0。实测的植被盖度与计算得到的植被盖度的整体变化趋势相同。

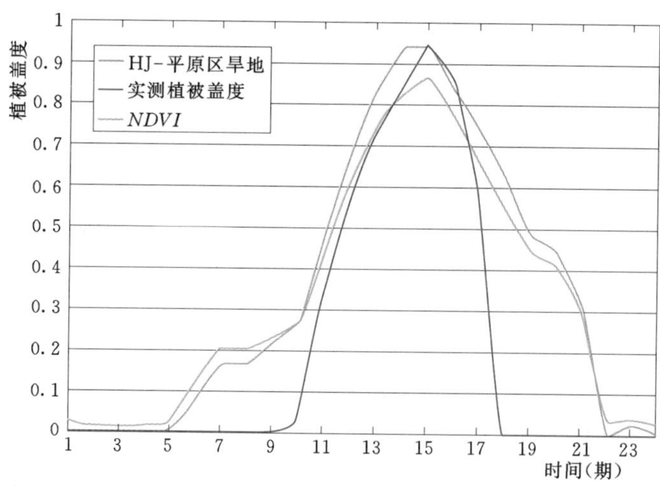

图 5.30 黑龙江省鹤北小流域（实测：平原区旱地）遥感估算与地面测量植被盖度对比

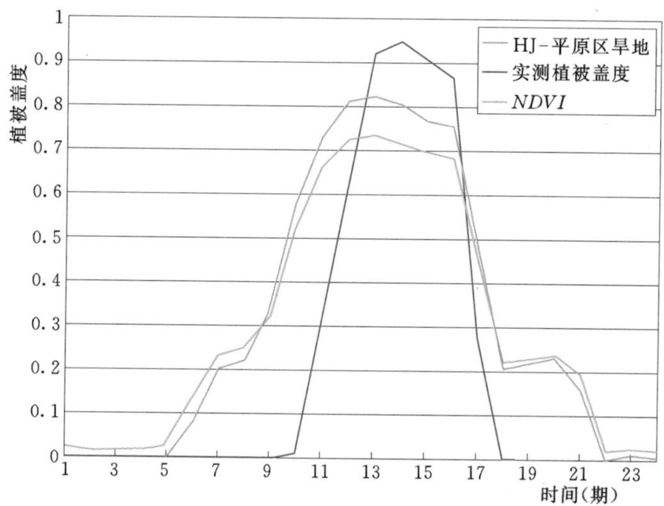

图 5.31 黑龙江省海伦光荣小流域（实测：平原区旱地）遥感估算与地面测量植被盖度对比

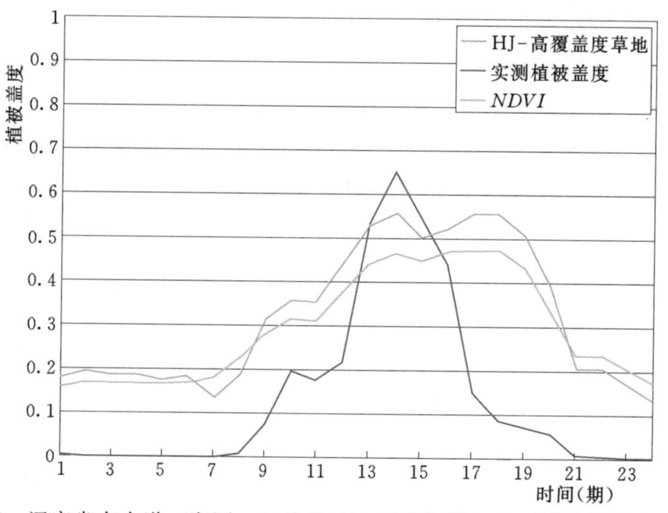

图 5.32 辽宁省东大道（实测：天然草地）遥感估算与地面测量植被盖度对比

5.4.4 植物措施因子计算

5.4.4.1 计算方法

根据省级普查机构提交的地块面文件（dkmp.shp）的属性表数据，结合遥感植被盖度，计算调查单元所有地块的植物覆盖与植物措施因子（B），赋值给属性表中的因子字段（BYZZ），最终为所有调查单元生成1个因子栅格文件，空间分辨率10m×10m，命名为“B”，存储在相应4级目录raster内。计算过程如下：

（1）根据1∶25万图幅号，以调查单元边界面文件（bjmpa）裁剪该25万分幅30m×30m分辨率的24个植被盖度栅格文件，并重采样成10m×10m分辨率，得到调查单元24个半月的植被盖度栅格文件，存储在相应4级目录raster内。

（2）根据地块土地利用类型，选择植被覆盖与植物措施因子的计算方法。

（3）如果土地利用类型为耕地、居民点及工矿用地、交通运输用地、水域及其设施用地或其他土地类型，直接通过赋值表赋值。

（4）如果土地利用类型属于园地、林地或草地，根据式（5.16）计算该地块最终的因子值：

$$B = \frac{\sum_{i=1}^{24} B_i R_i}{\sum_{i=1}^{24} R_i} \tag{5.16}$$

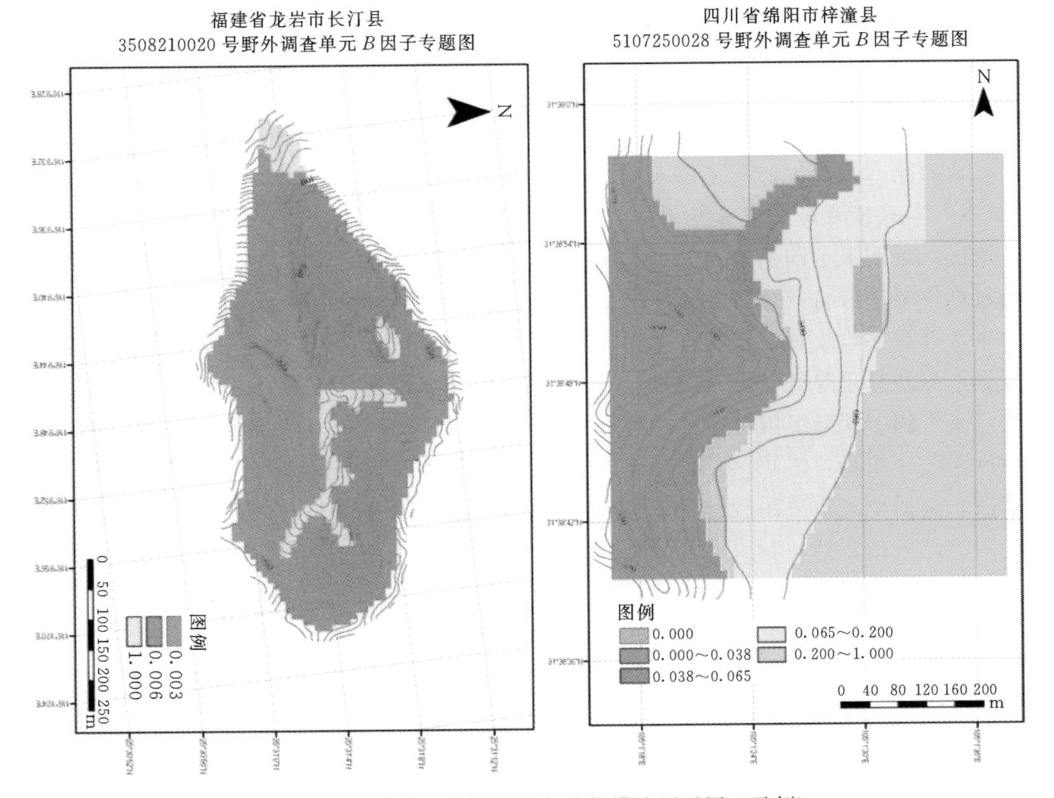

图5.33　调查单元植被覆盖与植物措施因子图（示例）

式中：B_i 为第 i 个半月的植被覆盖与植物措施因子值；R_i 为第 i 个半月的降雨侵蚀力占全年侵蚀力的比率。

5.4.4.2 调查单元植物措施因子图层生成

基于 SLC 系统，将完成植被覆盖与植物措施因子值计算后的因子字段（BYZZ）转化为栅格文件，文件名为“B”，分辨率 10m×10m（见图 5.33），存储在对应野外调查单元的 raster 目录下。

5.5 工程措施因子和耕作措施因子

工程措施因子（E）是指采取某种工程措施土壤流失量与同等条件下无工程措施土壤流失量之比，反映了水土保持工程措施的作用。耕作措施因子（T）是指采取某种耕作措施的土壤流失量与同等条件下传统耕作土壤流失量之比（传统耕作一般指顺坡平作或垄作），反映了水土保持耕作措施的作用。这两个因子都是无量纲参数，一般利用小区资料获得。

我国各地水土保持工程措施和耕作措施效益监测与实验数据相对较多，本次普查通过广泛收集全国范围内水土保持工程措施与耕作措施监测资料及发表的研究成果，按统一标准校正后，得到各种不同工程措施因子赋值表。然后基于省级普查机构提交的水蚀野外调查单元地块图矢量数据（dkmp.shp），对各个地块的工程措施和耕作措施因子赋值后，转换为 10m×10m 分辨率栅格图层。

5.5.1 数据来源与因子值的确定

计算数据来自全国各省（自治区、直辖市）上报的野外调查单元成果清绘图经数字化形成的地块矢量数据（dkmp.shp），其属性表对应于水蚀野外调查单元表的内容。全部存储在普查数据四级目录 shp 文件夹下。

5.5.1.1 工程措施因子值确定

通过广泛搜集全国范围内关于水土保持工程措施因子值（E）和工程措施小区径流泥沙的数据资料，并将数据转换为标准小区条件下的数值后计算得到。

本次普查共收集到已发表论文 186 篇，包括期刊论文、会议论文与学位论文；纸质监测数据汇编和专著等 11 册，包括著作、流域径流泥沙测验资料汇编、省市水土保持试验观测成果汇编、课题组内部已有的野外径流小区实测资料等。大量的数据资料和相对广泛的地域覆盖为初步评估我国工程措施因子值提供了可靠的数据基础。摘录资料中相关的全部信息，包括小区侵蚀泥沙量、工程措施类型、小区坡度、坡长与坡向、小区面积、土壤类型、小区植被类型、对照小区情况、观测年限、研究区位置（省、市）以及数据出处与参考文献等相关信息。同时还摘录资料中对该工程措施的描述，避免由于理解不一致导致错误归类。

具体数据处理方法如下：对于参考资料中直接给出工程措施因子值的数据直接摘录；对于给出某一工程措施因子值范围的数据，取其平均值作为该条数据记录的因子值；对于给出减沙效益的数据，用 1 减去减沙效益值为该条记录的因子值；对于资料中没有直接给出工程措施因子值而能够摘录工程措施小区侵蚀量与对照裸地小区的数据，利用工程措施小区和裸地对照小区侵蚀量数据计算得到因子值。若工程措施小区与对照小区坡度或坡长不匹配，通过坡度、坡长因子公式进行转换。

所有直接摘录和经过计算得到的工程措施因子值（E）要通过一定的遴选方法将不符合标准的数据剔除，以便得到相对一致合理的 E。判别方法与原则总结如下：①将所有因子值按照同一地域范围内（省、市）同一工程措施因子值进行归类，并由大到小排序，将与总体相比异常大或异常小的值剔除；②为了保证数据的准确性，尽量采用多年径流小区观测资料的结果，避免采用观测年限太短的资料增大偶然误差，所有数据均采用天然降雨实测值，剔除人工降雨数据；③如果资料对工程措施描述和介绍不清晰，不能明确判断属于哪种工程措施，则被剔除。

经过遴选后，采用的工程措施因子值数据最终共有 112 条记录，分布于 18 个地域（省、市和侵蚀类型区），包括了 9 个二级类工程措施，全部属于坡面水土保持工程措施。

5.5.1.2 耕作措施因子值确定

通过广泛搜集全国范围内关于水土保持耕作措施因子值（T）和耕作措施小区径流泥沙的数据资料，并将数据转换为标准小区条件下的数值后计算得到。

广泛收集与耕作措施相关的措施描述和介绍的文献资料。搜索关键词为“耕作措施”、“植被覆盖与管理因子”“作物覆盖因子”、“小麦”、“玉米”、“马铃薯”、“甘薯”、“花生”、“油菜”、“大豆”、“草木樨”、“紫花苜蓿”、“柠条”、“沙棘”、“刺槐”、“桔园”、“植物篱”等。共收集到相关论文（含期刊论文、会议论文以及博士硕士优秀论文）186 篇，以及部分纸质资料。这些资料中的耕作措施因子值主要是由各地的径流观测小区计算而来的，其中部分耕作措施因子值是由作物生长季以及对应季节的降雨侵蚀力计算得到。大量的数据资料以及相对广泛的地域分布为确定我国耕作措施的因子值提供了较为翔实的数据支撑。除轮作外的耕作措施因子的计算方法与遴选原则与工程措施相同，详细内容可见 5.5.1.1 内容。

轮作是指在同一块田地上，有顺序地在季节间或年间轮换种植不同的作物或复种组合的种植方式，它是一种重要的水土保持耕作措施。由于不同土地利用方式以及不同农作物对于土壤流失的影响有明显差异，计算轮作水土保持耕作措施因子首先是通过文献资料确定我国最为主要的 9 类作物 12 种农作物，包括稻谷、小麦、玉米、油料、薯类、大豆、棉花、谷子、高粱、糖类的因子初值，然后根据不同作物生长期降雨侵蚀力季节变化进行订正，最终确定不同作物的轮作措施因子值。

经过整理计算，共得到耕作措施因子数据 376 条记录，其中农作物轮作因子值数据记录 96 条。

5.5.2 调查单元工程措施与耕作措施因子图层生成

应用 SLC 系统，分别调用【E 因子赋值】和【生成栅格】两个功能模块，为地块面文件（dkmp. shp）的属性表赋值，并转换为因子栅格文件，空间分辨率 10m×10m（见图 5.34），命名为“E”，存储在相应 4 级目录 raster 内。

应用 SLC 系统，分别调用【T 因子赋值】和【生成栅格】两个功能模块，为地块面文件（dkmp. shp）的属性表赋值，并转换为因子栅格文件，空间分辨率 10m×10m（图 5.35），命名为“T”，存储在相应 4 级目录 raster 内。

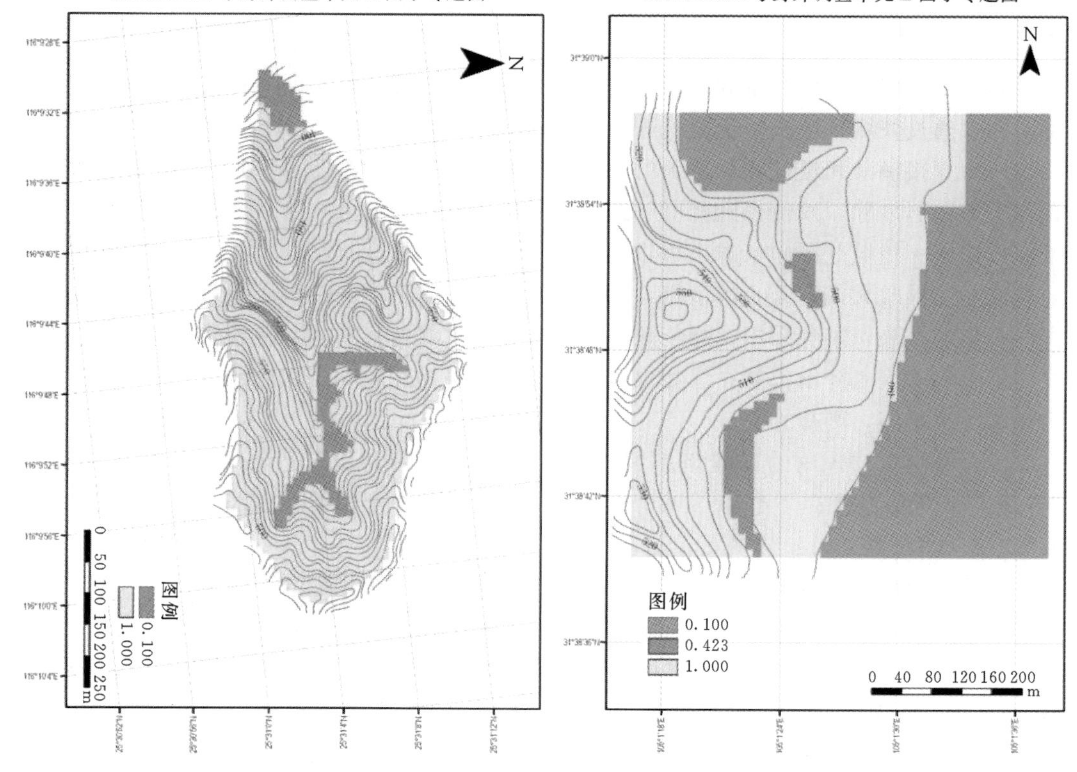

图 5.34 调查单元工程措施因子图(示例)

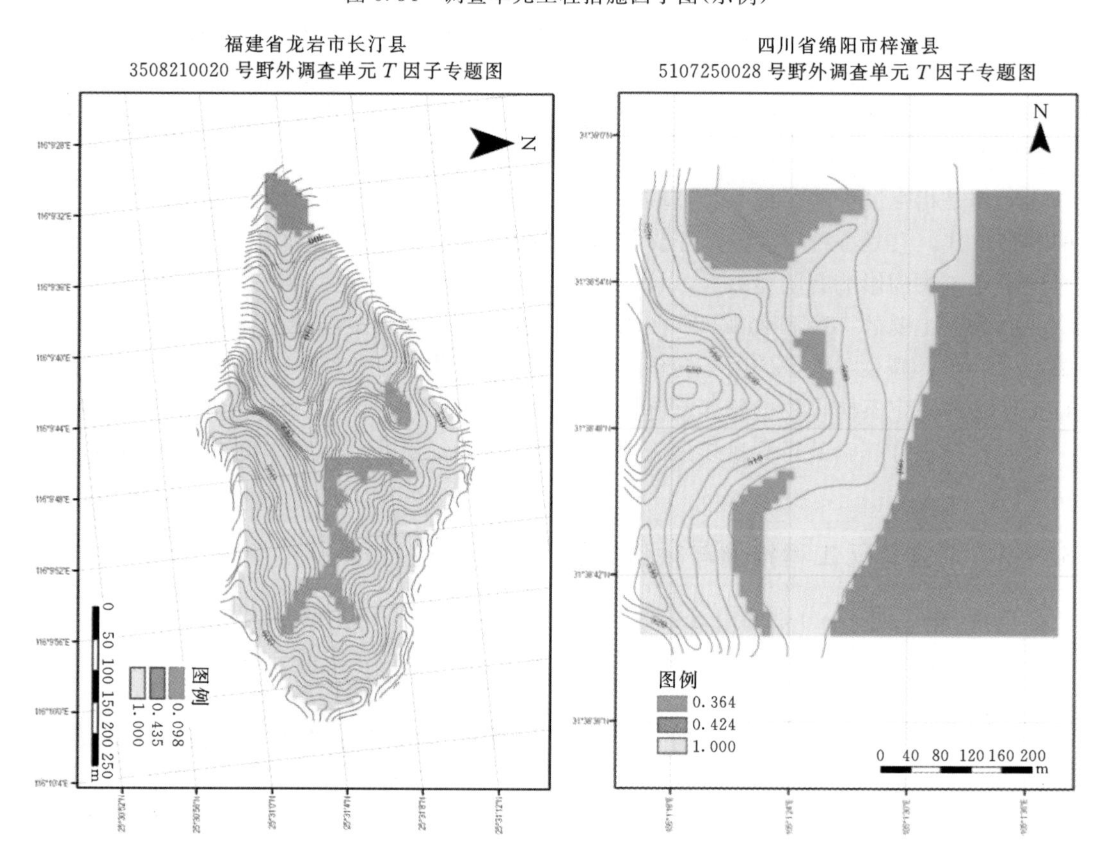

图 5.35 调查单元耕作措施因子图(示例)

5.6　水力侵蚀模数计算与强度评价

5.6.1　数据与方法

进行全国水力侵蚀强度评价的数据包括：

（1）基于全国按 1∶25 万地形图分幅共计 763 幅、全国多年平均年降雨侵蚀力因子 30m×30m 分辨率栅格图，利用野外调查单元边界文件裁剪并重采样为 10m×10m 分辨率，共计得到全国 32948 个野外调查单元 R 因子栅格图层。

（2）基于全国按 1∶25 万地形图分幅共计 752 幅、全国土壤可蚀性因子 30m×30m 分辨率栅格图，利用野外调查单元边界文件（bjmp. shp）裁剪并重采样为 10m×10m 分辨率，共计得到全国 32948 个野外调查单元 K 因子栅格图层。

（3）基于全国按 1∶25 万地形图分幅共计 763 幅、全年平均植物覆盖与植物措施因子 30m×30m 分辨率栅格图，利用野外调查单元边界文件裁剪并重采样为 10m×10m 分辨率，共计得到全国 32948 个野外调查单元 B 因子栅格图层。

（4）基于调查单元等高线矢量图（dgxp. shp），通过插值生成 10m×10m 分辨率 DEM 提取坡长后，利用分段坡长因子公式计算，共计得到全国 32948 个野外调查单元坡长因子 L 栅格图层。

（5）基于调查单元等高线矢量图（dgxp. shp），通过插值生成 10m×10m 分辨率 DEM 提取坡度后，利用坡度因子公式计算，共计得到全国 32948 个野外调查单元坡度因子 S 栅格图层。

（6）基于调查单元地块矢量图（dkmp. shp）属性表中的水土保持工程措施代码，利用查算表为地块赋值并插值为 10m×10m 分辨率，共计得到全国 32948 个野外调查单元工程措施因子 E 栅格图层。

（7）基于调查单元地块矢量图（dkmp. shp）属性表中的水土保持耕作措施代码，利用查算表为地块赋值并插值为 10m×10m 分辨率，共计得到全国 32948 个野外调查单元耕作措施因子 T 栅格图层。

以上数据全部存储在“省代码-县代码-调查单元代码- raster”四级目录内。

5.6.1.1　野外调查单元土壤水蚀模数计算

应用 SLC 系统分别计算以下内容：

（1）调查单元 7 个土壤侵蚀因子图层生成。为每个调查单元生成 7 个因子 10m×10m 分辨率栅格数据，存储在“省代码-县代码-调查单元代码- raster”四级目录内，具体包括：

1）降雨侵蚀力因子 R 栅格图层。利用野外调查单元边界文件（bjmp. shp）裁剪全国 24 个半月和多年平均年降雨侵蚀力因子 R 30m×30m 分辨率栅格图并重采样，得到全省每个野外调查单元因子 R 10m×10m 分辨率共计 25 个栅格图层。

2）土壤可蚀性因子 K 栅格图层。利用野外调查单元边界文件（bjmp. shp）裁剪全国土壤可蚀性因子 K 30m×30m 分辨率栅格图并重采样，得到全省每个野外调查单元因子

K 10m×10m 分辨率栅格图层。

3）植物措施因子 B 栅格图层。利用野外调查单元地块边界文件（dkmp. shp）裁剪全国 24 个半月遥感植被覆盖度 30m×30m 分辨率栅格图并重采样，得到全省每个野外调查单元 24 个半月植被覆盖度 10m×10m 分辨率共计 24 个栅格图层；对于林地、园地和草地地块，用调查盖度和郁闭度修正遥感覆盖度后，通过查算郁闭度＋盖度－植物措施因子（果园、其他园地、有林地和其他林地）赋值表或盖度－植物措施因子（茶园、灌木林地和草地），并以 24 个半月降雨侵蚀力比例为权重，生成每个调查单元对应地块加权平均的植物措施因子 B 10m×10m 分辨率栅格图层，对于其他地块则赋值为 1。

4）坡长因子 L 栅格图层。基于调查单元等高线矢量图（dgxp. shp），通过插值生成 10m×10m 分辨率 DEM 提取坡长后，利用分段坡长因子公式计算得到每个野外调查单元 L 因子 10m×10m 栅格图层。

5）坡度因子 S 栅格图层。基于调查单元等高线矢量图（dgxp. shp），通过插值生成 10m×10m 分辨率 DEM 提取坡度后，利用坡度因子公式计算得到每个野外调查单元 S 因子 10m×10m 栅格图层。

6）水土保持工程措施因子 E 栅格图层。基于调查单元地块矢量图（dkmp. shp）属性表中的水土保持工程措施代码，利用查算表为地块赋值并插值为 10m×10m 分辨率，得到每个野外调查单元 E 因子 10m×10m 栅格图层。

7）水土保持耕作措施因子 T 栅格图层。基于调查单元地块矢量图（dkmp. shp）属性表中的水土保持耕作措施代码，利用查算表为地块赋值并插值为 10m×10m 分辨率，得到每个野外调查单元 T 因子 10m×10m 栅格图层。

（2）调查单元土壤水蚀模数。对每个调查单元 7 个模型因子图层进行乘积运算，得到每个调查单元 10m×10m 分辨率土壤水蚀模数栅格图层。将调查单元所有栅格的土壤水蚀模数平均得到调查单元平均土壤水蚀模数。

（3）地块土壤水蚀模数。用调查单元地块边界图层（dkmp. shp）与调查单元水蚀模数栅格图层套合，计算调查单元内每个地块所有栅格平均土壤水蚀模数得到调查单元所有地块土壤水蚀模数。

（4）土地利用类型土壤水蚀模数。将调查单元内土地利用类型相同地块的土壤水蚀模数根据地块面积进行加权平均，得到调查单元不同土地利用类型的土壤水蚀模数。将全县所有调查单元某种土地利用类型水蚀模数根据该种土地利用类型面积进行加权平均，得到该县该种土地利用类型模数。

5.6.1.2 土壤水蚀面积和强度空间插值与汇总统计

全省土壤水蚀面积和强度空间插值与汇总统计基于上述计算得到的全省野外调查单元 10m×10m 分辨率土壤水蚀模数栅格图层。计算步骤如下：

（1）计算每个野外调查单元各级土壤侵蚀强度比例。依据水利部颁布的《土壤侵蚀分类分级标准》（SL 190—2007），判断调查单元每个栅格的土壤侵蚀强度，然后计算各强度级栅格数量占该调查单元总栅格数量的比例，即为各侵蚀强度级别比例，轻度以上各级别比例之和即为土壤水蚀面积比例。

（2）全省空间插值。对全省所有野外调查单元水蚀面积比例和各强度比例进行空间插值，得到全省水蚀面积比例和各强度级比例栅格图层。

（3）计算县级行政区水土流失面积比例和土壤水蚀各强度比例。用县级行政区边界裁切省级行政区水蚀面积比例和各强度级比例栅格图层，对各县级行政区水蚀面积比例和各强度级比例栅格平均后，得到县级行政区水蚀面积比例和各强度级比例。在此过程中，通过平衡计算确保轻度以上各级别比例之和等于水蚀面积比例，水蚀面积比例与微度侵蚀比例之和等于1。

（4）计算县级行政区水蚀面积和各强度级面积。将计算得到的县级行政区水蚀面积比例和各强度级面积比例乘以县级行政区国土面积，得到其水蚀面积和各强度级面积。

（5）计算市（地）级行政区水蚀面积和土壤水蚀各强度面积及其比例。将市（地）级辖区内所有县级行政区水蚀面积和各强度级面积分别累加，得到市（地）级水蚀面积和各强度级面积。将其分别除以市（地）级行政区国土面积，得到相应的水蚀面积比例和各强度级面积比例。

（6）计算全省水蚀面积和各强度级面积及其比例。将省级行政区内所有栅格水蚀面积和各强度级面积分别累加，得到全省水蚀面积和各强度级面积。将其除以省级行政区国土面积，得到全省水蚀面积比例和各强度级面积比例。

上述汇总统计过程中，各县、市、省级行政区水蚀面积和各强度级面积及其比例通过平衡确保相符。

5.6.1.3　与第二次全国土壤侵蚀遥感调查结果对比方法

20世纪末，水利部采用1995—1996年TM影像，依据《土壤侵蚀分类分级标准》（SL 190—96），进行了第二次全国土壤侵蚀遥感调查（以下简称第二次遥感调查）。以上述统计结果为基础，对比全国第二次遥感调查成果，分析土壤侵蚀变化及其可能原因，具体方法如下：

（1）省级土壤侵蚀强度与水土流失面积变化分析：对比省级行政区第二次遥感调查成果与本次普查计算的水土流失面积和各级土壤侵蚀强度面积，确定水土流失面积的增减及各级土壤侵蚀强度面积的增减。

（2）县级土壤侵蚀强度与水土流失面积变化分析：对比县级行政区第二次遥感调查成果与本次普查计算的水土流失面积和各级土壤侵蚀强度面积，确定水土流失面积的增减及各级土壤侵蚀强度面积的增减。

5.6.2　结果分析与评价

5.6.2.1　侵蚀面积与强度

全国水力侵蚀总面积129.32万km^2，占国土总面积的13.65%。其中，轻度、中度、强烈、极强烈和剧烈侵蚀的面积分别为66.76万km^2、35.14万km^2、16.87万km^2、7.63万km^2和2.92万km^2，所占比例分别为51.62%、27.18%、13.04%、5.90%和2.26%（见图5.36）。水力侵蚀强

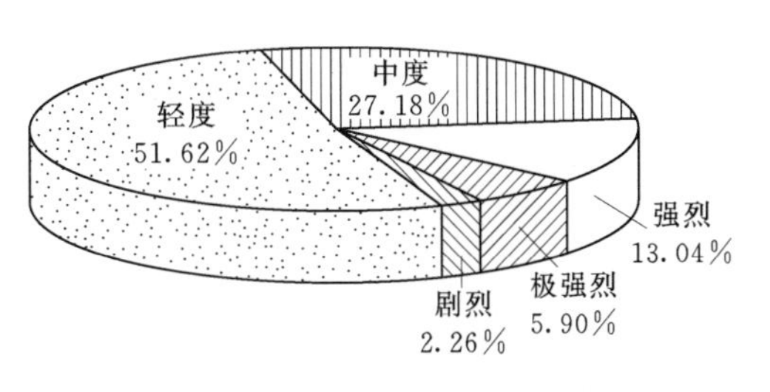

图5.36　全国水力侵蚀强度分级面积比例

度等级构成中，轻度侵蚀面积最大，中度侵蚀面积次之，两项合计占78.43%；中度以上面积占21.57%。

5.6.2.2 区域分异及动态变化

2002年水利部公布的《全国水土流失公告》对我国东、中、西部的水土流失状况进行了分析。东部包括北京、天津、上海、江苏、浙江、福建、山东、广东、海南等9个省(直辖市)，中部包括河北、山西、辽宁、吉林、黑龙江、安徽、江西、河南、湖北和湖南等10个省，西部包括内蒙古、广西、四川、贵州、云南、西藏、重庆、陕西、甘肃、青海、宁夏和新疆等12个省（自治区、直辖市）。

分析普查结果的东、中、西部区域分异规律，并从省级行政区土壤侵蚀的面积、强度、占辖区行政面积的比例和地形分布等方面分析了其空间分异状况。对比分析第二次遥感调查的结果，从全国和省（自治区、直辖市）的范围分析了土壤侵蚀的动态变化情况。

第 6 章　风力侵蚀分析与评价

风力侵蚀分析与评价包括表土湿度、风力、地表粗糙度、植被盖度等侵蚀影响因子的计算分析，以及风蚀强度的分析与评价。

6.1　表 土 湿 度 因 子

6.1.1　数据来源

表土湿度计算的基础数据为 AMSR-E Level 2A 全球轨道亮温数据（见表 6.1）。

表 6.1　AMSR-E Level 2A 轨道亮温数据

数据名称	AMSR－E Level 2A 轨道亮温数据
时间范围	2010 年全年（其中 2 月 2 日和 2 月 3 日两天缺失）
空间范围	全球
卫星过境时间	13：30（升轨）、1：30（降轨）
总大小	529GB

6.1.2　计算方法

6.1.2.1　数据预处理

AMSR-E 轨道数据下载后，首先进行数据的预处理，包括数据拼接、数据定标、数据裁剪和数据筛选（见图 6.1）。

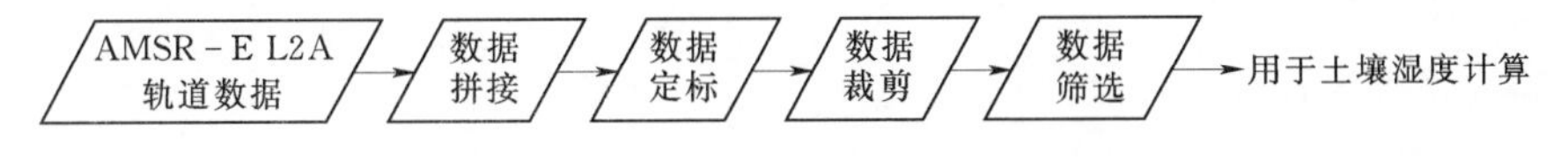

图 6.1　数据预处理流程

1. 数据拼接

由于 Aqua 是一颗极轨卫星，因此获得的是轨道扫描数据。当需要获取大尺度土壤湿度时，首先要对数据进行拼接处理。将每天升轨和降轨时刻的轨道数据分别拼接为全球范围的升降轨数据。为了分析和处理方便，将 AMSR-E L2A 轨道亮温数据按照等经纬度投影进行数据拼接，分辨率为 0.25°。

2. 数据定标

由于下载的数据记录的是整形数据，因此要利用一个增益和偏置系数对数据进行定标，获取亮度温度值：

$$Tb = Gain \cdot DN + Offset \tag{6.1}$$

式中：DN 为原始信号值；Tb 为亮度温度值；$Gain$ 为增益值，取 0.01；$Offset$ 为偏置值，取 327.68。

3. 数据裁剪

拼接和定标处理后，将中国区域范围裁剪出来，进行土壤湿度的计算。全球范围的行列范围为：0～720 行，0～1440 列；裁剪得到中国区域的行列号范围为：40～290 行，960～1430 列（经纬度范围：左上像元中心坐标：59.875，55.125；右下像元中心坐标：177.375，0.125）。

4. 数据筛选

根据项目要求，选择 1—5 月和 10—12 月共 8 个月升轨时刻（每天 13：30）的数据进行表土湿度因子的计算。

6.1.2.2 数据后处理

得到土壤湿度的计算结果后，利用表土湿度因子与土壤湿度的关系计算表土湿度因子，而后对计算结果进行后处理，包括赋地理坐标、风蚀区范围裁剪、投影转换和重采样（见图 6.2）。

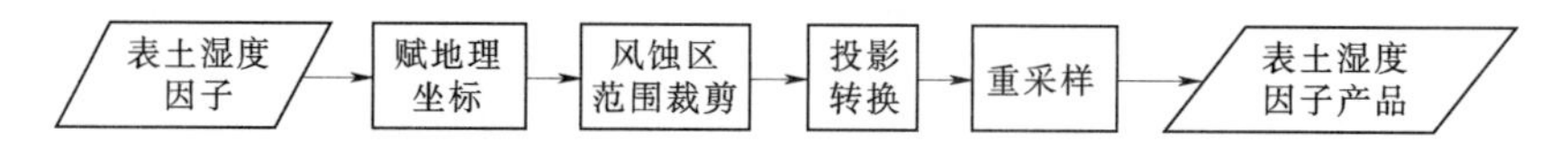

图 6.2　数据后处理流程图

1. 赋地理坐标

通过增加头文件的形式，给 MATLAB 中计算得到的表土湿度因子的结果赋地理坐标（见图 6.3）。

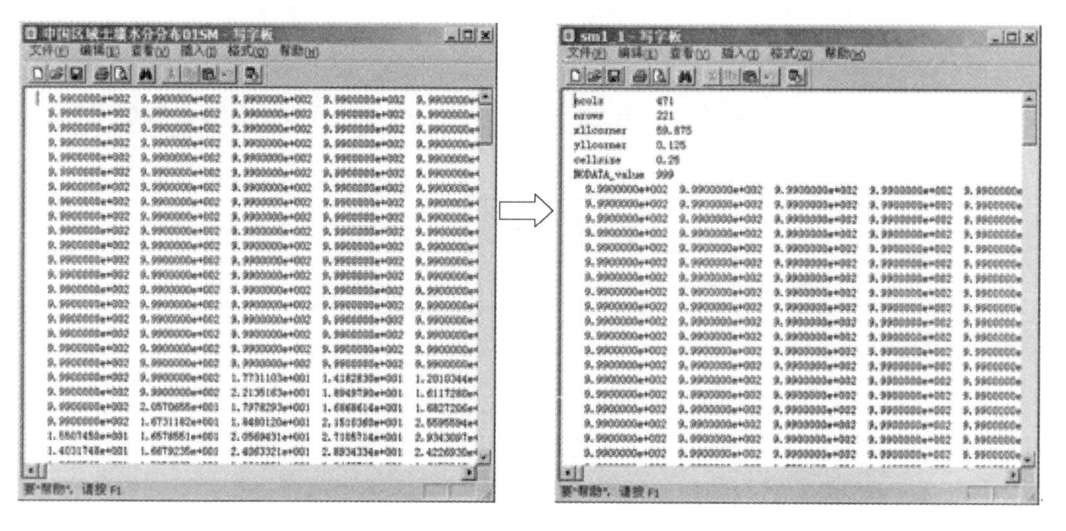

图 6.3　增加经纬度信息

头文件中增加的信息有：

Ncols	471	列数
Nrows	221	行数
Xllcorner	59.875	左下角点坐标经度
Yllcorner	0.125	左下角点坐标纬度
Cellsize	0.25	像元分辨率
NODATA_value	999	无效数据值

增加头文件后，将文件另存为 ASCII 格式，在 ArcGIS 软件中导入为栅格格式，并定义坐标系统。

导入为栅格格式的方法：ArcToolbox→Conversiton Tools→To Raster→ASCII to Raster。

定义坐标的方法：ArcToolbox→Data Management Tools→Projections and Transformations→Define Projection。

2. 风蚀区范围裁剪

根据中国风蚀区的范围，对定义坐标后的栅格数据进行裁剪，得到风蚀区范围内的表土湿度因子栅格结果。

裁剪的方法：ArcToolbox→Spatial Analyst Tools→Extraction→Extract by Mask。

3. 投影转换

为了得到 30m 分辨率的栅格产品，需要将经纬度坐标投影到平面上，采用的是 Albers 等面积圆锥投影（见图 6.4），投影参数与风力因子一致，这样方便保证后续计算。

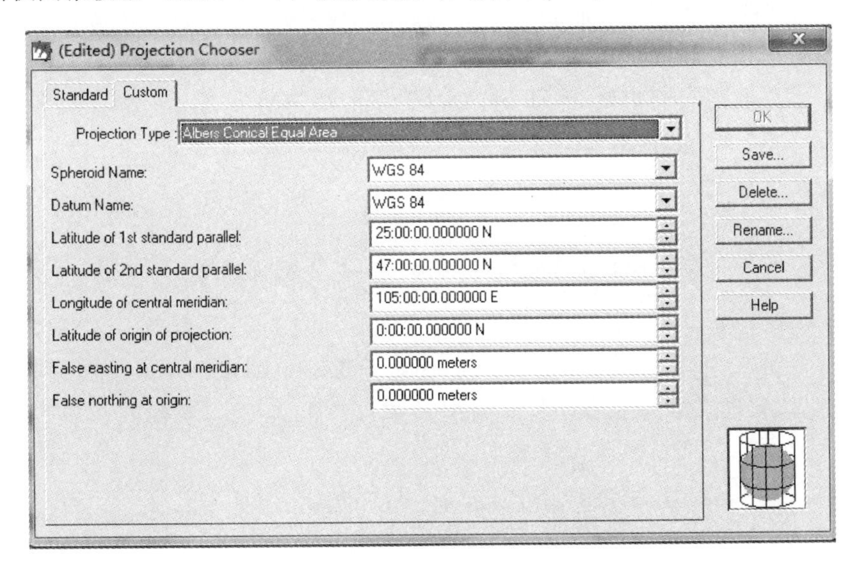

图 6.4　Albers 等面积圆锥投影参数

4. 重采样

将投影后的结果重采样，得到空间分辨率为 30m 的栅格数据。采样方法有最邻近法、双线性内插法、三次卷积法三种，最邻近法简单，但是容易造成像元值的不连续；三次卷积法过于复杂，需要耗费大量的时间，因此选择双线性内插法。

重采样方法：ArcToolbox→Data Management Tools→Raster→Raster Processing→Resample。

6.1.2.3 表土湿度因子计算

表土湿度因子的半月产品计算流程如图 6.5 所示。

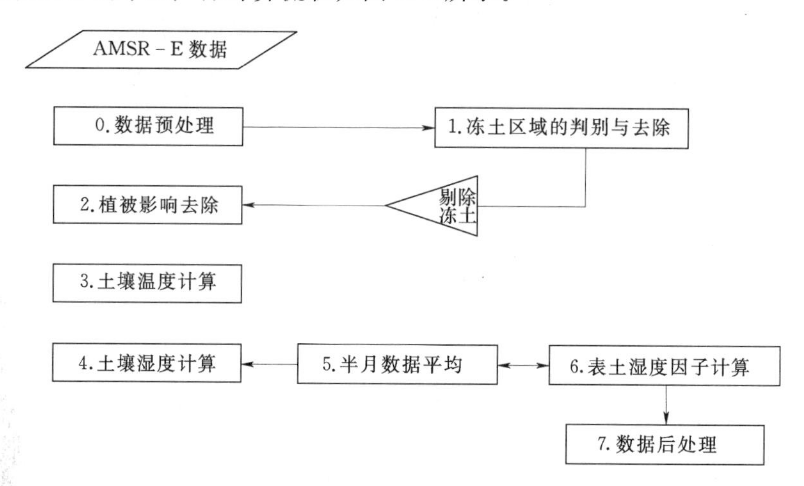

图 6.5　表土湿度因子半月产品计算流程图

1. 冻土区域的判别与去除

利用 6.925H、10.65H、18.7H 与 36.5V 的亮温能够体现地表土壤的冻融变化特征，通过 Fisher 判别算法建立复杂地表条件下的冻融土判别算法（赵天杰等，2009）。提取 36.5GHz 的 V 极化亮温（$Tb_{36.5V}$）和 18.7GHz 的 H 极化亮温（$Tb_{18.7H}$），代入式（6.2）和式（6.3）计算冻融判别指标 F 和 T，若 $F>T$，则判断为冻土，反之则判断为融土；仅当地表为融土状态时进行土壤湿度因子的计算。

$$F=1.47Tb_{36.5V}+91.69\frac{Tb_{18.7H}}{Tb_{36.5V}}-226.77 \tag{6.2}$$

$$T=1.55Tb_{36.5V}+86.33\frac{Tb_{18.7H}}{Tb_{36.5V}}-242.41 \tag{6.3}$$

2. 植被影响去除

土壤介电模型：土壤可以看作是空气、固态土壤、束缚水、自由水四种物质的混合体。对于一定体积含水量的土壤，其复介电常数可以由式（6.4）给出（Dobson et al.，1985）。

$$\varepsilon^{\alpha}=1+(\rho_b/\rho_s)(\varepsilon_s^{\alpha}-1)+m_v^{\beta}\varepsilon_{fw}^{\alpha}-m_v \tag{6.4}$$

式中：ε^{α} 为土壤的介电常数；m_v 为土壤体积含水量；ρ_b 为土壤容重；ρ_s 为土壤固态物质密度，一般取常数 2.65；$\varepsilon_{fw}^{\alpha}$ 为自由水的介电常数；β 为与土壤类型有关的复数参数，其实部和虚部与土壤中砂土含量和黏土含量有关。

随机粗糙地表散射模型：Shi 等人基于 AIEM 模型（Shi et al.，2006），参照 AMSR－E传感器的参数配置，模拟了大范围的粗糙度和土壤水分条件下的土壤发射率。研究发现，在入射角为 55°时，土壤粗糙度对于 H 和 V 极化的微波辐射特征的影响作用是相反的。基于这个结论，在原有的 Q/H 模型基础上发展了参数化的地表发射模型——

Q_p 模型（Shi et al.，2005）。该模型利用光滑地表的发射率和一个表征粗糙度对发射率影响的参数 Q_p 来计算粗糙地表情况下的微波发射率，表示为：

$$E_p^e = Q_p t_p + (1-Q_p) t_p \tag{6.5}$$

式中：E_p^e 为粗糙地表 p 极化的发射率；t_p 为光滑地表的透射率，表示为 $1-r_p$，r_p 为菲涅尔反射率；Q_p 为地表粗糙度的表征因子。

Q_p 与地表均方根高度 s 和相关长度 l 的比值之间存在较好的非线性关系：

$$\log[Q_p(f)] = a_p(f) + b_p(f)\log(s/l) + c_p(f)(s/l) \tag{6.6}$$

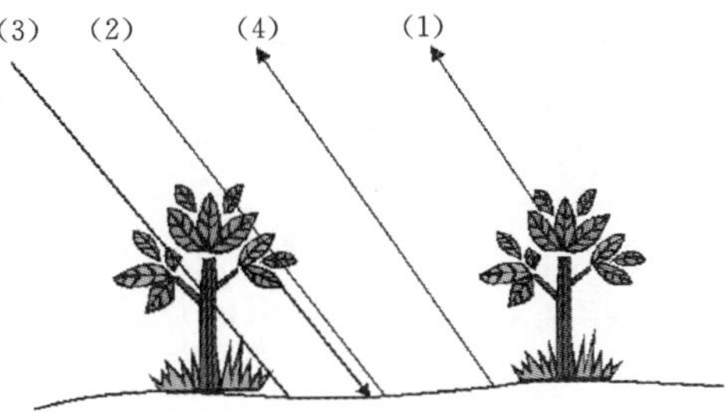

图 6.6　植被辐射传输示意图

$\omega-\tau$ 零阶模型：考虑植被覆盖地表，其亮温贡献有四部分（见图 6.6）：① 植被辐射进入传感器；② 植被向下辐射，经地表反射再经植被投射进入传感器；③土壤发射经植被衰减进入传感器；④土壤直接发射进入传感器。总的辐射传输可以用式（6.7）表示。

$$T_{Bp}(f) = F_v\varepsilon_p^v(f)T_v + F_v\varepsilon_p^v(f)L_p(f)R_p^e(f)T_v + F_v\varepsilon_p^s(f)L_p(f)T_s + (1-F_v)\varepsilon_p^s(f)T_s \tag{6.7}$$

Shi 等人基于成熟的物理辐射传输模型，利用数值模拟的方法，研究发展了一种利用 AMSR-E 传感器亮温数据来反演微波植被指数（Microwave Vegetation Indices，MVIs）的新的植被监测技术（Shi et al.，2008）。和以前的微波植被指数不同的是，利用该方法推导出来的微波植被指数所含的植被信息和土壤发射信号是独立的。它仅仅取决于植被特性，比如植被覆盖度、生物量、植被含水量、散射体大小特性及植被层的几何结构。

$$\begin{cases} A_p(f_1,f_2) = a(f_1,f_2)V_t(f_2) + V_e(f_2) - B_p(f_1,f_2)V_e(f_1) \\ B_p(f_1,f_2) = b(f_1,f_2)V_t(f_2)/V_t(f_1) \end{cases} \tag{6.8}$$

其中，$V_t(f)$ 和 $V_e(f)$ 分别表示植被和土壤信息。

$$V_t(f) = [1-F_v+F_vL_p(f)]T_s - [F_v\varepsilon_p^v(f)L_p(f)]T_v$$
$$V_e(f) = \{F_v\varepsilon_p^v(f)[1+L_p(f)]\}T_v \tag{6.9}$$

考虑纯净植被像元，单次散射反照率设为 0，植被温度与地表温度相等。基于以上假设，植被的衰减可以表示为：

$$V_t(f) = L_p^2(f)T_{phys} \tag{6.10}$$

从而 MVI _ B 表示为：

$$B(f_1,f_2) = b(f_1,f_2)V_t(f_2)/V_t(f_1) = b(f_1,f_2)L_p^2(f_2)/L_p^2(f_1)$$
$$= b(f_1,f_2)\exp[2(b_1-b_2)W\sec\theta] \tag{6.11}$$

结合式（6.12）和式（6.13）：

$$L_p^2(f_1) = \exp(-2b_1W\sec\theta) \tag{6.12}$$

$$L_p^2(f_2) = \exp(-2b_2W\sec\theta) \tag{6.13}$$

可以得到下面两个公式，即可以求算某一频率下的植被透过率：

$$L_p^2(f_1) = \left(\frac{B(f_1,f_2)}{b(f_1,f_2)}\right)^{f_1/(f_2-f_1)} \tag{6.14}$$

$$L_p^2(f_2)=\left(\frac{B(f_1,f_2)}{b(f_1,f_2)}\right)^{f_2/(f_2-f_1)} \tag{6.15}$$

3. 地表温度计算

利用MODIS的温度产品和AMSR-E不同通道之间的亮温建立反演地表温度的方程。验证结果显示该算法的精度在2～3℃左右。提取36.5GHz的V极化亮温（$Tb_{36.5V}$），利用表6.2进行地表温度的计算。

表6.2　地表温度估算模型

温度范围（K）	计算方程
<279	LST=0.63291×89V−1.93891×(36.5V−23V)+0.02922×(36.5V−23V)×2+0.52654×(36.5V−18.7V)−0.00835×(36.5V−18.7V)2 +106.395
>270	LST=0.50898×89V−0.31302×(36.5V−23V)+0.02095×(36.5V−23V)×2+0.87117×(36.5V−18.7V)−0.00576×(36.5V−18.7V)×2 +142.6452

4. 土壤湿度计算

提取10.65GHz的V极化亮温（$Tb_{10.65V}$）和H极化亮温（$Tb_{10.65H}$），利用下式进行土壤湿度因子的计算（Shi et al.，2006）：

$$SM=1.1866\left(2.3251\frac{Tb_{10.65V}}{LST}+\frac{Tb_{10.65H}}{LST}\right)-5.1157\sqrt{2.3251\frac{Tb_{10.65V}}{LST}+\frac{Tb_{10.65H}}{LST}}+5.3448 \tag{6.16}$$

5. 半月数据平均

按照课题要求，以每天的土壤湿度产品为基础，对每个月上半月（15日及之前）和下半月（15日之后）的日产品进行平均，得到土壤湿度的半月产品。

6. 表土湿度因子计算

得到土壤湿度后，利用下式计算表土湿度因子：

$$W=0.0932\ln(0.67SM)-0.0864 \tag{6.17}$$

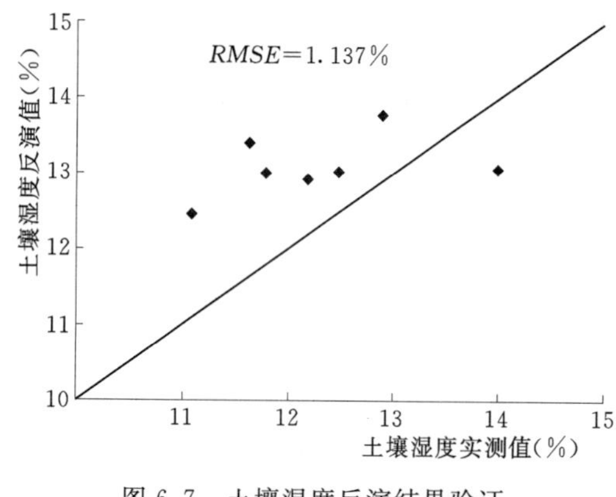

图6.7　土壤湿度反演结果验证

6.1.3　计算结果分析与验证

为了验证表土湿度因子的计算结果，基于智能数据采集器设计了华北平原土壤参数时间序列地面验证数据集。根据可到达性、地表覆盖类型典型性等原则，在研究区内选择了50km×50km范围埋设101套智能数据采集器，与卫星过境时间同步采集地表的温度和湿度数据。湿度采集值介于4.7%～5.2%之间，浮动值为0.5%，温度采集值介于24.2～24.5℃之间，浮动值为0.4℃。考虑到湿度的变化和恒温箱温度的浮动，该稳定性完全能够满足精度要求。将验证区内有效点的实测土壤湿度结果平均作为参考值，9个像元反演得到的土壤湿度平均作为反演值。计算和实测结果表明，两者吻合较好，*RMSE* 仅为 1.137%（见图 6.7）。

6.1.4 专题制图

表土湿度因子在计算完成后即重新采样离散为 30m×30m 的栅格图，用于土壤风力侵蚀模数计算。根据专家咨询意见，以及中国风蚀区冬春季节表土湿度变化集中度，确定表土湿度等值线赋值为 0.00、0.01、0.02、0.03、0.04、0.06、0.08、0.10、0.15、0.20 共 10 个等级，制作表土湿度等值线图。

6.2 风力因子

6.2.1 数据来源

本次普查的气象站数据来自两个途径：一是收集的国家气象站数据，包括甘肃省、青海省、宁夏回族自治区、内蒙古自治区、西藏自治区、新疆维吾尔自治区、陕西省、河北省、辽宁省、吉林省、黑龙江省，共有 155 个气象站位于风力侵蚀区内部，并且在侵蚀区外围选择了 48 个气象站。用于风力因子计算与制图的气象站共计 203 个站（包括风力侵蚀区内部及外围）。二是由地方上报的 26 个有效气象站数据，分别位于内蒙古自治区、甘肃省、宁夏回族自治区、新疆维吾尔自治区。因此，参加风力因子计算与制图的气象站数量共有 229 个（见图 6.8）。

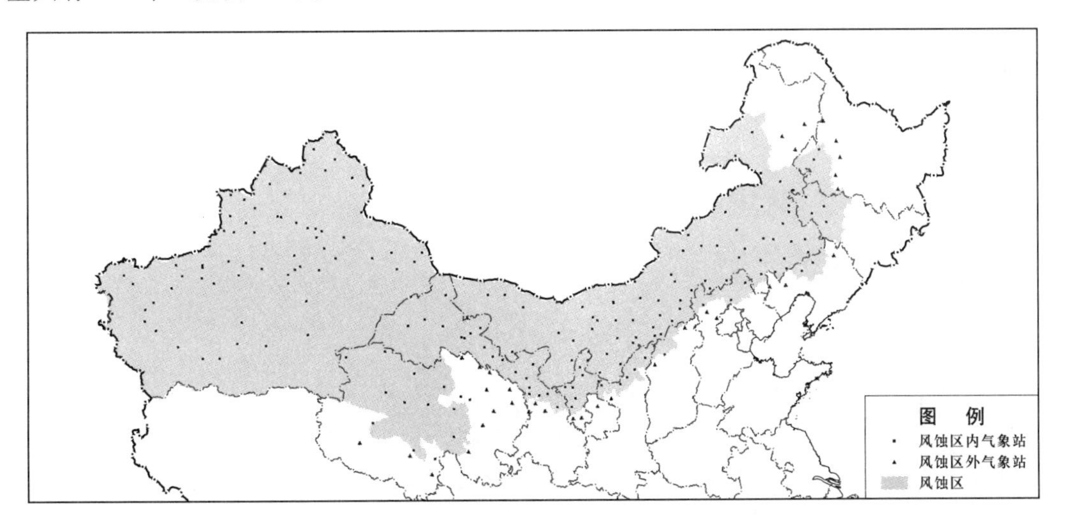

图 6.8　风力侵蚀区内部和外围气象站分布

由于气象站的原始气象数据获得途径不同，其原始数据保存格式和形式也不尽相同。收集的气象站原始数据按照 txt 文件形式提供，其中甘肃省、青海省、宁夏回族自治区、内蒙古自治区、西藏自治区、新疆维吾尔自治区 6 个省（自治区），每个省（自治区）包含 3 个 txt 文件，分别代表整个数据观测期的三个时段；而陕西省、河北省、辽宁省、吉林省、黑龙江省，每个省仅有 1 个 txt 文件，代表整个观测期。

6.2.2 计算方法

由于气象站的风速观测数据以 0.1m/s 为单位，计算风力因子时也按照 0.1m/s 为单位。为了保持数据的连续性，在进行风速风向计算时包含了 0～350（0.1m/s）风速；在实际应用时仅计算不小于 50（0.1m/s）的风速风向数据。对于数据不能连续 20 年的气象站，在数据统计时，将缺测年的数据删除，时间向前推，使统计年限总体上满足 20 年；对于建站时间较短，观测时间不足 20 年的气象站，在数据处理时，按照实际年限统计平均值。

6.2.2.1 逐日 4 次数据插值

在数据插值前，再次检查数据是否连续，即年、月、日、时刻应连续。如果不连续，则在插值时将数据分开处理，以防止跨年或跨月或跨天进行插值。

1. 风速插值原则

风速插值规定：风速数据采用线性插值办法处理。

在每天为 4 次的数据中，假设相邻两时刻 x_2，x_8 对应的风速值为 y_2，y_8。在时刻 x_2，x_8 之间依次插入 x_3，x_4，x_5，x_6，x_7 时刻。对应的风速值依次为 y_2，y_3，y_4，y_5，y_6，y_7。

设点（x_2，y_2）、（x_8，y_8）在直线 $ax+b=y$ 上，则斜率

$$a=(y_8-y_2)/(x_8-x_2)=(y_8-y_2)/6$$

$$y_3=y_2+a(x_3-x_2)=y_2+a=y_2+(y_8-y_2)1/6=(5y_2+y_8)/6$$

$$y_4=y_2+a(x_4-x_2)=y_2+a=y_2+(y_8-y_2)2/6=(4y_2+2y_8)/6$$

同理

$$y_5=(3y_2+3y_8)/6$$

$$y_6=(2y_2+4y_8)/6$$

$$y_7=(y_2+5y_8)/6$$

2. 风向赋值原则

风向赋值规定：原始风向数据仅有逐日 4 次（2：00、8：00、14：00、20：00）观测数据时，在插值生成逐日 24 次数据后，风向赋值按照每日 1：00～5：00 风向与2：00风向相同，6：00～11：00 风向与 8：00 风向相同，12：00～17：00 风向与 14：00 风向相同，18：00～24：00 风向与 20：00 风向相同。

3. 数据插值

第一步：风速插值。对已经形成的逐日 4 次观测的气象站数据进行风速插值处理时，风速插值方法使用线性插值。这时，风向仅保留原始数据 2：00、8：00、14：00、20：00的风向值，对插值点的风向不做赋值处理。例如：对 50425 站 1995 年 3 月 8 日 2：00～20：00 进行插值（见表 6.3、表 6.4）。

表 6.3　　风速原始数据（风速单位：0.1m/s）

气象站代码	年	月	日	时	风向	风速
50425	1995	3	7	20	17	0
50425	1995	3	8	2	17	0
50425	1995	3	8	8	17	0
50425	1995	3	8	14	7	100
50425	1995	3	8	20	7	70
50425	1995	3	9	2	17	0

表 6.4　　风速插值结果（风速单位：0.1m/s）

气象站代码	年	月	日	时	风向	风速
50425	1995	3	8	0		0
50425	1995	3	8	1		0
50425	1995	3	8	2	17	0
50425	1995	3	8	3		0
50425	1995	3	8	4		0
50425	1995	3	8	5		0
50425	1995	3	8	6		0
50425	1995	3	8	7		0
50425	1995	3	8	8	17	0
50425	1995	3	8	9		16
50425	1995	3	8	10		33
50425	1995	3	8	11		50
50425	1995	3	8	12		66
50425	1995	3	8	13		83
50425	1995	3	8	14	7	100
50425	1995	3	8	15		95
50425	1995	3	8	16		90
50425	1995	3	8	17		85
50425	1995	3	8	18		80
50425	1995	3	8	19		75
50425	1995	3	8	20	7	70
50425	1995	3	8	21		58
50425	1995	3	8	22		46
50425	1995	3	8	23		35
50425	1995	3	9	0		23

第二步：每个站的插值结果补充处理。当风速插值完成后，还要对每个站的插值结果

进行补充处理。这主要由于每个数据文件提供的数据格式为 2：00、8：00、14：00、20：00的数据。在文件内部插值时，时间是连续的，但文件的开始和结尾无法通过插值来完成，只能在文件插值结束后通过补充的方式来完成，即在文件开始用 2：00 的数据补充 0：00 和 1：00 的数据，而在结尾处，用 20：00 的数据补充 21：00、22：00 和 23：00 的数据。

第三步：插值点的风向赋值处理。根据风向插值规定，每日 1：00～5：00 风向与 2：00相同，6：00～11：00 风向与 8：00 相同，12：00～17：00 风向与 14：00 相同，18：00～24：00 风向与 20：00 相同（见表 6.5）。依据此原则，对上一步新的插值点进行风向赋值。依据上述风向赋值规定，对表 6.5 插值结果进行风向赋值处理（见表 6.6）。

表 6.5　　插入点的风向赋值示例（风向代码：1～17）

气象站代码	年	月	日	时	风向	风速
	1	2	3	4	5	
6	7	8	9	10	11	
12	13	14	15	16	17	
18	19	20	21	22	23	0

第四步：风向赋值再处理。当风速插值和风向赋值结束后，有可能出现当风向为 17 时、风速大于 10（0.1m/s）的情况，此情况是由在风速插值后再进行风向赋值引起的。如果遇到此情况，风速保持不变，将风向采用邻近不为 17 的风向（2：00、8：00、14：00、20：00）来代替。

例如：50425 站经过风速插值和风向赋值处理后，在 9：00、10：00、11：00 出现了当风向为 17 时，风速值分别为 16、33、50。为保证数据的合理性规定，此时风速值不改变，将风向用 14 时的风向值 7 来替换（见表 6.6）。

表 6.6　　风向赋值结果（风向代码：1～17；风速单位：0.1m/s）

气象站代码	年	月	日	时	风向	风速
50425	1995	3	8	0	17	0
50425	1995	3	8	1	17	0
50425	1995	3	8	2	17	0
50425	1995	3	8	3	17	0
50425	1995	3	8	4	17	0
50425	1995	3	8	5	17	0
50425	1995	3	8	6	17	0
50425	1995	3	8	7	17	0
50425	1995	3	8	8	17	0
50425	1995	3	8	9	17	16
50425	1995	3	8	10	17	33
50425	1995	3	8	11	17	50

续表

气象站代码	年	月	日	时	风向	风速
50425	1995	3	8	12	7	66
50425	1995	3	8	13	7	83
50425	1995	3	8	14	7	100
50425	1995	3	8	15	7	95
50425	1995	3	8	16	7	90
50425	1995	3	8	17	7	85
50425	1995	3	8	18	7	80
50425	1995	3	8	19	7	75
50425	1995	3	8	20	7	70
50425	1995	3	8	21	7	58
50425	1995	3	8	22	7	46
50425	1995	3	8	23	7	35
50425	1995	3	9	0	7	23

6.2.2.2　逐日 24 次数据生成

将同一气象站，通过逐日 4 次观测数据插值形成的逐日 24 次数据文件，与“直接分离的逐日 24 次数据”文件，按照相同气象站链接数据，合成一个文件（见表 6.7）。

经过以上处理，形成风向风速基表，即同一个气象站的所有数据只有一个文件，文件中包含该气象站整个时间段的风向风速数据（见表 6.8）。

表 6.7　　风向赋值再处理（风向代码：1～17；风速单位：0.1m/s）

气象站代码	年	月	日	时	风向	风速
50425	1995	3	8	0	17	0
50425	1995	3	8	1	17	0
50425	1995	3	8	2	17	0
50425	1995	3	8	3	17	0
50425	1995	3	8	4	17	0
50425	1995	3	8	5	17	0
50425	1995	3	8	6	17	0
50425	1995	3	8	7	17	0
50425	1995	3	8	8	17	0
50425	1995	3	8	9	7	16
50425	1995	3	8	10	7	33
50425	1995	3	8	11	7	50
50425	1995	3	8	12	7	66
50425	1995	3	8	13	7	83

续表

气象站代码	年	月	日	时	风向	风速
50425	1995	3	8	14	7	100
50425	1995	3	8	15	7	95
50425	1995	3	8	16	7	90
50425	1995	3	8	17	7	85
50425	1995	3	8	18	7	80
50425	1995	3	8	19	7	75
50425	1995	3	8	20	7	70
50425	1995	3	8	21	7	58
50425	1995	3	8	22	7	46
50425	1995	3	8	23	7	35
50425	1995	3	9	0	7	23

表 6.8　逐日 24 次的基本数据格式（风向代码：1～17；风速单位：0.1m/s）

站代码	年	月	日	时刻	风向	风速
50425	1995	3	8	0	17	0
50425	1995	3	8	1	17	0
50425	1995	3	8	⋮	⋮	⋮
50425	1995	3	8	22	7	46
50425	1995	3	8	23	7	35
50425	1995	3	9	0	1	25
50425	1995	3	9	1	11	20
50425	1995	3	9	⋮	⋮	⋮

6.2.2.3　地形对风速影响的修正

数据插值在 SUFER 软件下进行，插值方法选择 Kriging，插值分辨率为 5000m。由于此时的数据坐标为大地坐标，因此，当插值分辨率为 5000m 时，相当于大地坐标系中经度约等于 0.0616458°，纬度约等于 0.0449665°，即为插值步长。采样结果为 dat 格式。

在风力因子进行面上插值计算时，山体等大地形对风力的阻碍作用十分显著，是必须考虑的因素之一。为此，需要考虑天山山脉及其东部支脉、昆仑山山脉及其东部支脉、祁连山山脉、大兴安岭山脉南段等主要山体，对风力插值的影响。修订方法是：首先确定山体的范围，并落实到风力插值底图上。其次，根据山体内部风力数据与山体外部边缘风力数据的对比情况，降低山体内部的风力等级；若山体内部没有风力数据，则将山体内部的风力等级计为小于 50（0.1m/s）。这样处理的依据是山体的风力侵蚀极为微弱。

6.2.3　计算结果分析与验证

6.2.3.1　计算结果

1991—2010 年 1—5 月和 10—12 月的风速风向计算结果，共有风速数据 76032 个，风向数据1292544个。风速计算结果输出见表6.9，风向计算结果输出见表6.10（每个气象站数据有33列、272行）。

表6.9　每半月、不同风速等级20年平均累积时间格式（风速单位：0.1m/s）

省（自治区）	站名称	站代码	月	半月	50～59（%）	60～69（%）	…	330～339（%）	340～349（%）
内蒙古	阿尔山	50727	1	上	8	4	…	0	0
内蒙古	阿尔山	50727	1	下	8	4	…	1	0
内蒙古	阿尔山	50727	2	上	10	5	…	0	0
内蒙古	阿尔山	50727	2	上	10	5	…	0	0
…	…	…	…	…	…	…	…	…	…

表6.10　每半月、不同风速等级20年风向出现频率平均格式（风向代码：1～17）

省（自治区）	站名称	站代码	月	半月	风向	50～59（%）	60～69（%）	…	330～339（%）	340～349（%）
新疆	哈巴河	51053	1	上	1	1.82	1.61	…	…	—
新疆	哈巴河	51053	1	上	2	2.99	1.61	…	…	—
新疆	哈巴河	51053	1	上	3	1.43	1.32	…	…	—
新疆	哈巴河	51053	1	上	4	6.64	9.52	…	…	—
新疆	哈巴河	51053	1	上	5	9.11	28.11	…	…	—
新疆	哈巴河	51053	1	上	6	4.82	11.57	…	…	—
新疆	哈巴河	51053	1	上	7	3.39	3.66	…	…	—
新疆	哈巴河	51053	1	上	8	0.91	1.17	…	…	—
新疆	哈巴河	51053	1	上	9	1.3	1.61	…	…	—
新疆	哈巴河	51053	1	上	10	2.08	1.17	…	…	—
新疆	哈巴河	51053	1	上	11	3.13	2.34	…	…	—
新疆	哈巴河	51053	1	上	12	2.99	4.39	…	…	—
新疆	哈巴河	51053	1	上	13	6.12	13.62	…	…	—
新疆	哈巴河	51053	1	上	14	4.3	12.59	…	…	—
新疆	哈巴河	51053	1	上	15	3.65	3.81	…	…	—
新疆	哈巴河	51053	1	上	16	1.82	1.9	…	…	—
新疆	哈巴河	51053	1	上	17	43.49	0	…	…	—
新疆	哈巴河	51053	1	下	1	1.14	1.09	…	…	—
新疆	哈巴河	51053	1	下	2	2.28	1.94	…	…	—
…	…	…	…	…	…	…	…	…	…	…

1. 每半月、不同风速等级20年平均累积时间（h）

每个台站不同风速等级的累计时间（h）按照1—5月、10—12月，每半个月统计1次。

风速等级：风速等级划分以1m/s为间隔，自5m/s风蚀临界值开始，共计34个等级。例如：50～59（0.1m/s）、60～69（0.1m/s）、…、330～339（0.1m/s）、340～3499（0.1m/s）。

上半月含义：每月大于等于1日，且小于等于15日。

下半月含义：每月大于等于16日，且小于等于31日；下半月包含的天数可能不同，有13天（2月）、14天（2月）、15天、16天。

2. 每半月、不同风速等级20年风向出现频率平均

与“每半月风速平均累积时间（h）”统计方法一致。在计算“每半月、不同风速等级20年风向出现频率平均”，在有的风速等级下，可能没有起风（静风），这时频率无法计算，其结果使用“－”代替。

6.2.3.2 结果验证

1. 各站点数据计算结果验证

为了保证统计结果的正确性，还应对结果进行检查。检查使用的工具为excel表，数据使用逐日24次、人工计算的方法。

以阿拉善左旗（53602）为例，对该站1月上下半月不同风速等级20年平均累积时间（h）进行检查。检查过程如下：

计算1月份上下半月“50～59”字段的值。

上：将该站1990年、1992年、…，一直到2009年，每年、每上半个月的“50～59”风速等级的累积时间（h）相加，然后除以20年，即为表中（上）50～59的结果。

计算过程：1月上50～59＝［1990年1月上半月50～59累积时间（h）＋1992年1月上半月50～59累积时间（h)＋… ＋2009年1月上半月50～59累积时间（h)］/20。

下：将该站1990年、1991年、…，一直到2009年，每年、每下半个月的“50～59”风速等级的累积时间（h）相加，然后除以20年，即为表中（下）50～59的结果。

计算过程：1月下50～59＝［1991年1月下半月50～59累积时间（h)＋1992年1月下半月50～59累积时间（h)＋ …＋2009年1月下半月50～59累积时间（h)］/20。

其他月份依次类推，直到将8个月的数据全部检查完毕。通过检查，验证这个统计过程是正确的。

2. 空间数据计算结果验证

在风力侵蚀区范围共有229个样本点，采用Kriging模型进行区域内插值，获取近20年来1—5月和5—10月上下半月不同风速等级累积时间空间分布图。为检验空间插值数据的精度，在风力侵蚀区范围任意选取10个控制点作为样本点，以气象站观测值为实地测量值，与插值结果进行比较，以验证样本点采用Kriging模型进行插值的精确性。

采用Kriging模型插值计算了1月下半月风速等级为50～59（0.1m/s）的累积时间空间分布图（见图6.9），以前面任意选取的10个控制点为样本点，进行插值结果检验（见表6.11）。以同样的方法，采用Kriging模型插值计算了11月上半月风速等级为6.0～6.9m/s的累积时间空间分布图，进行插值结果检验（见表6.12）。

从以上检验结果来看，精度最高的达100%，精度最低的也达到92%，完全可以保证

制图精度的要求。

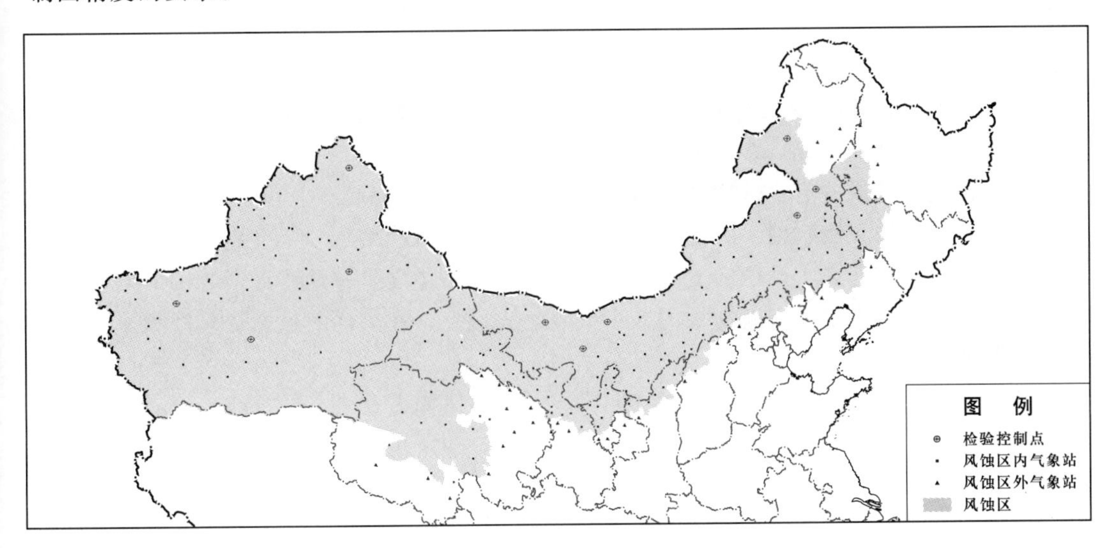

图6.9　检验控制点分布

表6.11　　1月下半月50～59（0.1m/s）风速检验结果

站号	点号	经度（°）	纬度（°）	计算值	测量值	误差（%）
50527	1	119.750000	49.216667	11.008	11	0.1
50834	2	121.216667	46.600000	41.897	42	−0.2
50924	3	119.664000	45.532800	27.015	27	0.1
53231	4	106.400000	41.400000	79.688	81	−1.6
52495	5	104.800000	40.166667	27.334	27	1.2
52378	6	102.366667	41.366667	44.393	45	−1.3
51076	7	88.083333	47.733333	1.081	1	8.1
51477	8	88.316667	43.350000	34.599	36	−3.9
51747	9	83.666667	39.000000	1.984	2	−0.8
51716	10	78.566667	39.800000	1.061	1	6.1

表6.12　　11月上半月60～69（0.1m/s）风速检查结果

站号	点号	经度（°）	纬度（°）	计算值	测量值	误差（%）
50527	1	119.750000	49.216667	15.984	16	0.1
50834	2	121.216667	46.600000	15.999	16	0.0
50924	3	119.664000	45.532800	25.851	26	0.6
53231	4	106.400000	41.400000	58.142	59	1.5
52495	5	104.800000	40.166667	21.502	22	2.3
52378	6	102.366667	41.366667	44.308	45	1.5
51076	7	88.083333	47.733333	7.253	7	−3.6
51477	8	88.316667	43.350000	32.549	34	4.3
51747	9	83.666667	39.000000	0.988	1	1.2
51716	10	78.566667	39.800000	0.990	1	1.0

6.2.4 专题制图

6.2.4.1 制图数据处理

数据预处理是将“多年风速累计平均”统计结果进行处理，转换为空间位置和属性数据（经度坐标，纬度坐标，多年风速累计均值）的过程。

在前面统计结果中有229个气象站，由于在风蚀区最西端（已出国境）没有观测数据，将导致该区域无法插值。因此，人为地在风蚀区最西端增加3个气象站，这3个站的空间位置采用将附近3个站的纬度坐标直接复制过去、经度坐标西移后产生的，同时将附近3个站的属性值直接赋予新增加的3个气象站。因此，在下面的数据处理过程中，实际使用地气象站数量为232个。

为使制图数据使用方便，在预处理过程中特将风速等级进行了转换，如5.0～5.9（0.1m/s）用55（0.1m/s）替换，6.0～6.9（0.1m/s）用65（0.1m/s）替换等，依次类推。

根据项目要求，需要制图的图件数量共有480幅，但统计表明，有333幅图件上有半月风速累计平均值，有147幅全部为0。因此，需要制图的总数量为333幅。每幅图件包含有数值的气象站个数。

将这333幅图件分两类进行制图：一类制作30m×30m栅格图；另一类制作矢量散点图。当图件上气象站数量超过10个时就直接选择制作栅格图；当气象站数量少于10个时，在多年风速累积时间平均值不小于2h的情形下，也选择制图。根据这一原则，共选择出284幅制作栅格图，其余49幅制作矢量散点图。

6.2.4.2 加载地理坐标并进行投影变化

在ERDAS下，首先将dat格式转换为grid格式，并在ARCGIS下加载地理坐标。投影变化是在ARCGIS下进行的，使用Albers等面积圆锥投影。投影参数：

Projection Type：Albers Conical Equal Area

Spheroid Name：WGS 1984

Datum Name：WGS 1984

Latitude of 1st standard parallel：25：00：00.000000

Latitude of 2nd standard parallel：47：00：00.000000

Longitude of origin of projection：105：00：00.000000

False easting at central meridian：0：00：00.000000

False northing at origin：0：00：00.000000

6.2.4.3 采样与栅格图生成

在ERDAS下进行数据重采样，采样分辨率为30m×30m。采样数据完成后，依据风力侵蚀区范围进行剪裁，生成30m×30m分辨率的栅格图284幅，用于风力侵蚀强度计算。

6.2.4.4 风速累积时间分布图制作

风速累积时间分布图制作时，风速等级的划分与统计数据的划分一致，即风速从50（0.1m/s）开始，50（0.1m/s）～59（0.1m/s）为一个等级，间隔为10（0.1m/s），直到

340（0.1m/s）～349（0.1m/s），共计30个等级；不同风速等级累计时间的间隔为1h。

比例尺1：400万等值线图制作时，将根据每幅图上同一个风速等级、不同的统计时间（1月上半月，1月下半月，……）累积时间最大值和最小值，来确定等值线间距，即不同的等值线图，其表达的不同风速等级累积时间的间隔是不同的。

6.3 地表粗糙度因子

6.3.1 数据来源

地表粗糙度的确定依赖于风蚀野外调查基础数据。风蚀野外调查内容包括“风蚀野外调查表（见附录1.4）”和典型地表近景照片。风力侵蚀野外调查单元3108个，实际调查2624个，数据质量符合要求的2607个，剩余501个因无法到达调查单元地点或者时间不足没有完成，或者数据质量不符合要求没有被采用。

6.3.2 计算方法

6.3.2.1 地表粗糙度提取查表

风力侵蚀工作组根据以前的大量野外实地观测数据，并查阅现有的国内外文献资料，经反复讨论研究，确定了地表粗糙度提取查表（见表6.13～表6.19）。

表6.13　翻耕耙平无垄(平整)耕地的地表粗糙度(Z_0)　单位：cm

耙齿痕迹明显，≥5cm土块多	耙齿痕迹明显，3～5cm土块多	耙齿痕迹明显，≤3cm土块多	耙齿痕迹不明显，≤3cm土块多	无耙齿痕迹，≤3cm土块多
0.10	0.08	0.06	0.04	0.02

表6.14　翻耕耙平有垄（不平整）耕地的地表粗糙度（Z_0）　单位：cm

耙齿痕迹明显，≥5cm土块多	耙齿痕迹明显，3～5cm土块多	耙齿痕迹明显，≤3cm土块多	耙齿痕迹不明显，≤3cm土块多	无耙齿痕迹，≤3cm土块多
0.12	0.09	0.07	0.05	0.03

表6.15　翻耕未耙平耕地的地表粗糙度（Z_0）　单位：cm

耙齿痕迹明显，≥10cm土块多	耙齿痕迹明显，5～10cm土块多	耙齿痕迹明显，有5～10cm土块	耙齿痕迹不明显，≤5cm土块多	无耙齿痕迹，≤5cm土块较多
0.15	0.13	0.11	0.09	0.07

表6.16　留茬耕地的地表粗糙度（Z_0）　单位：cm

留茬高度≥0.15m，盖度≥40%	留茬高度≥0.15m，盖度30%～40%	留茬高度≥0.15m，盖度20%～30%	留茬高度≥0.15m，盖度10%～20%	留茬高度≥0.15m，盖度≤10%
0.25	0.20	0.15	0.12	0.10

续表

留茬高度 0.10～0.15m，盖度≥40%	留茬高度 0.10～0.15m，盖度 30%～40%	留茬高度 0.10～0.15m，盖度 20%～30%	留茬高度 0.10～0.15m，盖度 10%～20%	留茬高度 0.10～0.15m，盖度≤10%
0.22	0.18	0.12	0.10	0.08
留茬高度 0.05～0.10m，盖度≥40%	留茬高度 0.05～0.10m，盖度 30%～40%	留茬高度 0.05～0.10m，盖度 20%～30%	留茬高度 0.05～0.10m，盖度 10%～20%	留茬高度 0.05～0.10m，盖度≤10%
0.20	0.15	0.10	0.08	0.06
留茬高度≤0.05m，盖度≥40%	留茬高度≤0.05m，盖度 30%～40%	留茬高度≤0.05m，盖度 20%～30%	留茬高度≤0.05m，盖度 10%～20%	留茬高度≤0.05m，盖度≤10%
0.15	0.12	0.08	0.06	0.04

注 本表对应附录 1.4 中的“3.3 未翻耕”和“3.4 休耕地”。

表 6.17　沙地的地表粗糙度（Z_0）　单位：cm

沙丘高度≥50m，沙丘密度≥70%	沙丘高度≥50m，沙丘密度 50%～70%	沙丘高度≥50m，沙丘密度 30%～50%	沙丘高度≥50m，沙丘密度 10%～30%	沙丘高度≥50m，沙丘密度≤10%
0.25	0.22	0.18	0.15	0.10
沙丘高度 30～50m，沙丘密度≥70%	沙丘高度 30～50m，沙丘密度 50%～70%	沙丘高度 30～50m，沙丘密度 30%～50%	沙丘高度 30～50m，沙丘密度 10%～30%	沙丘高度 30～50m，沙丘密度≤10%
0.22	0.18	0.15	0.11	0.07
沙丘高度 10～30m，沙丘密度≥70%	沙丘高度 10～30m，沙丘密度 50%～70%	沙丘高度 10～30m，沙丘密度 30%～50%	沙丘高度 10～30m，沙丘密度 10%～30%	沙丘高度 10～30m，沙丘密度≤10%
0.18	0.15	0.11	0.08	0.04
沙丘高度≤10m，沙丘密度≥70%	沙丘高度≤10m，沙丘密度 50%～70%	沙丘高度≤10m，沙丘密度 30%～50%	沙丘高度≤10m，沙丘密度 10%～30%	沙丘高度≤10m，沙丘密度≤10%
0.15	0.11	0.08	0.05	0.02
地形平坦，沙波纹高度≥0.02m	地形平坦，沙波纹高度 0.01～0.02m	地形平坦，沙波纹高度≤0.01m	—	—
0.007	0.005	0.003	—	—

注 1. 有植被沙地的地表粗糙度（Z_0）依据本表判断。当沙地有沙丘时，在依据本表判断（Z_0）值基础上乘 1.25；无沙丘时即取本表判断（Z_0）值。

2. 有沙丘、无植被，地表粗糙度（Z_0）取 0.15；无沙丘、无植被，地表粗糙度（Z_0）取 0.003。

表 6.18　灌草地和草原草地的地表粗糙度（Z_0）　单位：cm

灌草高度≥1.00m，盖度≥70%	灌草高度≥1.00m，盖度 60%～70%	灌草高度≥1.00m，盖度 50%～60%	灌草高度≥1.00m，盖度 40%～50%	灌草高度≥1.00m，盖度 30%～40%	灌草高度≥1.00m，盖度 20%～30%	灌草高度≥1.00m，盖度 10%～20%	灌草高度≥1.00m，盖度≤10%
≥6.00（按 6.00 计算）	6.00	5.00	4.00	3.00	1.50	0.80	0.18
灌草高度 0.50～1.00m，盖度≥70%	灌草高度 0.50～1.00m，盖度 60%～70%	灌草高度 0.50～1.00m，盖度 50%～60%	灌草高度 0.50～1.00m，盖度 40%～50%	灌草高度 0.50～1.00m，盖度 30%～40%	灌草高度 0.50～1.00m，盖度 20%～30%	灌草高度 0.50～1.00m，盖度 10%～20%	灌草高度 0.50～1.00m，盖度≤10%
≥4.50（按 3.50 计算）	4.00	3.20	2.50	1.50	0.80	0.30	0.15

续表

灌草高度 0.25～0.50m，盖度≥70%	灌草高度 0.25～0.50m，盖度60%～70%	灌草高度 0.25～0.50m，盖度50%～60%	灌草高度 0.25～0.50m，盖度40%～50%	灌草高度 0.25～0.50m，盖度30%～40%	灌草高度 0.25～0.50m，盖度20%～30%	灌草高度 0.25～0.50m，盖度10%～20%	灌草高度 0.25～0.50m，盖度≤10%
≥3.50（按3.50计算）	3.00	2.00	1.50	1.00	0.50	0.20	0.12
灌草高度≤0.25m，盖度≥70%	灌草高度≤0.25m，盖度60%～70%	灌草高度≤0.25m，盖度50%～60%	灌草高度≤0.25m，盖度40%～50%	灌草高度≤0.25m，盖度30%～40%	灌草高度≤0.25m，盖度20%～30%	灌草高度≤0.25m，盖度10%～20%	灌草高度≤0.25m，盖度≤10%
1.50	1.00	0.80	0.50	0.20	0.15	0.12	0.10

注　无山丘草（灌）地的地表粗糙度（Z_0），直接依据本表判断；有山丘草（灌）地的地表粗糙度（Z_0），在依据本表判断（Z_0）值基础上乘1.1。

表6.19　　已割草草地的地表粗糙度（Z_0）　　单位：cm

灌草高度≥0.15m，盖度≥70%	灌草高度≥0.15m，盖度60%～70%	灌草高度≥0.15m，盖度50%～60%	灌草高度≥0.15m，盖度40%～50%	灌草高度≥0.15m，盖度30%～40%	灌草高度≥0.15m，盖度20%～30%	灌草高度≥0.15m，盖度10%～20%	灌草高度≥0.15m，盖度≤10%
≥1.50（按1.50计算）	1.20	0.80	0.50	0.20	0.15	0.12	0.10
灌草高度0.10～0.15m，盖度≥70%	灌草高度0.10～0.15m，盖度60%～70%	灌草高度0.10～0.15m，盖度50%～60%	灌草高度0.10～0.15m，盖度40%～50%	灌草高度0.10～0.15m，盖度30%～40%	灌草高度0.10～0.15m，盖度20%～30%	灌草高度0.10～0.15m，盖度10%～20%	灌草高度0.10～0.15m，盖度≤10%
≥1.20（按1.20计算）	1.00	0.50	0.22	0.18	0.12	0.10	0.08
灌草高度0.05～0.10m，盖度≥70%	灌草高度0.05～0.10m，盖度60%～70%	灌草高度0.05～0.10m，盖度50%～60%	灌草高度0.05～0.10m，盖度40%～50%	灌草高度0.05～0.10m，盖度30%～40%	灌草高度0.05～0.10m，盖度20%～30%	灌草高度0.05～0.10m，盖度10%～20%	灌草高度0.05～0.10m，盖度≤10%
≥1.00（按1.00计算）	0.50	0.22	0.20	0.15	0.10	0.08	0.06
灌草高度≤0.05m，盖度≥70%	灌草高度≤0.05m，盖度60%～70%	灌草高度≤0.05m，盖度50%～60%	灌草高度≤0.05m，盖度40%～50%	灌草高度≤0.05m，盖度30%～40%	灌草高度≤0.05m，盖度20%～30%	灌草高度≤0.05m，盖度10%～20%	灌草高度≤0.05m，盖度≤10%
≥0.25（按0.25计算）	0.25	0.20	0.15	0.12	0.08	0.06	0.04

注　无山丘已割草草地的地表粗糙度（Z_0），直接依据本表判断；有山丘已割草草地的地表粗糙度（Z_0），在依据本表判断（Z_0）值基础上乘1.1。

表6.13～表6.19说明：

（1）翻耕地的地表粗糙度（Z_0）依据附录1.4和地表近景照片，判断标准为表6.13～表6.15；未翻耕和休耕地的地表粗糙度（Z_0）依据附录1.4和地表近景照片，判断标准为表6.16。

（2）沙地的地表粗糙度（Z_0）判断标准为表6.17，及其注释。

(3) 草(灌)地的地表粗糙度(Z_0)依据附录 1.4 和地表近景照片,判断标准为表 6.18。

(4) 已割草草地的地表粗糙度(Z_0)依据附录 1.4 和地表近景照片,判断标准为表 6.19。

(5) 地表粗糙度(Z_0)取值到小数点后 2 位。

6.3.2.2 地表粗糙度提取方法

按照 4.3.2 地表粗糙度数据处理方法,采取编程方式提取各野外调查单元的地表粗糙度值。

6.3.3 计算结果分析与验证

6.3.3.1 地表粗糙度计算

野外观测仪器使用北京师范大学研制的"便携式近地层风速廓线仪"(见图 6.10),可同时测量 0~4.5m 任意高度上的 9 个风速和 0~360°风向,风速的测量范围为 0.3~30m/s,分辨率 0.1m/s,误差小于 0.4m/s;风向的分辨率为 3°,误差在±5°。为了保证测量结果的可比性,在各种地表类型上测定的 9 个不同高度的风速,分别为 5cm、15cm、30cm、60cm、120cm、160cm、200cm、300cm 和 400cm。

图 6.10 便携式近地层风速廓线仪

理论上,地表风速廓线只有在大气层结稳定的情况下才满足对数率分布,所以这里所说的粗糙度是指大气层结呈中性或接近中性稳定时某一风速下的粗糙度。事实上,在白天 90% 以上的时间里,风速分布都基本遵循对数律。这为简单快速地测定地表空气动力粗糙度 Z_0 提供了可能。

Z_0 是地表粗糙程度,当已知两个高度的风速时,可通过下式计算:

$$\lg Z_0 = \frac{\lg z_2 - \frac{u_2}{u_1}\lg z_1}{1 - \frac{u_2}{u_1}} \tag{6.18}$$

式中:u_1、u_2 分别代表高度为 z_1、z_2 处的风速。

6.3.3.2 地表粗糙度检验

风力侵蚀区的地表粗糙度查表指标根据实地观测数据计算获得,部分实地观测获得的地表粗糙度见表 6.20~表 6.22。

6.3.3.3 检验结果

由于普查的地表粗糙度采用查表法获得,查表法指标依据实地观测结果制定,因此,成果的准确性是可信的。

表6.20 翻耕地地表类型特征

地表特征	相关系数	粗糙度(cm)
翻耕后低垄潜沟相间，两垄距为20cm左右，沟深约7～8cm。裸露的地表有极少量玉米茬	$R^2>0.90$	0.06
刚翻耕过，地表无植被，完全裸露，垄向为南北向	$R^2>0.99$	0.09
地形平坦空旷，刚翻耕过，土壤疏松，周围无任何植被，地表较湿润	$R^2>0.99$	0.08
大营村东北，周围空旷无植被，有火烧过的秸秆痕迹，地表较湿润	$R^2>0.98$	0.11
地形平坦，刚翻耕过，土壤疏松	$R^2>0.95$	0.03
刚翻耕过，有明显风蚀痕迹，观测点周围是平坦开阔的翻耕地，地表盖度小于1%	$R^2>0.93$	0.01
新翻耕地，盖度为0(无任何覆盖物)	$R^2>0.99$	0.02

表6.21 玉米留茬地地表特征

地表特征	相关系数	粗糙度(cm)
玉米茬基本保留，地表覆盖大量的秸秆及玉米枯叶，地表覆盖度90%以上。平均残茬的高度为32cm	$R^2>0.96$	0.40
残余玉米秸秆均高33cm，其中部分直立，也有部分横倒，地里有很多牛羊粪和少量枯叶，盖度约为40%	$R^2>0.97$	0.23
地形空旷，玉米留茬均高10cm，株行距20cm×60cm，地表无秸秆残叶覆盖	$R^2>0.91$	0.04
地形空旷，玉米留茬均高15cm，株行距20cm×60cm，秸秆残叶覆盖约30%	$R^2>0.97$	0.22
玉米茬高不等，均高60cm，地表覆盖秸秆，盖度20%	$R^2>0.93$	0.14
沙质地表，垄东西走向，但不明显，残茬均高8cm，株间距25～35cm，行间距50～60cm，盖度小于5%	$R^2>0.99$	0.07
地形空旷，玉米留茬，株行距20cm×60cm，土垄南北走向，茬均高10cm，地表有部分秸秆覆盖，盖度50%	$R^2>0.93$	0.16

表6.22 草(灌)地地表粗糙度

地表特征	相关系数	粗糙度(cm)
火炬树高2.2m，河朔尧花均高46cm，盖度40%	$R^2>0.90$	4.48
地势开阔，灌木均高45cm，盖度30%	$R^2>0.98$	3.77
地形平坦，杂生灌丛灌木均高55cm，盖度85%	$R^2>0.90$	5.64
草坪草地，草高约5～6cm，盖度大于95%	$R^2>0.96$	0.34
草坪草地，草高约3cm，盖度大于95%	$R^2>0.97$	0.26
地表枯枝落叶覆盖度约60%，但有岛状裸地，平均高度67cm	$R^2>0.99$	0.84
林心菜、弱草覆盖，上层为林心菜，密度较大，平均高度96.9cm，下层为低矮的弱草盖度90%	$R^2>0.90$	1.57
草地退化，平均高度22cm，地表半裸露盖度20%	$R^2>0.91$	0.17
乔灌草复合结构，乔木是毛白杨，株行距1.5m×1.5m；灌木有刺槐、苍耳，盖度可达到70%；草种主要是狗尾草和冰草，盖度近乎100%	$R^2>0.90$	0.96
林草地，以刺槐和草木樨为主，刺槐未长叶，树高2.5m，草木樨干枯，距地面高10cm，盖度50%	$R^2>0.92$	0.69
林草地，以刺槐和沙打旺为主，刺槐未长叶，树高2.6m，沙打旺干枯，距地面高5cm，盖度30%	$R^2>0.95$	0.51

6.3.4 专题制图

6.3.4.1 归并后各土地利用类型地表粗糙度赋值

根据野外调查单元的调查数据提取的地表粗糙度，分别在耕地图层、沙地（漠）和草（灌）地图层上分别予以赋值。将调查到的每块耕地的地表粗糙度落实在耕地图层上，同一块耕地的地表粗糙度赋值保持一致。对于没有调查到的耕地地块，依据空间上相邻耕地地块的地表粗糙度取平均值，并在耕地图层上赋值。将调查到的沙地（漠）和草（灌）地的地表粗糙度落实在沙地（漠）和草（灌）地图层上，并在对应的空间点赋值。

6.3.4.2 制图数据处理

1. 数据插值、地理坐标加载与投影变化

利用在空间点上已经赋值的沙地（漠）和草（灌）地的地表粗糙度图层，采取与“风力因子计算与制图”相同的途径，在空间上进行插值，数据插值在 SUFER 软件下进行，插值方法选择 Kriging；加载地理坐标与投影变化，也与“风力因子计算与制图”相同。

2. 图层合并

将沙地（漠）和草（灌）地的地表粗糙度插值后图层、耕地的地表粗糙度赋值后图层、不可侵蚀土地利用类型图层叠加生成一个统一的图层，并保留各图层中每个斑块的属性，其中不可侵蚀土地利用类型图层不予赋值（在风力侵蚀模数计算时，每个图斑的侵蚀临界风速定义为 36m/s，即不可能发生风力侵蚀）。

6.3.4.3 采样与地表粗糙度图生成

在 ERDAS 下进行数据重采样，采样分辨率为 30m×30m。在采样数据完成后，依据风力侵蚀区范围进行剪裁，栅格图生成的技术途径与“风力因子制图”一致。

地表粗糙度等值线图制作时，考虑到风力侵蚀区的耕地面积相对于沙地（漠）和草（灌）地面积很小，所以将耕地、沙地（漠）和草（灌）地一并生成。地表粗糙度等级划分在风力侵蚀区的地表粗糙度全部提取后确定；不可侵蚀土地利用类型的地表粗糙度留白。

6.4 植被盖度因子

6.4.1 数据说明

（1）30m 左右的高空间分辨率 HJ－1 多光谱数据。

（2）全国 2008 年 1∶5 万土地利用图。

（3）低空间分辨率时间序列的 NDVI 数据：MODIS 反射率产品 MCD43B4，空间分辨率为 1km，时间分辨率为 16 天，时间序列 5 年。

（4）低空间分辨率的 MODIS 分类产品 MOD12Q1，空间分辨率为 1km，时间 2004 年。

（5）15m 空间分辨率的 ASTER 多光谱数据。

（6）10m 空间分辨率的 SPOT 多光谱数据。

6.4.2 时间序列 NDVI 计算

时间序列高分辨率 NDVI 的计算流程如图 6.11 所示。

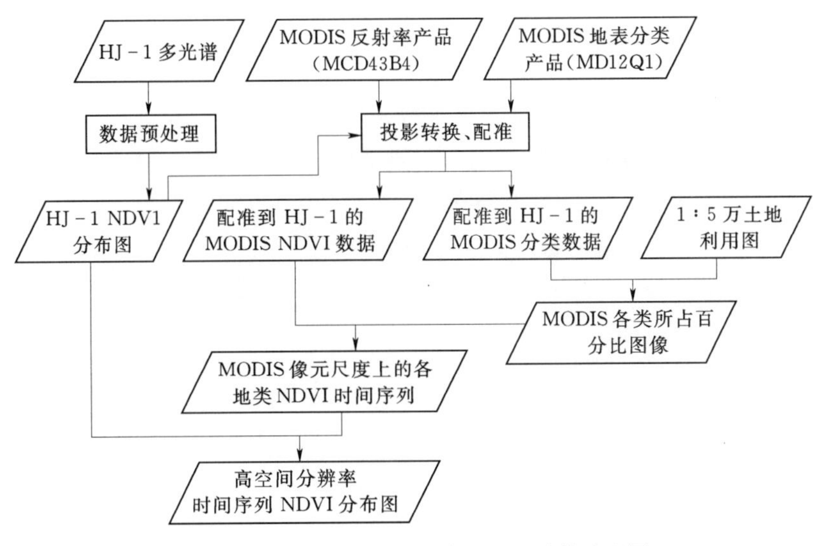

图6.11　时间序列高分辨率NDVI计算流程图

（1）统一MODIS产品与HJ－1数据的投影方式，配准HJ－1和MODIS数据。

（2）由HJ－1数据生成不同时相的NDVI分布图。

（3）选取MODIS分类产品MOD12Q1中的植被功能分类（PFT）产品，对于混合像元的地类采用线性模型进行混合像元分解，利用最小二乘的方法得到亚像元上各地类的NDVI。线性模型如下：

$$L=\sum_{j=1}^{n}f_jL_j+\varepsilon \quad i=1,2,3,\cdots,m \quad 0\leqslant\sum_{j=1}^{n}f_i\leqslant 1$$

式中：L为混合像元的NDVI；f_j为该像元内各类所占的百分比；L_j为对应f_j百分比地类的NDVI；ε为误差。

（4）融合MODIS NDVI和HJ－1 NDVI数据，得到30m空间分辨率、15天时间分辨率的NDVI数据产品。

6.4.3　植被盖度计算

从NDVI提取植被盖度的技术流程如图6.12所示，采用PCOVER软件计算植被盖度。

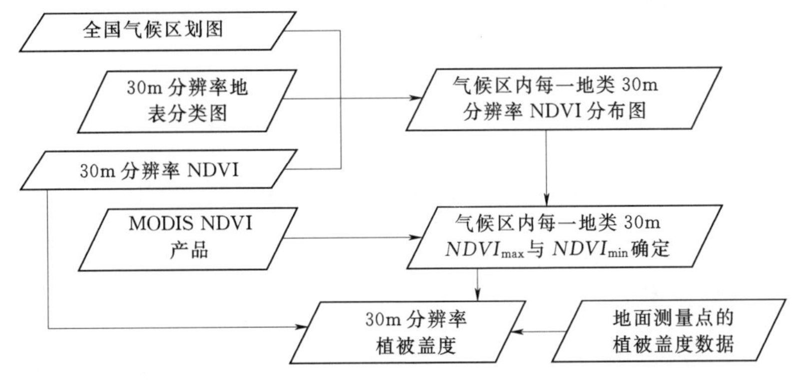

图6.12　基于NDVI提取植被盖度技术流程图

6.4.4 临界侵蚀风速确定

根据野外观测和风洞模拟实验（张春来等，2002，2005），在进行风速修订和尺度修订后，在对应气象站风速观测高度（10m），耕地临界侵蚀风速一般为5m/s，沙地（漠）和草（灌）地临界侵蚀风速见表6.23和表6.24（高尚玉等，2012）。

表6.23 沙地（漠）不同植被盖度下的临界侵蚀风速

植被盖度等级范围（%）	平均盖度（%）	临界侵蚀风速 $U_j=1$(m/s)	
		风速范围	平均值
0～5	2.5	5～6	5.05
5～10	7.5	6～7	6.12
10～20	15	7～8	7.12
20～30	25	8～9	8.53
30～40	35	10～11	10.04
40～50	45	11～12	11.66
50～60	55	13～14	13.48
60～70	65	14～15	14.90
70～80	75	16～17	16.88

注　$U_j=1$为气象站整点风速统计数据中高于临界侵蚀风速的第一个等级风速；植被盖度大于80%时不产生风蚀。

表6.24 草（灌）地不同植被盖度下的临界侵蚀风速

植被盖度等级范围（%）	平均盖度（%）	临界侵蚀风速 $U_j=1$(m/s)	
		风速范围	平均值
0～5	2.5	8～9	8.20
5～10	7.5	8～9	8.47
10～20	15	8～9	8.95
20～30	25	9～10	9.75
30～40	35	10～11	10.78
40～50	45	12～13	12.12
50～60	55	13～14	13.85
60～70	65	15～16	15.76

注　$U_j=1$为气象站整点风速统计数据中高于临界侵蚀风速的第一个等级风速；植被盖度大于70%时不产生风蚀。

6.5 风力侵蚀模数计算与强度评价

6.5.1 风力侵蚀模数计算

2010年10月至2012年2月确定的土壤风力侵蚀范围，均采用模型计算方法，首先计算风力侵蚀模数，然后划分强度等级；2012年2月20日至8月31日确定的西藏自治区全境和青海省部分区域，在第二次风力侵蚀普查的基础上，结合前人研究成果，完成风力强度等级计算。

首先，将土地利用图层分离与合并下垫面图、植被盖度空间分布图、风力因子空间分布图、表土湿度因子空间分布图以及地表粗糙度因子空间分布图，重新采样成250m×250m分辨率的栅格图，并存储为ENVI标准格式。

其次，根据土地利用图层分离与合并生成的下垫面图，逐个判断每个像元。如果该像元为耕地，按照耕地模型计算该像元风力侵蚀模数；如果该像元为林草地，按照林草地模型计算该像元风力侵蚀模数；如果该像元为沙漠（沙地），按照沙漠（沙地）模型计算该像元风力侵蚀模数；如果该像元为非风蚀地，该像元的侵蚀模数赋值为Null。

第三，在ENVI+IDL编程环境，利用风力侵蚀支撑单位研发的土壤风蚀模型计算程序，逐个风速等级计算风力侵蚀模数，并且累加得到每半月土壤风力侵蚀模数。

最后，根据土壤风力侵蚀普查方案要求，1—5月和10—12月共计8个月的土壤风力侵蚀模数之和为年土壤风力侵蚀模数。16个半月的累加值即为全年风力侵蚀模数。

6.5.2　风力侵蚀强度划分

风力侵蚀强度依据《土壤侵蚀分类分级标准》(SL 190—2007)（见表6.25）划分。

表6.25　　土壤侵蚀强度分级标准

级　别	平均侵蚀模数［t/(km²·a)］
微度	＜200
轻度	200～2500
中度	2500～5000
强烈	5000～8000
极强烈	8000～15000
剧烈	＞15000

6.5.3　专题图制作

各风力侵蚀因子、风力侵蚀模数和侵蚀强度等专题图件制作，统一采用30m×30m空间分辨率，GEOTIFF格式，无符号整型（16bit；如为其他数值型，保留两位小数再乘100，转换至无符号整型），WGS84坐标系，Albers等面积圆锥投影（中央经线105°E，双纬线25°N、47°N，东偏、北偏为0）。

根据全国县级行政区域图，制作全国风力侵蚀强度图，以及黑龙江省、吉林省、辽宁省、河北省、内蒙古自治区、山西省、陕西省、宁夏回族自治区、甘肃省、青海省、新疆维吾尔自治区、四川省以及西藏自治区，共计13个省（自治区）的省域土壤风力侵蚀强度图。

6.5.4　结果分析与评价

6.5.4.1　侵蚀面积与强度

风力侵蚀普查，轻度及以上等级侵蚀总面积188.16万km^2，其中轻度侵蚀面积

87.52 万 km^2、中度侵蚀面积 25.63 万 km^2、强烈侵蚀面积 22.86 万 km^2、极强烈侵蚀面积 22.98 万 km^2、剧烈侵蚀面积 29.17 万 km^2。

6.5.4.2 动态变化

对比分析第二次遥感调查的结果，从风蚀区和省（自治区、直辖市）的范围分析了土壤风力侵蚀面积、强度的动态变化情况。

需要特别说明的是：第一，在第二次普查过程中，基本没有考虑耕地的风力侵蚀问题。本次普查采用模型计算的方法，充分考虑了耕地的风力侵蚀。在实际应用的 2607 个野外调查单元中，有 890 个野外调查单元内有耕地分布，尤其东北三省近年都有较大面积的开垦。第二，在第二次普查过程中，参考当时的土地利用图，在将部分沙漠误判为戈壁，导致戈壁面积增加、风力侵蚀面积缩小。本次普查对此做了修正。因此，本次普查河北省、内蒙古自治区、辽宁省、吉林省、黑龙江省、甘肃省等省（自治区）的风力侵蚀面积有所扩大。

本次普查按照水力侵蚀、风力侵蚀、冻融侵蚀三类分别开展。有些区域同时存在水力侵蚀与风力侵蚀，或者风力侵蚀与冻融侵蚀，或者水力侵蚀与冻融侵蚀，或者水力、风力、冻融侵蚀，这种至少有两类侵蚀类型同时存在的区域，被称为“复合侵蚀区”。如果分别计算水力侵蚀、风力侵蚀、冻融侵蚀，三类侵蚀面积之和就有可能超过行政区总国土面积。因此，对复合侵蚀区进行合并是必要的，合并原则如下：

（1）复合侵蚀区的归并对象为轻度及其以上等级的侵蚀强度范围。

（2）按照水力侵蚀＞风力侵蚀＞冻融侵蚀的优先原则。

（3）水力和风力复合侵蚀区归并为水力侵蚀区，侵蚀强度按照水力侵蚀强度确定；水力、风力、冻融复合侵蚀区归并为水力侵蚀区，侵蚀强度按照水力侵蚀强度确定；风力和冻融复合侵蚀区归并为风力侵蚀区，侵蚀强度按照风力侵蚀强度确定。

按照上述原则，归并后的风力侵蚀普查结果为：全国风力侵蚀轻度及其以上等级的总面积 165.59 万 km^2，其中轻度侵蚀面积 71.6 万 km^2、中度侵蚀面积 21.74 万 km^2、强烈侵蚀面积 21.82 万 km^2、极强烈侵蚀面积 22.04 万 km^2、剧烈侵蚀面积 28.39 万 km^2。

6.5.4.3 与已有研究成果比较

由于土壤风力侵蚀的无边界性，使得野外实地观测有非常大的难度。通过国内外文献搜索，仅有少量关于中国境内土壤风力侵蚀模数和强度的文献（有关风沙观测的文献很多），而且主要集中在农牧交错区，对于贺兰山以西的广大风力侵蚀区，少见土壤风力侵蚀模数定量研究报道。为了便于比较与分析，将农牧交错区与贺兰山以西有关土壤风力侵蚀模数定量研究结果与本次普查结果进行比较。对比结果显示，7 个野外研究点的观测和计算得出的风力侵蚀模数，与本次普查的风力侵蚀模数误差均在 25％以内，其中误差小于 15％的有 4 个。说明本次普查采用的土壤风力侵蚀模型计算结果的合理性。同时，尽管风力侵蚀模数有一定差异，但对照《土壤侵蚀分类分级标准》（SL 190—2007），在土壤风力侵蚀强度等级上是完全一致的。

第7章　冻融侵蚀分析与评价

冻融侵蚀评价所采用植被盖度与水力侵蚀、风力侵蚀评价相同，此处不再赘述。

7.1　年冻融日循环天数与日均冻融相变水量

7.1.1　年冻融日循环天数因子计算

年冻融日循环天数是指一年中冻融日循环发生的天数。冻融侵蚀作用发生的前提条件是温度的周期性变化，这种作用称为冻融循环作用或冻融交替作用。以一日内土壤温度的变化作为判定标准，土壤温度日最大值大于0℃而日最小值小于0℃时认为该日发生冻融循环过程。在这一过程中，土壤出现夜间冻结、白天消融的现象。一年中累计发生冻融日循环的天数即得到年冻融日循环天数因子，该因子能够集中反映温度变化对冻融侵蚀强度的影响。

7.1.1.1　资料来源

年冻融日循环天数因子利用星载被动微波辐射计AMSR-E数据计算。AMSR-E于2002年搭载于EOS的Aqua卫星升空，Aqua卫星的赤道过境时间为下午1：30（降轨）和凌晨1：30（升轨），入射角为55°，刈宽为1445km，AMSR-E有6个频段，分别为6.9GHz、10.7GHz、18.7GHz、23.8GHz、36.5GHz和89GHz，每个频率均有垂直极化V和水平极化H两个通道，主要参数见表7.1。

表7.1　AMSR-E被动微波传感器主要系统参数

频率（GHz）	6.925	10.65	18.7	23.8	36.5	89.0	
						天线A	天线B
带宽（MHz）	350	100	200	400	1000	3000	
极化	V和H						
3dB波宽（°）	2.2	1.5	0.8	0.92	0.42	0.19	0.18
分辨率（km）	43×75	29×51	16×27	18×32	8.2×14.4	3.7×6.5	3.5×5.9
采样间隔（km）	9×10					4.5×4	4.5×6
灵敏度（K）	0.34	0.7	0.7	0.6	0.7	1.2	1.2
入射角（°）	55.0					54.5	
动态范围（K）	2.7～340						
刈宽（km）	1445						
积分时间（ms）	2.5					1.2	

年冻融日循环天数采用AMSR－E的L3级亮温产品计算，即AMSR－E L3级亮温数据，包括各个波段的全球轨道空间重采样亮温产品及辅助数据，如经纬度和扫描时刻。该亮温存储为三套数据：低分辨率轨道（Low Res Swath）、对应天线A的89GHz；高分辨率轨道（High _ Res _ A _ Swath）、对应天线B的89GHz；高分辨率轨道（High _ Res _ B _ Swath）。低分辨率亮温数据被重采样以符合观测的星下点视场像元大小，即低频到高频对应于56km（Res.1：6.9GHz、10.7GHz、18.7GHz、23.8GHz、36.5GHz和89.0GHz）、37km（Res.2：10.7GHz、18.7GHz、23.8GHz、36.5GHz和89.0GHz）、21km（Res.3：23.8GHz、36.5GHz和89.0GHz）和11km（Res.4：89.0GHz）。全国冻融侵蚀普查中采用AMSR－E L3级亮温数据中18.7H和36.5V两个通道数据计算年冻融日循环天数，用2003—2010年8年的AMSR－E L3级亮温数据计算多年平均年冻融日循环天数，时间序列数据集统计情况见表7.2。

表7.2　AMSR－E数据获取情况统计

年份	缺失天数（d）	缺失日期
2003	11	10.30—11.5、11.13—14、11.18—19
2004	1	11.19
2005	1	11.17
2006	1	11.18
2007	3	8.25—26、11.28
2008	—	—
2009	—	—
2010	2	2.3—4
总数	19	—

7.1.1.2　计算方法

冻融日循环是基于冻土、融土的微波辐射差异来判别的，微波辐射差异受地表介电常数影响明显。要分析冻融判断方法，首先要了解地物微波辐射的基本原理。

1. 模型基础

针对AMSR－E数据的新特点，在HUT积雪辐射模型的基础上增加冻土介电模型计算冻融土的介电常数，并使用AIEM模型描述地表的散射特性，建立了针对寒区环境的复杂地表微波辐射模型，使之能够对各种寒区环境下的地表微波辐射进行模拟，以满足发展复杂地表条件下冻融判别算法的需要。

（1）冻土介电常数试验研究与模型改进。在微波频率下，一定粗糙度地表发射的电磁波信号主要由土壤表面的介电常数决定。介电常数是土壤水分、地表温度和频率等参数的函数，特别是土壤水分的变化会决定性地影响地表的介电性质。并不是所有的水分在0℃以下都会产生相变，未冻水的含量随着温度、盐度和土壤质地变化，为了准确计算冻土的介电常数，利用微波网络分析仪开展了一系列试验研究。

张立新等（2011）在微波网络分析仪的实验结果基础上，对Dobson介电模型进行了扩展，增加了冰的成分，形式如下：

$$\varepsilon_{mf}^{\alpha}=1+(\rho_b/\rho_s)(\varepsilon_s^{\alpha}-1)+m_{vu}^{\beta}\varepsilon_{fw}^{\alpha}-m_{vu}+m_{vi}\varepsilon_i^{\alpha} \tag{7.1}$$

式中：$\varepsilon_{mf}^{\alpha}$ 为土壤介电常数；ρ_b 为土壤体积质量，即容重，g/cm³；ρ_s 为土壤中固态物质密度，g/cm³；ε_s^{α} 为土壤中固态物质介电常数；$\varepsilon_{fw}^{\alpha}$ 为自由水介电常数的实部；ε_i^{α} 为束缚水介电常数的实部；α、β 为经验参数，其数值取决于土壤质地；m_{vu} 为未冻水含量；m_{vi} 为冰的含量。

室内介电常数测量主要依靠的仪器是 Agilent 矢量微波网络分析仪，以及配套的 85070E 介电常数测量套件和控制样品温度的高低温试验箱。利用该实验方法，测量了不同质地的土壤在不同温度、不同含水量和不同有机质含量下的介电常数。土壤样品分别采集自河北省潮白河地区、北京洼里地区、青海省祁连山地区、东北黑土区。改进 Dobson 介电模型与试验数据的对比如图 7.1 所示。

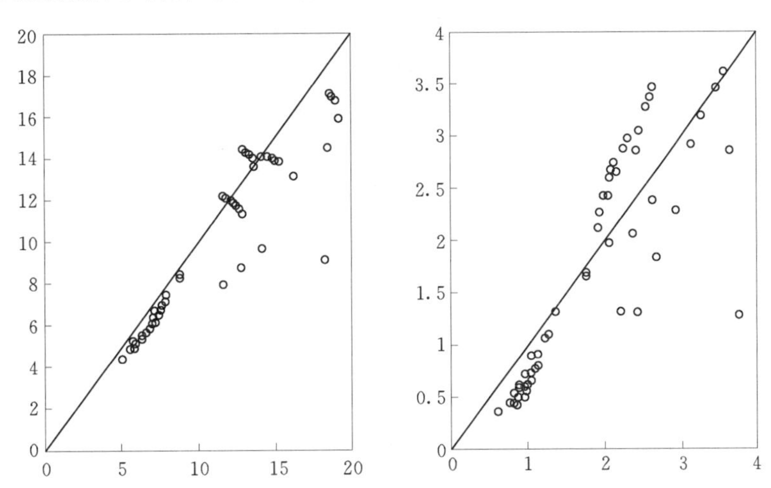

图 7.1　东北黑土区土壤介电常数实部（左）和虚部（右）测量值与模拟值的对比

（2）AIEM 面散射模型。描述地表散射特性的传统理论模型有物理光学模型、几何光学模型和小波扰模型等，这些模型都有各自的适用范围。Fung 等于 1992 年提出了积分方程模型（Integral Equation Model，IEM），该模型是基于电磁波理论的地表散射模型，已被广泛应用于微波地表散射、辐射的模拟和分析中。Chen 等人对 IEM 模型进行了改进，发展了高级积分方程模型（Advanced Integral Equation Model，AIEM），能描述从较光滑表面到粗糙表面的散射特征。AIEM 模型的适用范围已经过蒙特卡罗模拟验证和地面实验数据验证，能计算和模拟包括更宽范围的介电常数、粗糙度和频率等参数的地表辐射信号。因此本次调查中利用 AIEM 模型处理土壤表面的微波辐射。

（3）HUT 积雪微波辐射模型。HUT 积雪辐射模型是一个基于辐射传输的半经验模型，它将积雪作为一层均匀介质处理，模型输入参数包括积雪厚度、密度、温度、颗粒大小和地表温度。模型假设雪层中的散射以前向散射为主，并以 $q=0.96$ 来表示散射到前向的辐射能量比例，简化辐射传输运算。而且对积雪消光系数的计算采用了经验公式，因此，它实际上仍是零阶模型，且多个参数的确定采用了经验值。尽管理论上缺乏严格的物理过程，但由于 HUT 模型运算相对简单，可将其直接用于雪深和雪当量反演。

（4）复杂地表微波辐射模型构建。结合冻土介电模型、AIEM 面散射模型和 HUT 积雪微波辐射模型，建立针对寒区地表环境的微波辐射模型。该混合模型的主要计算过程为：首先使用冻土介电模型计算冻土或融土的介电常数，将计算结果作为 AIEM 模型的输入，计算裸露地表的发射率；接着利用 HUT 模型计算积雪覆盖地表的发射率；然后计算植被覆盖地表的发射率；再计算积雪植被覆盖地表的发射率；完成以上四种纯净像元的亮温及发射率计算后，根据四种地表类型在像元中所占的百分比将四种纯净地表的亮温加权平均作为整个像元的微波辐射亮温。

$$Tb=f_{soil}T_{b,soil}+f_{snow}T_{b,snow}+f_{for}T_{b,for}+(1-f_{soil}-f_{snow}-f_{for})T_{b,snow,for} \quad (7.2)$$

式中：Tb 为微波数据像元的辐射亮温；$T_{b,soil}$ 为裸露地表的辐射亮温；$T_{b,snow}$ 为积雪覆盖地表的辐射亮温；$T_{b,for}$ 为植被覆盖地表的辐射亮温；$T_{b,snow,for}$ 为积雪植被覆盖地表的辐射亮温；f_{soil} 为裸露地表的比例；f_{snow} 为积雪覆盖地表的比例；f_{for} 为植被覆盖地表的比例。

构建的寒区环境复杂地表微波辐射模型能够对 6 种典型的寒区地表环境微波辐射进行模拟，包括裸露融土、裸露冻土、植被覆盖融土、植被覆盖冻土、积雪覆盖冻土、积雪植被覆盖冻土，为建立复杂地表条件下冻融状态的判别算法奠定了模型基础。

2. 冻融判别算法建立

在 0℃或 0℃以下冻结，并含有冰的岩土称为冻土。因此冻土的判定需要两个条件：①温度在 0℃或 0℃以下，但并不是所有 0℃以下的岩土都会发生冻结；②岩土中含有冰。在微波频率下，37GHz 垂直极化的亮度温度与地表温度和气温有更好的相关性，而且这一波段的发射率不像低频波段的发射率那样对土壤湿度敏感。McFarland 对被动微波数据反演地表温度做了许多研究，认为 37GHz 垂直极化的亮温最适宜用来反演地表温度，以 37GHz V 极化为主要通道建立的反演算法在试验区精度达到 1℃以内。对寒区的 6 种典型环境（裸露冻土、裸露融土、植被覆盖冻土、植被覆盖融土、积雪覆盖冻土、积雪植被覆盖冻土）的微波辐射进行模拟，选取地表粗糙度、温度、土壤水分、积雪深度等 10 种相关参数在合理的范围内变化。使用 36.5V 的亮温及 18.7H 与 36.5V 的亮温比（Quasi－emissivity，*Qe*）分别衡量地表温度和发射率的变化，如图 7.2 所示，所选取的两种指标最能体现地表土壤的冻融变化特征。

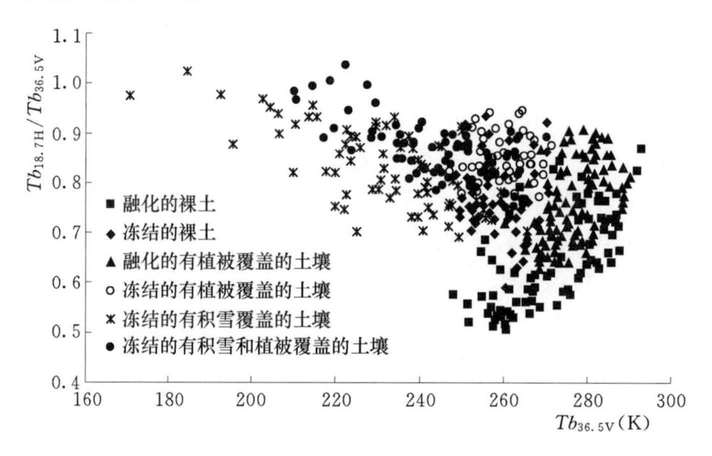

图 7.2　复杂地表条件下冻融土微波辐射特性模拟

干燥土壤在冻融变化过程中产生的相变水量较少，土壤的介电性质以及发射率不会发生明显改变，但是亮温随温度变化明显，此时主要依靠 36.5V 的亮温变化进行判别；湿润土壤在冻融过程中有较多的水分发生相变，冻结以后介电常数显著下降，发射率明显提升，此时依靠发射率的变化可以判断土壤的冻融状态。植被对冻融土的微波辐射特性影响较小，厚层积雪和粒径较大的积雪由于具有较强的体散射，对地表辐射的衰减作用很强，但在以上的判别指标中并不影响冻融土的判断。总体来看，针对寒区环境的复杂地表微波辐射模型合理地描述了各种典型寒区地表环境下的冻融土微波辐射特性，通过温度和发射率的对比，产生了重要的可分离性。

判别分析是一种根据观测变量判断研究样本如何分类的多变量统计方法，它对于需要根据对样本中每个个案的观测来建立一个分组预测模式的情况是非常适用的。分析过程基于对预测变量的线性组合产生一系列判别函数，但是这些预测变量应该能够充分地体现各个类别之间的差异。选择最能体现冻融变化特征的温度和发射率作为预测变量，通过 Fisher 判别分析方法建立了复杂地表条件下的冻融土判别算法，得到以下的线性判别方程（见表 7.3）。

表 7.3　　多频率下的 Fisher 线性判别方程

	常数	$Tb_{36.5V}$	亮温比	精度
6.925H	−231.62	1.46	122.86	90.8%
	−248.45	1.57	106.39	
10.65H	−235.36	1.45	131.41	90.5%
	−252.15	1.56	114.81	
18.7H	−236.81	1.41	143.28	89.5%
	−255.51	1.53	127.90	

Fisher 线性分类函数是针对每个类别分别建立起来的，将实际观测值即自变量分别代入冻土（F）、融土（T）两个类别方程，判定数据点属于函数值大的一类。判别结果显示，随着频率的增大，分类精度是下降的，这体现了低频数据对地表土壤水分的变化更加敏感，更有利于冻融状态的判别。

以上的判别方程完全是依据模拟数据建立的，模拟数据能够涵盖各种不同的地表环境和状况，可用于建立大尺度的冻融监测算法。但是模拟数据往往不够准确，在应用的过程中容易出现偏差；实测数据比较准确，但无法对所有不同地表状况进行测量，造成数据量不足且代表性差，由此建立的算法适用性较低。因此，为了更为准确有效地判别地表冻融，结合实测数据对基于模拟数据建立的判别方程进行校正，得到最终冻融判别算法，其公式如下：

$$F=1.47Tb_{36.5V}+91.69qe_{18.7H}-226.77 \tag{7.3}$$

$$T=1.55Tb_{36.5V}+86.33qe_{18.7H}-242.41 \tag{7.4}$$

式中：F 为冻土；T 为融土；$Tb_{36.5V}$ 为 36.5V 极化通道辐射亮温；$qe_{18.7H}$ 为 18.7H 与 36.5V 的辐射亮温比。

3. 数据处理

利用式（7.3）、式（7.4）分别判别冻土、融土，分析获得一天内的冻融日循环状态，

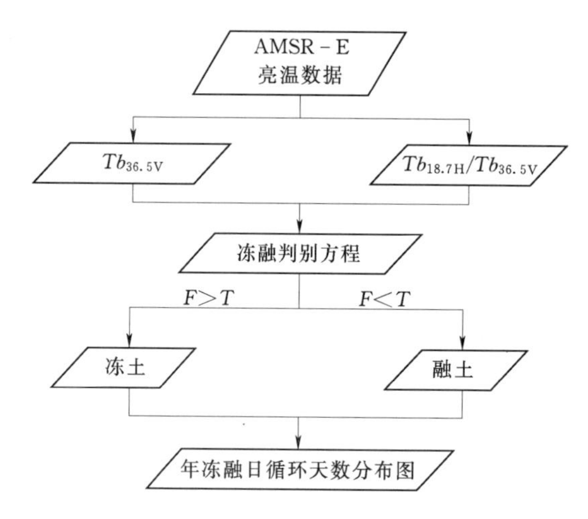

图 7.3　年冻融日循环天数计算流程

统计一年内冻融日循环发生的次数即为年冻融循环天数，利用 2003—2010 年 8 年的 AMSR－E 数据，生成多年平均年冻融循环天数数据。计算流程见图 7.3。

多年平均年冻融循环天数的计算步骤如下：

（1）选择相邻两日（AMSR－E 为分条带数据，两日可覆盖全球）的 AMSR－E L3 级亮温数据拼接成完整覆盖中国区域的数据。

（2）提取通道 36.5V 亮温以衡量地表温度的变化，计算 $Tb_{18.7H}$同 $Tb_{36.5V}$的比值用以衡量地表发射率的变化。

（3）将提取得到 36.5V 亮温和 18.7H、36.5V 的亮温比代入式（7.3）、式（7.4）进行计算，并比较计算结果的大小，若 $F>T$，则为冻土，反之为融土。

（4）对计算结果进行标识，获取冻融日循环发生区域，累计一年内数据，得到年冻融日循环发生天数。

（5）统计 8 年中各个像元的年冻融日循环天数，求算 8 年平均的冻融日循环天数，得到最终的因子计算结果。

7.1.1.3　精度验证

选择西北干旱区、青藏高原区、华北平原区的 MODIS 卫星观测资料或实地测量数据进行验证与精度评价。

（1）西北干旱区。西北干旱区验证地点选择在扁都口区域和黑河流域。以同期 MODIS 地表温度反演数据作为实际观测数据进行判定，认为反演的地表温度在 273.15K 以下为冻土，反之则为融土。

选择扁都口区域 2003—2010 年 3 月 AMSR－E L3 级产品数据，提取每日升降轨共 8 个数据点，删除无效数据后，分别得到 92 个升轨和 100 个降轨数据点。使用冻融判别算法进行地表冻融状态判别，结果如图 7.4 所示。与 MODIS 地表温度数据对比发现，降轨数据 100％判定为冻土，升轨数据 98.75％判定为融土，其中只有一个数据点发生误判（估计由于气温较低，地表土壤尚未融化，或者有积雪覆盖），因此冻融判别结果十分可靠。

同样，选择 2008 年 3 月 16 日 AMSR－E L3 级产品数据，提取黑河流域的各通道亮温。使用冻融判别算法进行地表冻融判别，与 MODIS 地表温度数据对比，冻融土判断正确率分别为 80.08％和 98.06％，结果如图 7.5 所示。

AMSR－E 数据冻融判别结果与 MODIS 地表温度产品的验证结果表明：该冻融判别算法能够有效区分较长时间序列和较大范围的干旱区地表冻融状态，是一种可靠的判别算法。

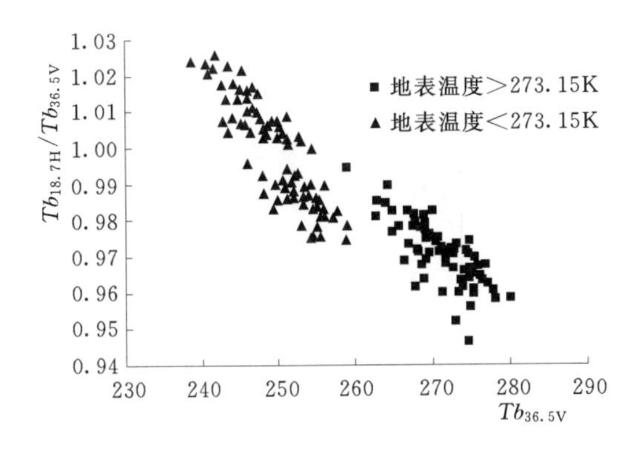

图 7.4　甘肃张掖扁都口 3 月份 AMSR－E 观测结果

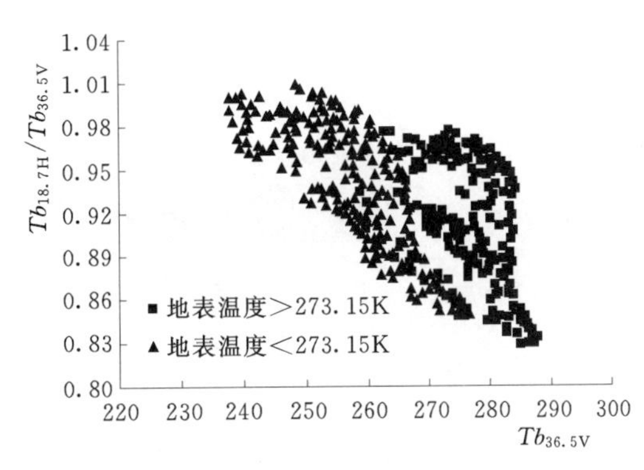

图 7.5　甘肃黑河流域 3 月 16 日 AMSR－E 观测结果

（2）青藏高原区。在青藏高原区选取 2002 年 10 月 1 日到 2003 年 9 月 31 日逐日的 AMSR－E L3 级产品数据进行地表冻融状态识别。利用这个时期的国际协同加强观测期 CEOP（Coordinated Enhanced Observing Period）亚欧季风项目中的土壤温度和湿度观测系统（SMTMS）观测数据对分类结果进行验证。

CEOP 数据集包含 12 个站点的观测数据。验证过程选取其中 4 个站点（D66，D105，D110，MS3608）4cm 处的土壤温度数据。卫星数据使用的是 AMS－E 的升轨数据产品。由于土壤数据是每小时记录一次，所以最终实测数据是接近过境时间的两个时间的平均值。经统计，有效的验证数据共 909 个，其中 782 个正确判断数据，127 个误分数据，准确率达 86%。各个站点的有效数据点和判别结果见表 7.4，冻融判别结果分布情况见图 7.6 和图 7.7。统计误分情况的地温分布情况，发现地表冻融状态的误判主要集中在冰点附近，即冻融交替发生的过程中。其原因是这一阶段土壤内水分状态不够稳定，其微波辐射特征介于冻融土之间，导致误判的发生。另外，验证中采用 4 cm 深度的测量数据，比微波观测的敏感深度要深，这也是造成误判的一个原因。但以上的验证仍说明该冻融判别算法在青藏高原地区有较高的精度，符合测算要求。

表 7.4　　算法分类结果验证

站点	有效验证个数	正确判断	误分	准确率（%）
D66	259	223	36	86.1
D105	259	219	40	84.56
D110	136	123	13	90.44
MS3608	255	217	38	85.1
总计	909	782	127	86.03

（3）全国气象站点。收集了 2008 年 AMSR－E L3 级产品数据的升轨数据以及全国 700 多个气象站点的最高和最低气温数据，对该算法在全国范围内的冻融判别进行了对比分析。气象站点数据以零度为冻融分界线，判对率随时间变化的结果如图 7.8 所示。从图 7.8 中可以看出，在冻融循环阶段，算法的判别精度在 80%以上，符合所要达到的精度。

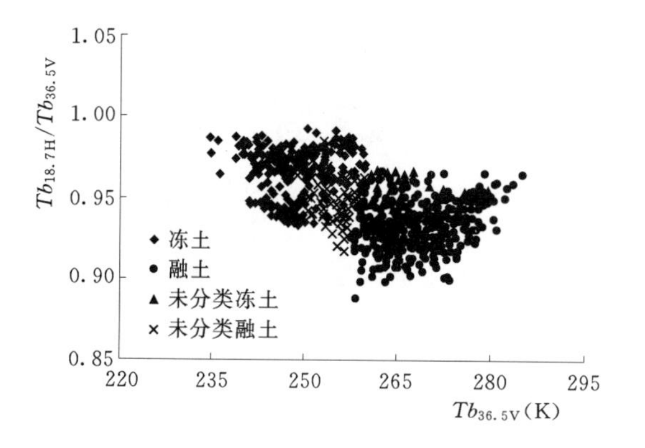

图 7.6　青藏高原地区冻融判别结果验证

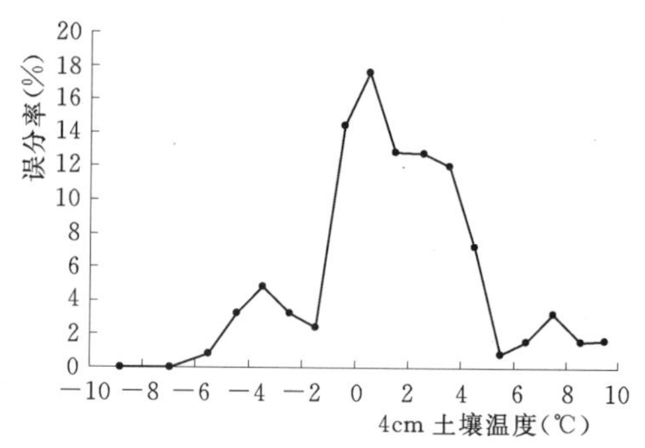

图 7.7　误分情况地温的频数直方图

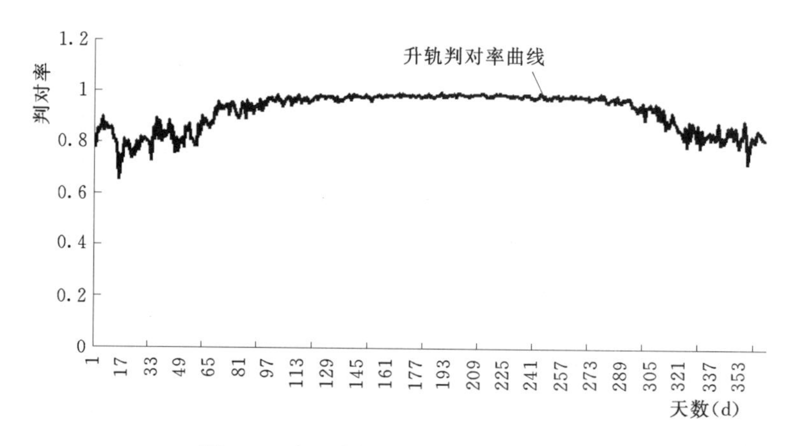

图 7.8　全国范围的冻融判别算法验证

7.1.2　日均冻融相变水量因子计算

相变水量是指土体在冻融循环过程中发生相变（固液态转化）的水量。相变水量增加，冻结时由于水体结冰体积增大而对土体的破坏作用增加。在冻融交替过程中，土壤含水量的增大使得土壤抗剪切力减小。日均冻融相变水量反映了土壤含水量对冻融侵蚀强度的影响。

7.1.2.1　资料来源

与年冻融日循环天数因子相同，日均冻融相变水量因子也采用 AMSR - E L3 级亮温产品，利用升轨数据的 10.65V、36.5V 以及降轨数据的 10.65V、36.5V 四个通道的亮温数据进行计算。

7.1.2.2　计算方法

1. 日均冻融相变水量算法

在冻结和融化期间，大气通过地面与地层间热交换量的大部分被用于季节冻结和季节融化层形成过程的相变，从而改变了地温的分布特征和随时间的变化规律，以及大气与地层间的热交换量。冻融作用对地-气系统能量交换的影响，主要由相应过程地层内水分相变引起。微波遥感能够利用冰晶和水分在介电特性上的巨大差异这一特性来反演地表冻融过程中的相变水量，从而用于对冻融侵蚀强度的评估。

(1) 冻融过程模拟分析。土壤在冻融过程中，并不是所有的土壤水都会产生相变，根据经验关系，土壤中的相变水量可以表示为土壤水分含量与未冻水含量的差。土壤中的未冻水含量是温度的函数，当土壤温度低于冰点时，随着温度的降低，土壤中的水分不断转化为冰晶，未冻水含量逐渐减少。这种未冻水含量随温度逐渐降低的规律与土壤质地存在函数关系。土壤质地直接影响着土壤的比表面积大小，而比表面积则是控制土壤中水分相变速率的关键变量。这些关系用函数表示如下：

$$m_u = a|T_s|^{-b} \tag{7.5}$$

$$\ln a = 0.5519\ln S + 0.2618 \tag{7.6}$$

$$\ln b = -0.264\ln S + 0.3711 \tag{7.7}$$

式中：m_u 为相变水量，体积百分比，%；T_s 为土壤温度，开氏温度，K；a、b 为常数；S 为比表面积。

从图7.9的模拟结果可以看出，黏土比砂土的比表面积大，因此能够固定更多的水分，土壤中的水分不易挣脱土壤吸附力形成冰晶，未冻水含量比砂土要高。基于上式以及发展的冻土介电模型和成熟的AIEM模型，模拟分析了不同含水量条件下的地表辐射变化特征，设置温度从－15～15℃变化，结果如图7.10所示。

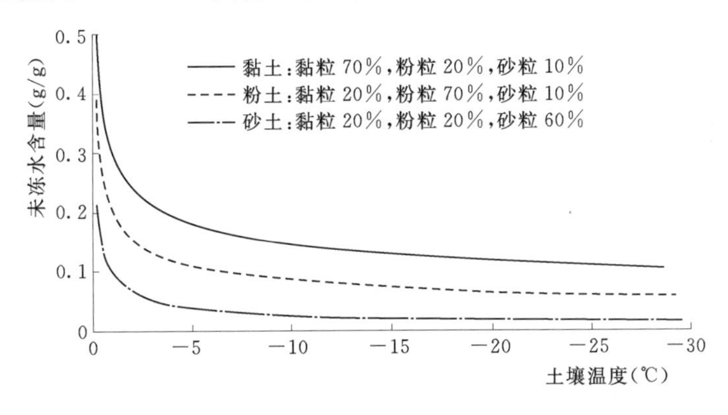

图7.9　不同土壤质地下未冻水含量随温度的变化关系

图7.10中的变化规律显示，冻土在融化以后水分的相变使得土壤的介电性质发生突变，从而显著降低了土壤的发射率。土壤的含水量不同，意味着在冻融过程中产生的相变水量不同，随着相变水量的增大，土壤的微波辐射或者发射率改变增大。因此，可以利用冻融两次的微波辐射观测来反演相变水量。从模拟数据中可以明显看出，V极化对相变水量的敏感性要远小于H极化，高频数据对相变水量的敏感性要小于低频数据，其中6.925GHz和10.65GHz相差不多。另外注意到，36.5GHz的V极化数据对相变水量的敏感性最差，最不易受到水分变化的影响，其数值变化同时主要受到温度变化的影响。这些特征是在相变水量反演过程可以利用的重要信息。

(2) 相变水量反演算法。相变水量的大小实际体现在冻土和融土中液态水含量的差异。液态水含量是决定土壤介电性质或者发射率的主要因素，因此可以根据冻土和融土之间的发射率差异大小反算冻融过程中产生的相变水量。从上面的分析中发现低频的H极

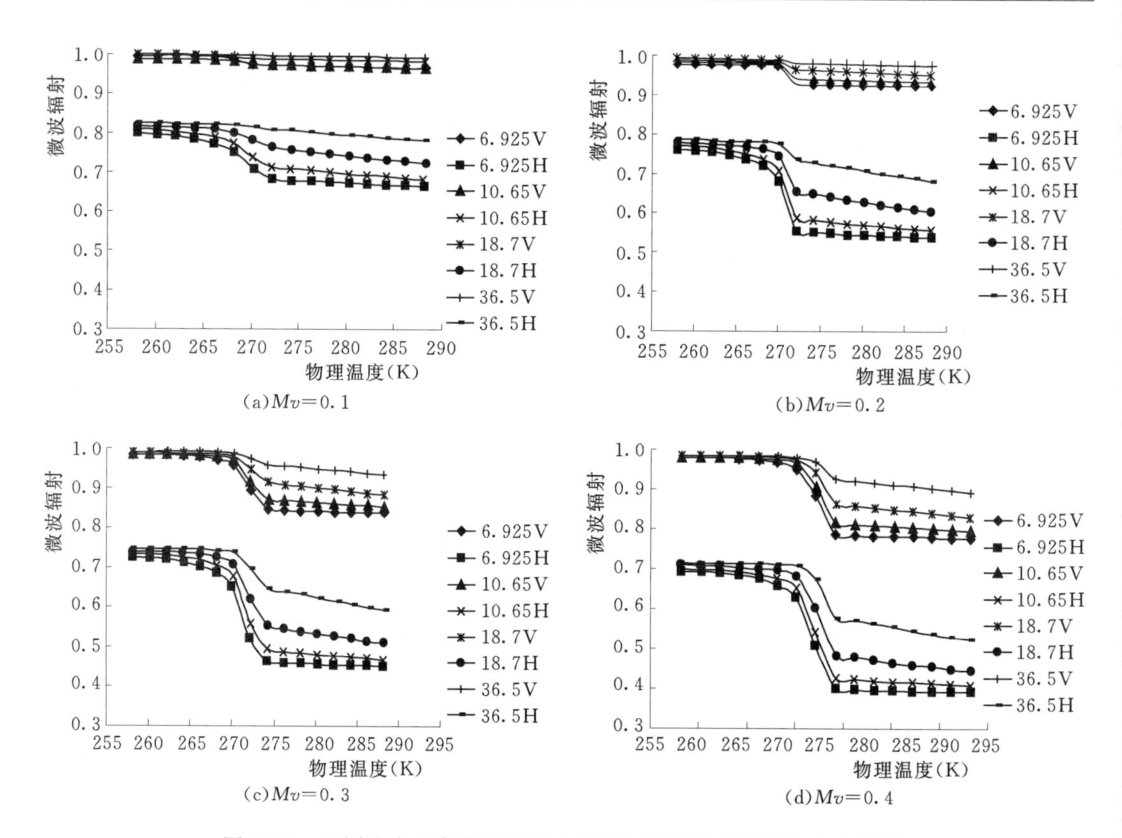

图 7.10　不同含水量条件下冻融土微波辐射随物理温度的变化特征

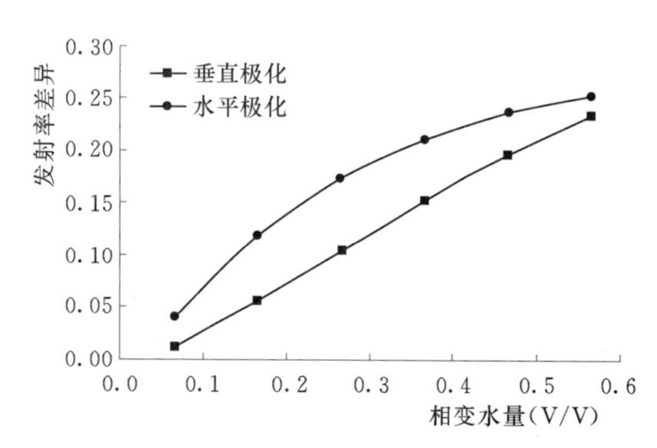

图 7.11　发射率差异随相变水量变化关系（10.65GHz）

化数据对水分变化最为敏感，适宜用来进行相变水量的反演，同时考虑到10.65GHz最不易受到大气状况的干扰，并且FY－3号的微波传感器具有此频率，因此决定依据10.65GHz的发射率变化反演相变水量。

设置不同的土壤水分含量，利用冻土介电常数模型和AIEM模型模拟冻土和融土的发射率，并计算二者的差值，与相变水量建立关系，如图7.11所示。可以看出在冻融变化过程中，对于相变水量H极化比V极化有着更大的响应，其中，H极化呈指数变化，V极化呈线性变化。

通过回归分析，建立依据发射率差异反演相变水量的经验算法，表示如下：

$$\Delta e_v = 0.4517 m_{pcv} - 0.0170 \tag{7.8}$$

$$\Delta e_h = -0.3232 e^{-3.7351 m_{pcv}} + 0.2923 \tag{7.9}$$

式中：Δe_v、Δe_h 分别为V极化、H极化的发射率差；m_{pcv} 为相变水量。

该反演算法在计算过程中需要地表温度参数，可以通过相关卫星产品数据和地面数据进行描述，但实际上为算法的应用以及业务化运行带来不便，因此考虑建立一种不需要已知温度参数的反演方法。

冻融过程中相变水量的大小主要通过发射率的变化体现，发射率的计算过程需要地表温度，微波遥感在反演地表温度方面有一些方法，主要是利用某些通道对于地表水分变化的不敏感性，同时使用 23.8GHz 对大气状况进行修正，通常情况下在使用被动微波数据反演地表温度时以 36.5V 的亮温作为主要通道。因此，可以使用 $Tb_{36.5V}$ 代替地表温度进行发射率计算，这样计算得到的值称为准发射率。为了验证方法的可行性，使用构建的复杂地表微波辐射模型对冻融土的微波辐射进行随机模拟，地表温度变化范围为 −20～20℃，其他相关参数在合理范围内随机取值，结果如图 7.12 所示。

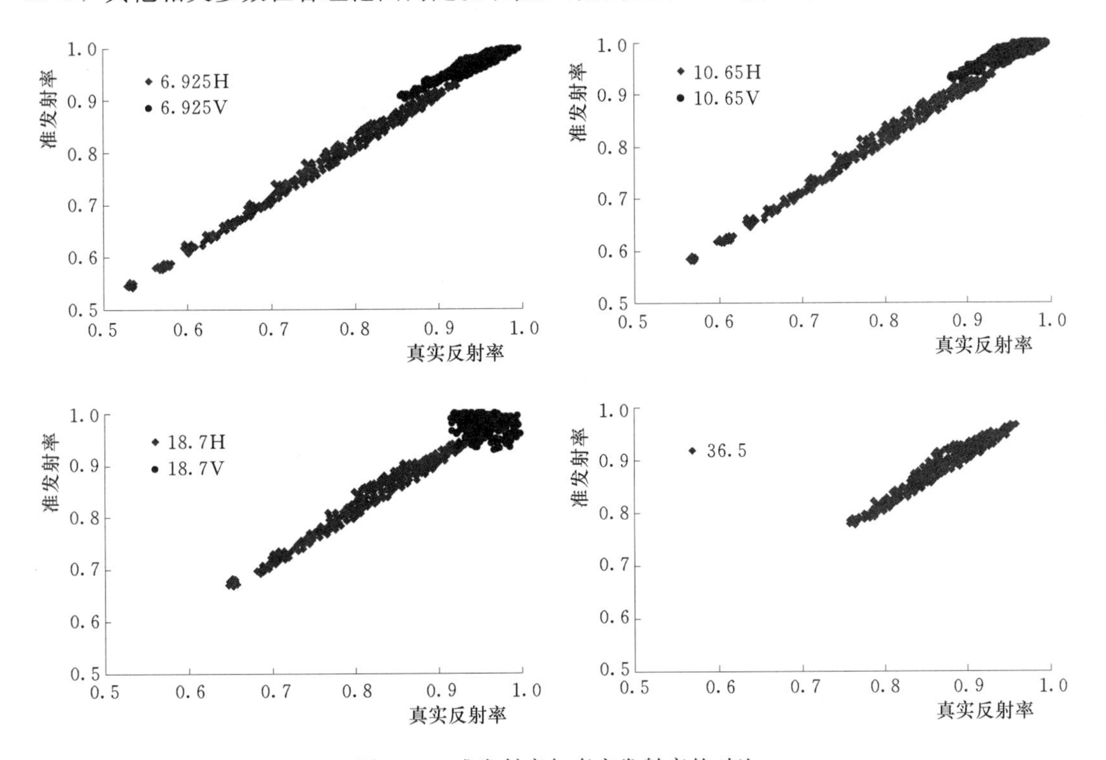

图 7.12　准发射率与真实发射率的对比

对比发现，上述方法计算的准发射率与真实发射率相关性很好，特别是土壤含水量在 20%以下的情况。因此可以利用准发射率在地表冻融变化过程中的改变来反演相变水量，避免了温度参数的干扰。这样不仅减少了计算量，同时又能保证反演精度。同样地，设置不同的土壤水分含量，通过模拟建立地表相变水量同准发射率的变化关系，如图 7.13 所示。可以看出，H 极化呈指数变化，V 极化呈线性变化。垂直极化的准发射率差异与相变水量之间函数关系见图 7.14。

使用回归方法建立消除地表温度影响的相变水量反演方法，通过地表数据模拟数据库建立 10.65GHz 垂直极化的反演算法如下：

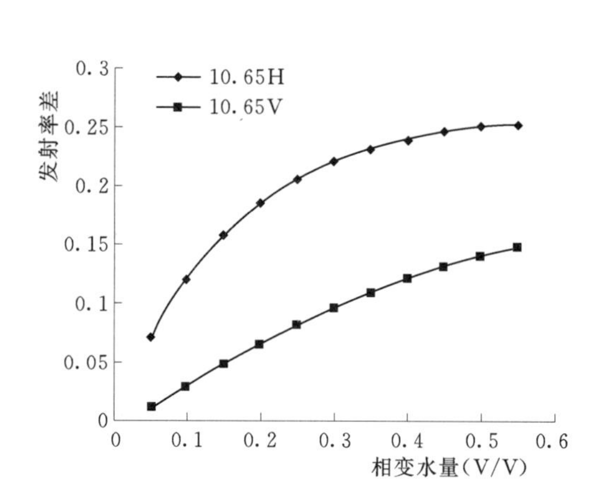

图 7.13　准发射率差异随相变水量变化关系（10.65GHz）

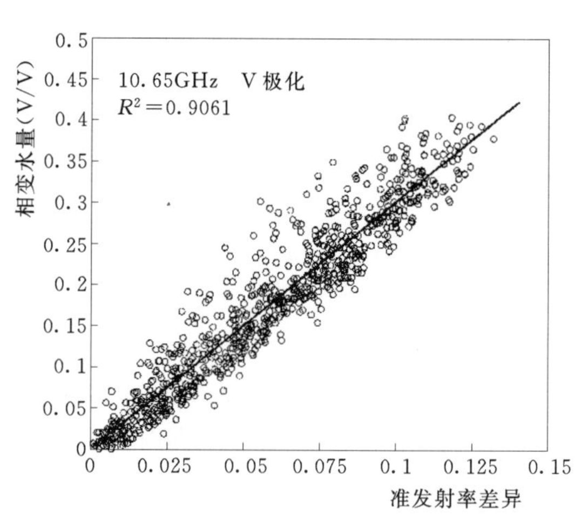

图 7.14　垂直极化的准发射率差异与相变水量之间函数关系

$$m_{vpt}=3.0185\Delta Qe_{10.65,v}+0.0008 \tag{7.10}$$

$$\Delta Qe_{f,p}=\frac{Tb_{F,f,p}}{Tb_{F,36.5,v}}-\frac{Tb_{T,f,p}}{Tb_{T,36.5,v}} \tag{7.11}$$

式中：m_{vpt}为相变水量；$\Delta Qe_{f,p}$为升轨和降轨的准发射率差。

该方法避免了反演过程中温度对算法的干扰，减少了未知变量，并且能够提高该冻融侵蚀因子的计算速度。

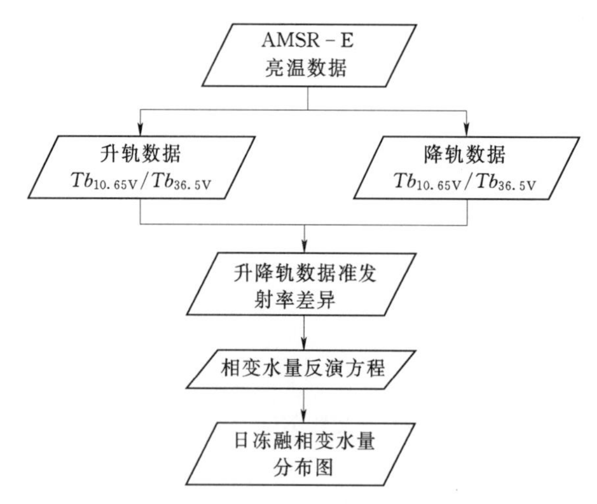

图 7.15　日均冻融相变水量计算流程

2. 数据处理

选择 AMSR-E 数据，提取地表准发射率变化，进而估计地表的相变水量。根据确定的冻融侵蚀区和冻融循环天数，累加各个像元的相变水量，平均得到所需的日均冻融相变水量，计算流程如图 7.15 所示。

计算步骤如下：

(1) 选择 AMSR-E 亮温数据产品（L3），在低纬度地区不能达到全覆盖，将连续两日观测数据进行拼接。

(2) 提取通道 36.5V 和 10.65V 的亮温，计算 $Tb_{10.65V}$同 $Tb_{36.5V}$的比值用以衡量地表发射率的变化，求取升降轨数据准发射率的差异。

(3) 将准发射率代入式（7.10）和式（7.11）计算一个冻融日循环过程的相变水量。

(4) 累计年冻融相变水总量，进行平均获取日均冻融相变水量。

(5) 求取 8 年平均的日均冻融相变水量值。

7.1.2.3　精度验证

为了全面验证日均冻融相变水量的精度，分别从地面和像元两个尺度进行验证。

1. 地面尺度验证

地面尺度验证在河北省清苑县西顾庄开展，车载微波辐射计以固定角度（55°）观测裸露地表冻融过程的微波辐射（见图 7.16），土壤水分采取 0～5cm 的数据（见图 7.17）。由于表层土壤水分高达 28%左右，因此在冻融过程中的相变水量较大。另外，土壤表层的水分含量要高于深处的水分含量，这是冻融过程引起的土壤水分向冻结锋面迁移所致。土壤温度使用土壤温度、水分数据采集仪实时进行记录。

图 7.16　微波辐射计系统及试验场地设计

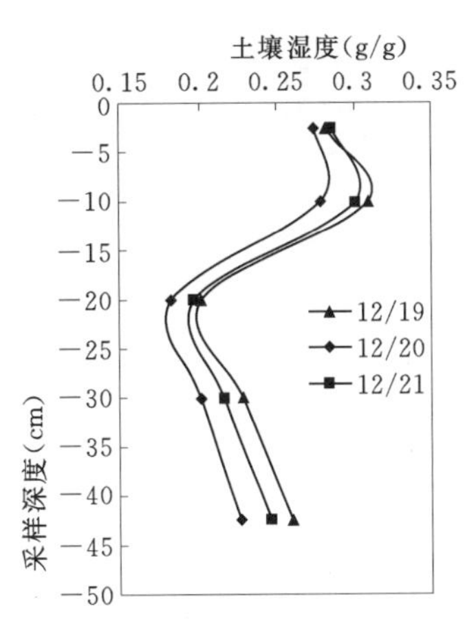

图 7.17　土壤水分测量结果

根据初始的土壤水分含量和土壤温度变化，利用经验公式计算实际发生的相变水量作为地面真实值。同时，依据观测亮温利用反演公式计算冻融过程中发生的相变水量。估算的相变水量与实际测量值的对比如图 7.18 所示，可以看出反演结果与真实值比较吻合，均方根误差为 $0.0265m^3/m^3$，满足测算精度要求。

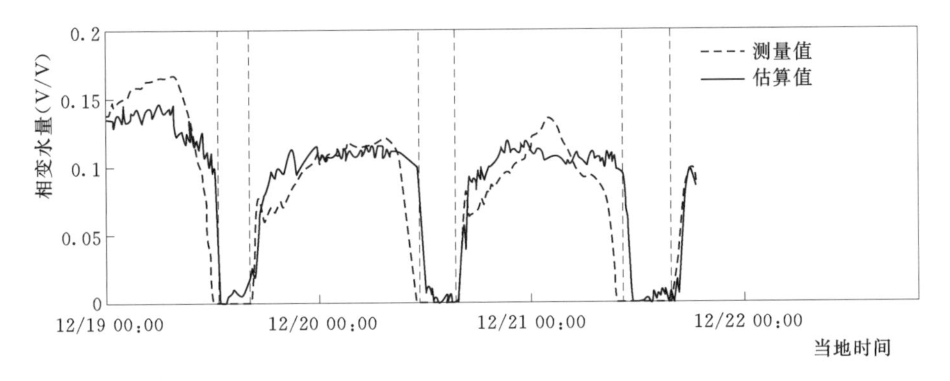

图 7.18　估算的相变水量与实际测量值对比

2. 像元尺度验证

为了进一步验证算法在像元尺度上判别结果的准确性，设计了华北平原土壤参数时间序列地面验证实验。根据地点的可达性、地表覆盖类型典型性等原则，在河北保定选择

50km×50km 范围埋设 101 套智能数据采集器，与卫星过境时间同步采集地表的温度和土壤含水量。

智能数据采集器是由一个水分传感器、三个温度传感器、芯片和电池组成（见图 7.19）。采集器可以设定采集的起始时间以及采集间隔，实现与卫星观测数据的同步采集。其芯片的存储量和电池的电量视采集间隔不同，可以实现几个月到几年的连续采集。温湿度数据采集后，记录在芯片的存储卡上，利用仪器自带的软件可以将数据导出为 Excel 来处理（见图 7.20）。

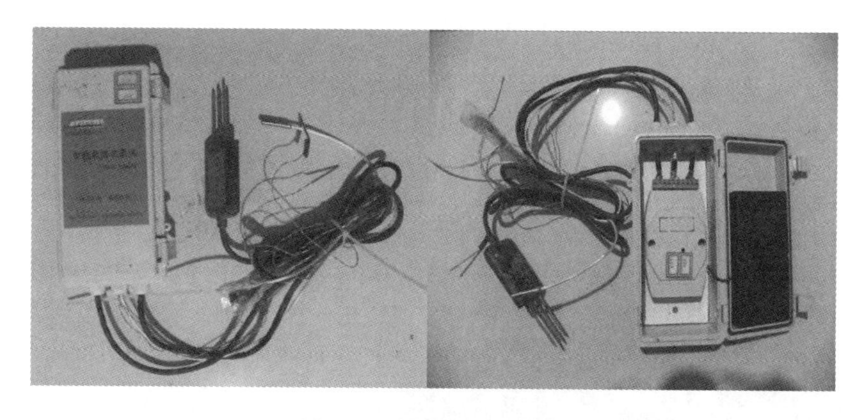

图 7.19　智能数据采集器

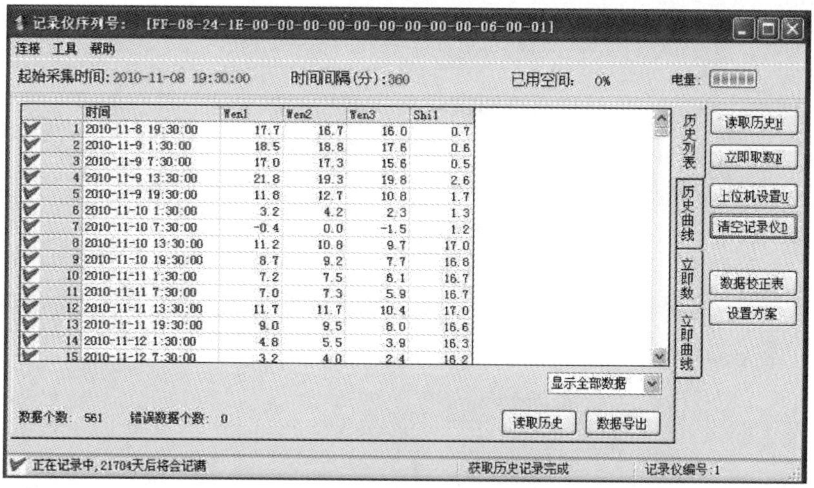

记录仪序列号：[FF-08-24-1E-00-00-00-00-00-00-00-00-00-06-00-01]

连接　工具　帮助

起始采集时间:2010-11-08 19:30:00　　时间间隔(分):360　　已用空间:　0%　　电量:

	时间	Wen1	Wen2	Wen3	Shi1
1	2010-11-8 19:30:00	17.7	16.7	16.0	0.7
2	2010-11-9 1:30:00	18.5	18.8	17.6	0.6
3	2010-11-9 7:30:00	17.0	17.3	15.6	0.5
4	2010-11-9 13:30:00	21.8	19.3	19.8	2.6
5	2010-11-9 19:30:00	11.8	12.7	10.8	1.7
6	2010-11-10 1:30:00	3.2	4.2	2.3	1.3
7	2010-11-10 7:30:00	-0.4	0.0	-1.5	1.2
8	2010-11-10 13:30:00	11.2	10.8	9.7	17.0
9	2010-11-10 19:30:00	8.7	9.2	7.7	16.8
10	2010-11-11 1:30:00	7.2	7.5	6.1	16.7
11	2010-11-11 7:30:00	7.0	7.3	5.9	16.7
12	2010-11-11 13:30:00	11.7	11.7	10.4	17.0
13	2010-11-11 19:30:00	9.0	9.5	8.0	16.6
14	2010-11-12 1:30:00	4.8	5.5	3.9	16.3
15	2010-11-12 7:30:00	3.2	4.0	2.4	16.2

历史列表　历史曲线　立即数　立即曲线

读取历史H　立即取数N　上位机设置U　清空记录仪D　数据校正表　设置方案

显示全部数据

数据个数：561　　错误数据个数：0　　读取历史　数据导出

正在记录中，21704天后将会记满　　获取历史记录完成　　记录仪编号:1

图 7.20　智能数据采集器数据界面

为了对采集器采集数据的稳定性能进行检验，在试验室内对采集器进行了稳定性测试试验。方法是：将不同含水量的土壤样本放于恒温箱内，利用保鲜膜将样本封口以防水分的流失；改变恒温箱的温度，同时利用智能数据采集器连续采集温度和土壤含水量数据，观察测量值的波动情况。结果显示（见图 7.21），湿度采集值介于 4.7%～5.2%之间，浮动值为 0.5%，温度采集值介于 24.2～24.5℃之间，浮动值为 0.4℃。考虑到湿度的变化和恒温箱温度的浮动，该数据采集器的稳定性完全能够满足精度要求。

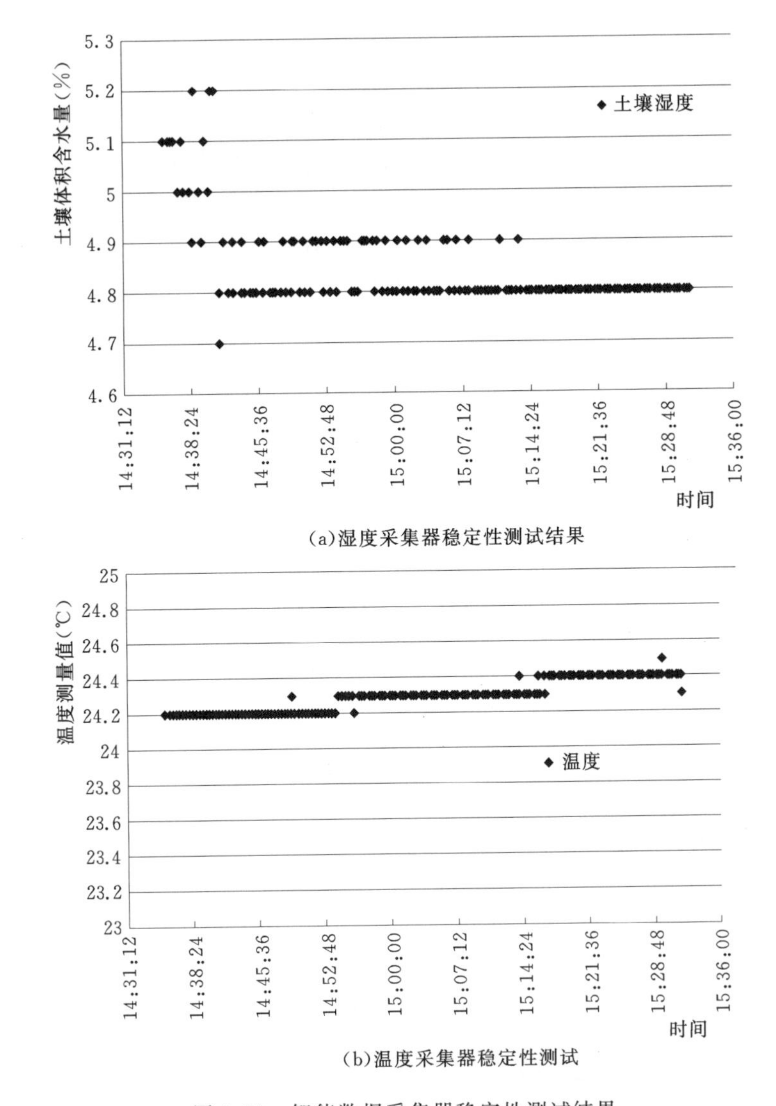

(a)湿度采集器稳定性测试结果

(b)温度采集器稳定性测试

图 7.21　智能数据采集器稳定性测试结果

图 7.22　温湿度传感器野外定标

采集器设计时，已经对传感器做了定标。但是由于陆地表面地物类型、温度、湿度等的复杂性，定标后的传感器在研究区的适用性还要进一步评价，因此对采集器的温湿度传感器进行了野外定标（见图 7.22）。具体思想是，利用温湿度传感器采集某一地点的温度和土壤湿度，同时利用铂金电阻温度计采集同样条件下的温度作为真实温度的参考值。测量后，采集该地点的土壤样本，利用烘干法测量其含水量作为水分的参考值。

定标结果显示，采集器采集的温湿度与实测值有很好的线性关系（见图 7.23），各传感器的定标方程和相关系数见表 7.5。定标结果显示，温湿度传感器的定标精度能够满足精度要求。

表 7.5　　温湿度传感器定标方程

传　感　器	定　标　方　程	R^2
温度 1	$Y=0.992X-1.489$	0.996
温度 2	$Y=0.961X+0.495$	0.986
水分	$Y=0.936X-5.578$	0.834

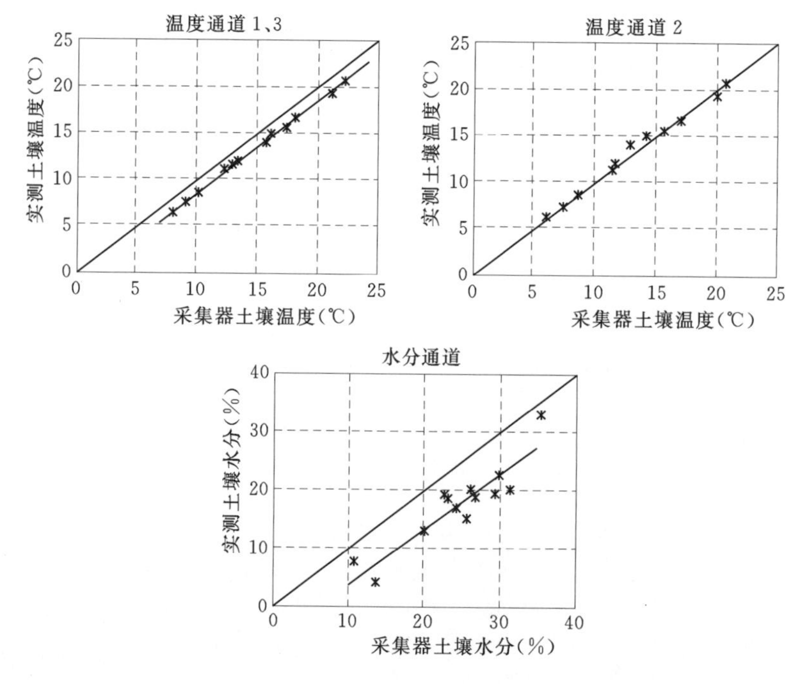

图 7.23　野外定标结果

土壤水分探头布设的区域与 4 个 AMSR - E L3 数据中的像元相对应（见图 7.24），4 个像元在 EASE - Grid 全球投影格式中的行列号以及中心的经纬度见表 7.6。所有采集仪于 2010 年 11 月 10 日埋设完毕，并于 2011 年 3 月 9 日开始取回，在时间上覆盖了该地区 2010—2011 年整个冬天的冻融循环过程。利用整个测量期内 AMSR - E 数据，对算法进行了验证。

表 7.6 像元尺度同步观测像元的位置

像元编号	列坐标	行坐标	经度(°)	纬度(°)
A	110	1134	E115.0542	N38.701
B	110	1135	E115.3145	N38.707
C	111	1134	E115.0542	N38.451
D	111	1135	E115.3145	N38.451

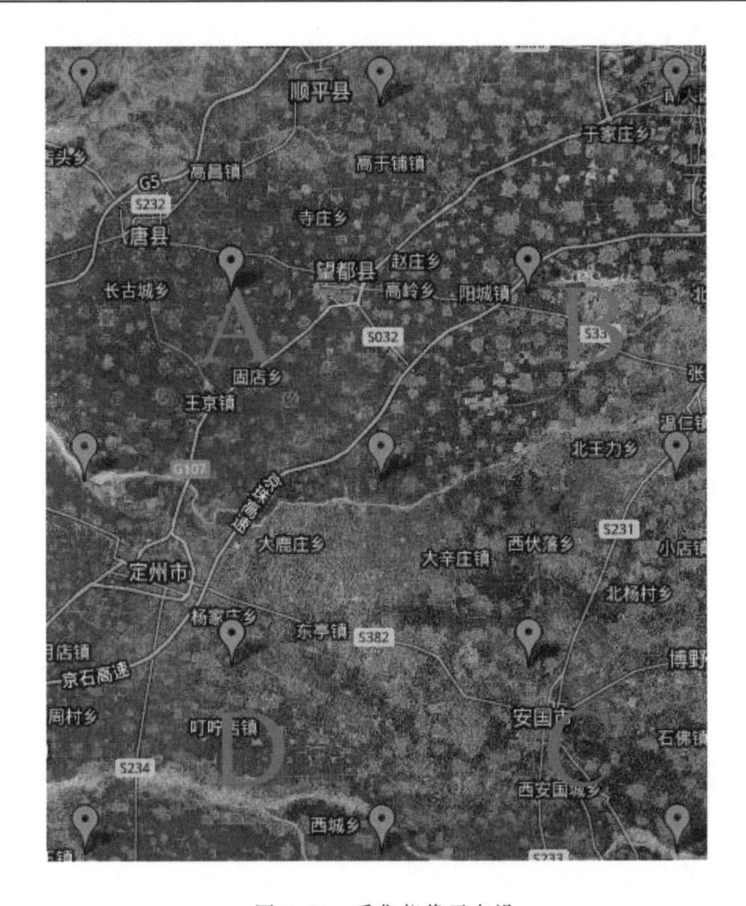

图 7.24 采集仪像元布设

对各个像元内采集仪测量的温度值、土壤含水量值进行算术平均，作为像元尺度上的地表温度和土壤含水量。在冻结状况下，土壤水分探头测量的土壤含水量反映了冻土中液态水的体积含量，因此将其测量值作为冻土的未冻水含量，并且对像元内测量的含水量进行平均，作为像元整体的未冻水含量。提取采集仪在凌晨 1：30 和中午 1：30 测量的含水量值，比较二者的变化，作为相变水量。同时，依据观测亮温利用反演公式计算冻融过程中发生的相变水量。估算的相变水量与实际测量值的对比见图 7.25。从对比图中可以看出反演结果与实测值的均方根误差在 0.016 左右。由于华北平原在冻融交替期会有长时间的灌溉，且地表的覆盖比较复杂，在一定程度上都会对反演的结果造成影响。

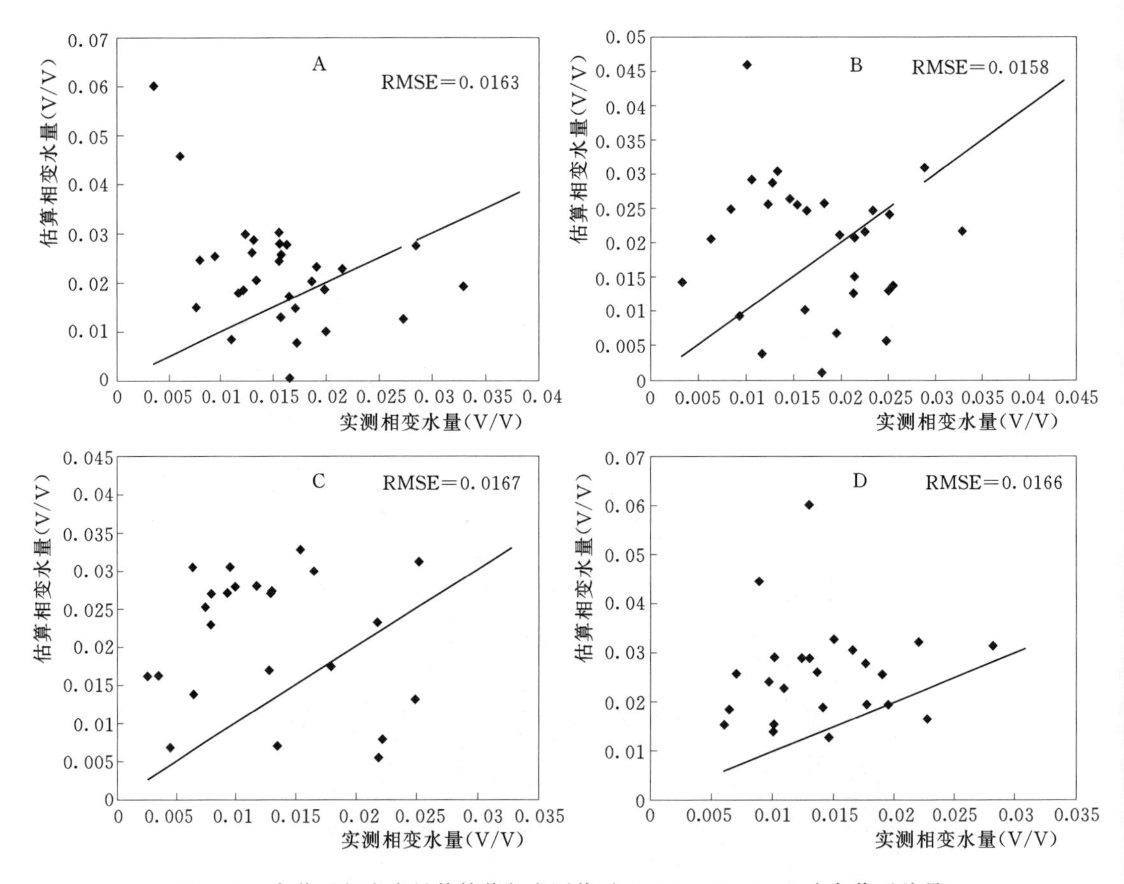

图 7.25　各像元相变水量估算值与实测值对比（A、B、C、D 为各像元编号）

7.2　年均降水量

7.2.1　资料来源

年均降水量由冻融侵蚀普查的黑龙江、内蒙古、四川、云南、西藏、甘肃、青海、新疆等 8 个省（自治区）的气象站计算得到。由于我国冻融侵蚀区气象站稀少，在年降水量计算中还采用了 TRMM 多卫星降水分析数据（3B42 产品）和东亚季风区高分辨率降水数据（APHRODITE 数据）为补充数据。

7.2.1.1　气象站

本项目共收集到冻融侵蚀区 8 个省（自治区）范围内 335 个气象站的时间序列降水数据和冻融侵蚀区周边省份 70 个气象站的时间序列降水数据，共计 405 个气象站的时间序列年降水量数据。中国冻融侵蚀区气象站的数量和密度分布情况见表 7.7 和图 7.26。

表 7.7　　　　中国冻融侵蚀区气象站数量统计表

省（自治区）	气象站数量（站）	气象站密度（站/万 km^2）
西藏	39	0.32
四川	50	1.03
青海	39	0.54
新疆	55	0.34
甘肃	34	0.84
内蒙古	51	0.44
黑龙江	31	0.68
云南	36	0.94
周边省份	70	—
合 计	405	0.52

注　气象站密度统计中未包含周边省份的数量。

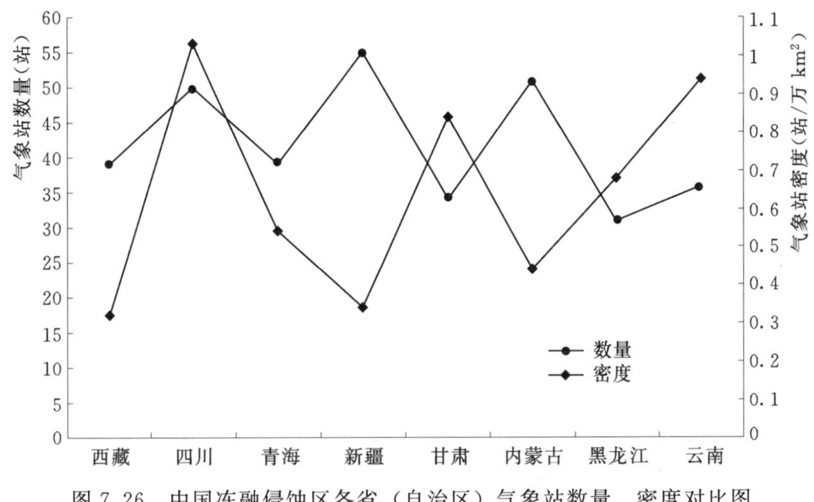

图 7.26　中国冻融侵蚀区各省（自治区）气象站数量、密度对比图

从表 7.7 与图 7.26 可以看出，中国冻融侵蚀区各省（自治区）中四川省气象站密度最高，为 1.03 站/万 km^2；西藏自治区密度最低，仅为 0.32 站/万 km^2；新疆维吾尔自治区、青海省、内蒙古自治区密度也非常低，都接近或低于 0.5 站/万 km^2。

表 7.8　　　　中国冻融侵蚀区气象站时间序列长度统计表

年数（年）	<10	10～20	20～30	30	总计（站）	30 年时段所占比例（%）
四川	4	5	4	37	50	74
西藏	1	1	11	26	39	67
青海	0	5	4	30	39	77
新疆	1	2	1	51	55	93
甘肃	5	1	2	26	34	76
内蒙古	1	2	1	47	51	92
黑龙江	0	0	1	30	31	97
云南	2	0	1	33	36	92
总计（站）	12	16	274	247	302	84

从表7.8可以看出，冻融侵蚀区收集的气象站时间序列长度（满足1981—2010年30年长度的气象站数量占总数量的84%）达到了项目收集数据的精度要求。

7.2.1.2 TRMM 3B42数据集

TRMM卫星是美国NASA和日本NASDA共同研制、专门用于定量测量热带地区降雨的卫星，其观测范围为南北纬50°之间。TRMM 3B42产品是TRMM卫星数据中精度最高的产品之一。该产品融合了多个微波遥感数据，包括TRMM卫星上的TMI传感器，DMSP卫星上的SSM/I传感器，2004年开始该产品又融合了Aqua卫星上的AMSR-E传感器以及NOAA系列卫星上的AMSU-B传感器。由于该数据产品融合了多个微波遥感数据，且数据质量高于以往数据产品，从而成为被推荐用于科学研究的数据产品。

TRMM 3B42数据集的空间范围为50°S～50°N，180°W～180°E，空间分辨率为0.25°×0.25°，时间分辨率包括3h、日和月三个尺度，数据包括降水强度和误差，数据序列为1998年至今。大量研究表明，在年尺度上TRMM 3B42产品精度较高，与地面气象站年降水量验证决定系数可达0.92以上，只有在年降水量大于2500mm的区域，TRMM 3B42产品才会出现明显低估降水量；在年降水量低于500mm的地区TRMM 3B42产品与地面气象站的偏差较大。

7.2.1.3 APHRODITE数据集

APHRODITE数据集是由日本综合地球环境研究所（RIHN）和日本气象厅气象研究所联合实施的APHRODITE（Asian Precipitation-Highly Resolved Observational Data Integration Towards Evaluation of Water Resources）计划中建立的一套高分辨率的逐日亚洲陆地降水数据集。

APHRODITE数据集的空间范围是60°E～150°E，15°S～55°N，主要包括中国、日本、蒙古、印度，东南亚的所有国家，以及中亚的部分国家，空间分辨率为0.25°×0.25°，时间分辨率为日尺度，数据序列为1951—2007年。研究表明，APHRODITE数据与气象站年降水量的分布呈一致状态，二者的相关系数可达0.95以上，均方根误差小于0.5mm/d。

7.2.2 计算方法

年均降水量计算分析主要包括地面气象站降水量统计、降水数据“加密”和降水数据空间插值三部分。

7.2.2.1 地面气象站降水量统计

对已收集到的气象站、水文站降水量数据进行筛选，满足时间序列长度不低于10年的参与计算，低于10年则不计算；再计算出每一站的多年平均降水量数值。利用全国冻融侵蚀普查工作开发的年降水量计算分析程序（见图7.27）计算多年平均降水量，并将结果输出到Excel软件中。

7.2.2.2 降水数据“加密”

由于冻融侵蚀区主要分布在高海拔地区和高纬度地区，这些地方气象站很少，分布密度极低，特别是青藏高原中部、西北部。为解决这一问题，使用TRMM 3B42数据集和APHRODITE数据集对上述气象站和水文站缺失地区进行人工“加密”处理，并计算每

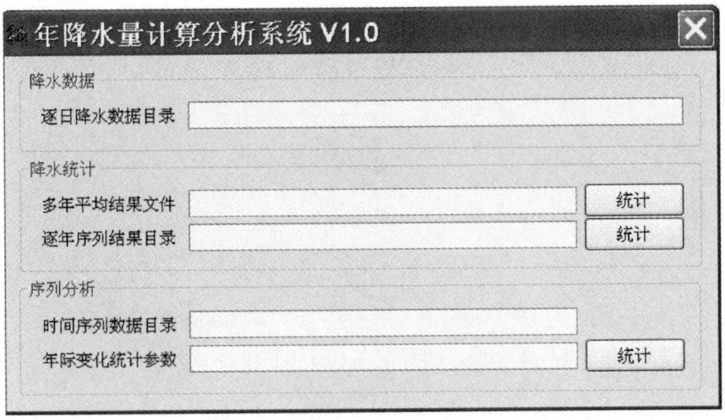

图 7.27　年降水量计算分析程序界面

一个“加密站”的多年平均降水量。

1. 加密卫星数据精度

加密拟采用 APHRODITE 数据集和 TRMM 3B42 数据集，因此必须对两套数据进行精度评定。选择平均绝对误差（*MAE*）、平均相对误差（*MOE*）、均方根误差（*RMSE*）、极值效应（*Outlier*）、决定系数（R^2）、效率指数（*E*）、亲和指数（*D*）和拟合方程的斜率（*b*）、截距（*a*）等 8 个指标进行评价，各指标计算方法见式（7.12）～式（7.19）。

设地面气象站的降水量值为 O_i，TRMM 3B42 产品和 APHRODITE 数据对应像元的降水量值为 P_i，O_i 与 P_i 的平均值分别为$\overline{O}$和$\overline{P}$，对应样本数量为 N，那么各个指标的计算方法如下：

平均绝对误差（*MAE*）：

$$MAE = \frac{\sum_{i=1}^{N} | O_i - P_i |}{N} \tag{7.12}$$

平均相对误差（*MOE*）：

$$MOE = \frac{1}{N} \cdot \frac{\sum_{i=1}^{N} | O_i - P_i |}{O_i} \times 100\% \tag{7.13}$$

均方根（*RMSE*）：

$$RMSE = \sqrt{\frac{1}{N} \cdot \sum_{i=1}^{N} (O_i - P_i)^2} \tag{7.14}$$

极值效应（*Outlier*）：

$$Outlier = RMSE - MAE \tag{7.15}$$

决定系数（R^2）：

$$R^2 = \left\{ \frac{\sum_{i=1}^{N} (O_i - \overline{O})(P_i - \overline{P})}{\left[\sum_{i=1}^{N} (O_i - \overline{O})^2 \right]^{0.5} \left[\sum_{i=1}^{N} (P_i - \overline{P})^2 \right]^{0.5}} \right\} \tag{7.16}$$

效率指数（E）：

$$E = 1 - \frac{\sum_{i=1}^{N}(O_i - P_i)^2}{\sum_{i=1}^{N}(O_i - \overline{O})^2} \tag{7.17}$$

亲和指数（D）：

$$D = 1 - \frac{\sum_{i=1}^{N}(O_i - P_i)^2}{\sum_{i=1}^{N}(|P_i - \overline{O}| + |O_i - \overline{O}|)^2} \tag{7.18}$$

拟合方程的斜率（b）和截距（a）：假设 O 和 P 的线性拟合关系为 $O=a+bP$，则 a 和 b 的最大似然估算公式为：

$$\begin{cases} b = \dfrac{\sum_{i=1}^{N}(P_i - \overline{P})(O_i - \overline{O})}{\sum_{i=1}^{N}(P_i - \overline{P})^2} \\ a = \overline{O} - b\overline{P} \end{cases} \tag{7.19}$$

分别利用冻融侵蚀区 N50°以南 400 个气象站 2008—2010 年的三年平均降水量数据和冻融侵蚀区 405 个气象站 1981—2007 年多年平均降水量与 TRMM 3B42、APHRODITE 数据集同期数据进行对比。两者检验的精度指标见表 7.9。

表 7.9　加密卫星数据精度检验

指标	*MAE*	*MOE*	*RMSE*	*Outlier*	R^2	*E*	*D*	拟合方程系数	
								a	*b*
TRMM 3B42 数据集	80.87	24.64%	127.31	46.44	0.8782	0.8765	0.9646	1.0455	−24.2524
APHRODITE 数据集	32.64	7.11%	62.60	29.96	0.9746	0.9728	0.9929	1.0292	−2.6464

样本散点图及回归曲线如图 7.28 所示。由图可以看出，TRMM 3B42 和 APHRODITE 数据与气象站数据的相关性均较高。TRMM 3B42 数据拟合直线为 $y=1.0455x-24.2524$。从误差情况来看，由于 TRMM 求平均值的时间序列较短，造成误差较大，平均绝对误差 80.87，平均相对误差 24.64%，但 TRMM 和气象站数据之间的决定系数 R^2 达到 0.8782。从精度数值上看，TRMM 3B42 数据未能达到本项目的要求，但已有研究表明采用多年平均处理 TRMM 3B42 数据的精度会大幅提高，因此仍可用于本项目作为辅助数据源使用。APHRODITE 数据拟合直线为 $y=1.0292x-2.6464$，决定系数 R^2 高达 0.9746。从误差情况来看，APHRODITE 数据与气象站数据平均绝对误差为 32.64，平均相对误差为 7.11%。因此，可以使用该数据作为多年平均降水量计算的替代数据源。

2. "加密站"设置

根据我国冻融侵蚀区气象站的空间分布特征，在冻融侵蚀区的 8 个省（自治区）共设

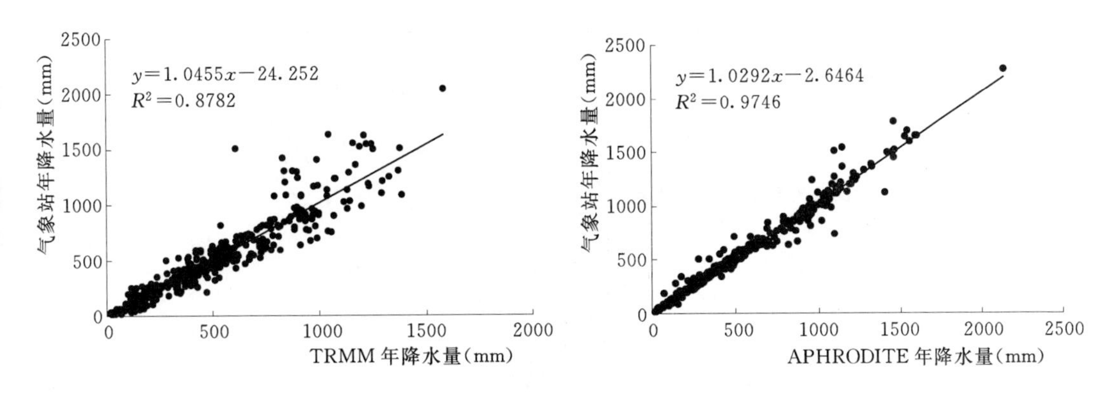

图 7.28 气象站年降水量与 TRMM、APHRODITE 降水量散点图

置了 226 个“加密站”，其中冻融侵蚀区范围内 166 个，周边地区 60 个。“加密站”的空间分布情况见表 7.10 和图 7.29。

表 7.10 我国冻融侵蚀区“加密站”空间分布

省（自治区）	“加密站”数量（站）	气象站数量（站）	“加密站”密度（站/万 km^2）
西藏	52	91	0.76
四川	8	58	1.20
青海	16	55	0.77
新疆	54	109	0.67
甘肃	3	37	0.91
内蒙古	19	70	0.61
黑龙江	3	34	0.75
云南	11	37	0.97
周边地区	60	—	—
合计	226	491	0.76

注 气象站密度统计中未包含周边地区“加密站”数量。

从图 7.30 可以看出，加入“加密站”之后，气象站密度明显加大，且分布更加均匀，特别是“加密站”填充了青藏高原西北部、新疆南部等无气象站分布区域。从表 7.10 和图 7.30 可以看出，“加密”之后，冻融侵蚀区气象站密度增加了 0.44 站/万 km^2，密度增加最明显的西藏自治区、新疆维吾尔自治区和青海省，分别增加了 0.44 站/万 km^2、0.33 站/万 km^2 和 0.23 站/万 km^2。

3. “加密站”数据获取与计算

在全国冻融侵蚀普查中专门开发了用于提取“加密站”经纬度等基本信息的程序（见图 7.31）和根据“加密站”基本信息读取 TRMM 3B42 产品和 APHRODITE 数据建立降水数据序列的软件程序（见图 7.32）。与气象站点数据计算相同，采用同一程序计算“加

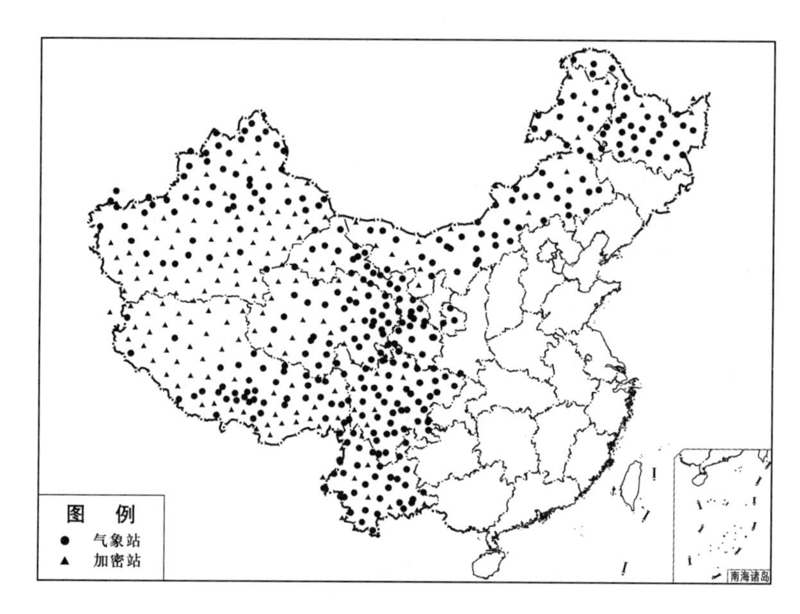

图 7.29 我国冻融侵蚀区“加密站”空间分布图

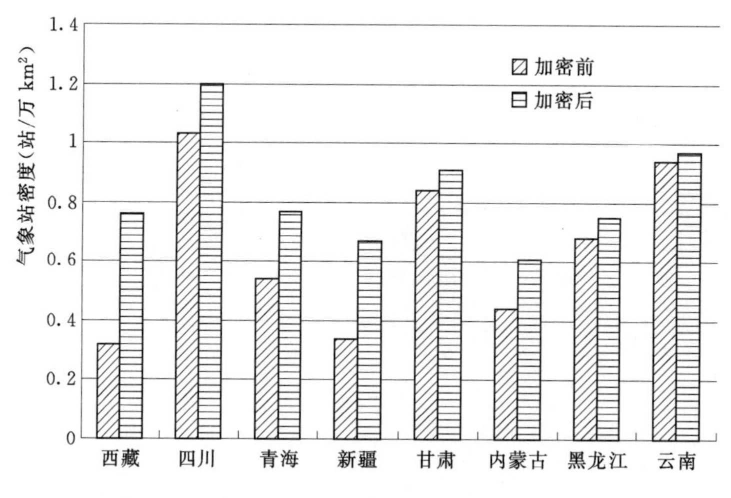

图 7.30 加密前后气象站密度变化图

密站”的年均降水量数据。

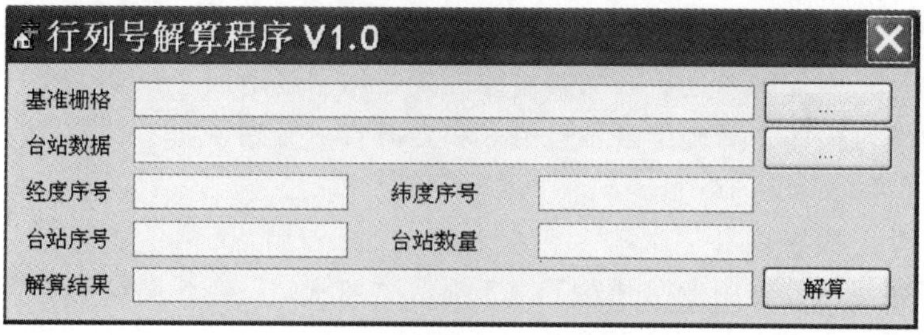

行列号解算程序 V1.0
基准栅格
台站数据
经度序号
纬度序号
台站序号
台站数量
解算结果
解算

图 7.31 计算经纬度及行列号程序界面

图 7.32　从栅格文件中导出数据程序界面

7.2.2.3　降水数据空间插值

使用克吕格空间插值方法生成全国冻融侵蚀区的年降水量栅格数据。空间插值在 ArcGIS 软件支持下完成。假设降水数据没有主导趋势，选择普通克吕格（Ordinary Kringing）方法，经过参数计算和反复调试试验，确定球面函数模型（Spherical），Nugget、Lag size、Neighbors to include、Neighbors 等参数分别设置为 19402、421670、5、40，插值效果最佳。

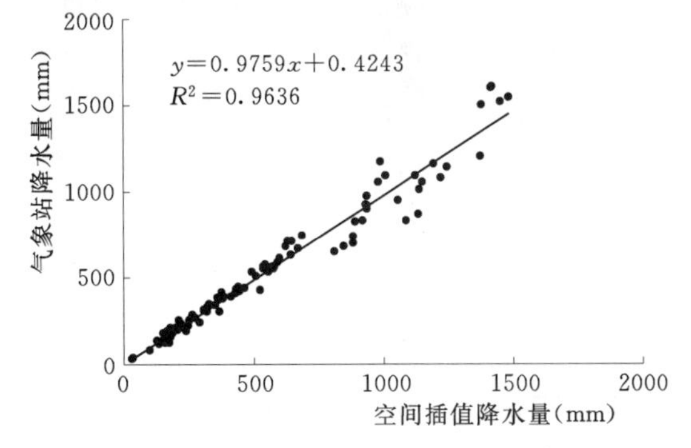

图 7.33　气象站降水量与空间插值降水量回归曲线图

7.2.3　精度验证

将冻融侵蚀区年降水量与中国气象局编制、中国地图出版社出版的《中国气候资源地图集》进行对照，发现二者各等值线非常接近，因此降水量空间插值结果精度可靠。

为进一步对计算分析的降水量数据质量进行评价，随机选择了 100 个气象站降水量数据与经过空间插值的中国冻融侵蚀区年均降水量栅格数据做定量分析（见图 7.33）。最后验证平均相对误差为 8.46%，平均绝对误差为 44mm，能够满足技术规范的要求。

7.3　坡度与坡向

7.3.1　资料来源

坡度与坡向是影响冻融侵蚀的两个地形因子，利用 25m 分辨率 DEM 数据计算得到，该 DEM 数据由 1∶5 万、1∶10 万数字地形图生成。

7.3.2　计算方法

由 1∶5 万、1∶10 万数字地形图生成 25m 分辨率 DEM 数据，再利用 ArcGIS 软件计算坡度、坡向。由于我国冻融侵蚀区环境恶劣，不少区域缺少可靠的地形资料，造成 DEM 数据存在地形偏差问题，针对此类问题利用 ASTER GDEM 数据进行修正。AS-

TER GDEM 数据为 ASTER 卫星立体测图数据，分辨率为 30m，整体精度优于 1：10 万 DEM 数据。

7.3.3 计算结果分析与验证

冻融侵蚀区 8 省共涉及 1：25 万图幅 573 幅，其中有 25 幅存在问题，正确率达到 95.64%。对冻融侵蚀区外的 14 幅数据修复后，数据精度又大大提高。利用 800 个冻融侵蚀野外调查单元的调查数据进行检验，由于野外调查将坡度数据划分四个等级，即 0°～15°、15°～25°、25°～35°、35°以上，故将坡度数据也划分为上述四个等级。随机抽样的 500 个数据中，有 453 个调查单元与计算坡度数据等级一致，正确率达到 90.6%。与坡度数据验证方法相同，坡向划分为七级，即 0°～45°、45°～90°、90°～135°、135°～225°、225°～270°、270°～315°、315°～360°。随机抽样 500 个数据，其中有 407 个调查单元坡向数据与计算坡向数据等级一致，正确率达到 81.4%。

由于各县（区、市、旗）普查人员野外调查质量参差不齐，造成野外调查的坡度、坡向也可能不准确，因此实际上坡度、坡向数据的精度还要高于目前的统计值。

7.4 冻融侵蚀强度计算与评价

7.4.1 冻融侵蚀评价方法

7.4.1.1 冻融侵蚀区界定

冻融侵蚀普查时，首先要确定冻融侵蚀区，然后再在冻融侵蚀区范围内划分冻融侵蚀强度。

冻融侵蚀区与有冻融侵蚀现象发生的区域是两个不同的概念。因为有冻融侵蚀发生的区域，冻融侵蚀未必是该区域主要的侵蚀类型，也有可能同时存在水力侵蚀、风力侵蚀等多种类型，即存在多营力复合侵蚀情况。而冻融侵蚀区是指具有强烈的冻融循环作用为特征的寒冷气候条件，冻融循环作用是最普遍、最主要的外力侵蚀过程，同时应有相应的冻融侵蚀地貌形态表现。因此，判断一个区域是否属于冻融侵蚀区的关键是看该区域的侵蚀动力是否以冻融循环作用为主。如果把发生冻融侵蚀的区域等同于冻融侵蚀区，显然扩大了冻融侵蚀的范围。

明确了冻融侵蚀区的概念后，界定冻融侵蚀区就可以从两个方面入手：一是确定冻融侵蚀区的下界海拔；二是确定冻融侵蚀有无上界海拔。张信宝等（2006）认为，在川西高原 3800m 以上为冰缘地貌带，以冻融侵蚀为主，3800m 以下为流水地貌带，以水力侵蚀为主。张建国、刘淑珍等（2005）在青藏高原广泛考察后认为，在多年冻土区外围 100～300m 的范围内，外力作用仍以冻融循环作用为主，地貌类型也以冻融侵蚀地貌（冰缘地貌）为主。周幼吾、邱国庆、程国栋等认为冰缘区下界比多年冻土下界低 100～300m，统一将多年冻土区下界下移 200m 左右作为冻融侵蚀区下界。根据邱国庆、程国栋（1995）提出的多年冻土区范围的预测方程，得到我国冻融侵蚀区下界海拔高度方程：

$$H=\frac{66.3032-0.9197X_1-0.1438X_2+2.5}{0.005596}-200 \tag{7.20}$$

式中：H 为冻融侵蚀区下界海拔高度，m；X_1 为纬度，(°)；X_2 为经度，(°)。

确定冻融侵蚀区的关键是看一个区域的侵蚀营力是否以冻融循环作用为主，并存在冻融侵蚀地貌形态，这一准则同样适用于对冻融侵蚀上界的讨论。一些学者把“雪线”当成是冻融循环作用（冰缘作用）上限，在上限以上就不应有任何冻融过程。然而，就在地球最高山地珠穆朗玛峰上仍可见到相当丰富的寒冬风化碎屑（崔之久，1981），因此可以说边缘作用是没有上限的。但冰川和永久性积雪区侵蚀营力以冰川作用为主，因此在冻融侵蚀区下界海拔以上要扣除冰川和永久性积雪区。

利用式（7.20）计算出的仅是“准冻融侵蚀区”。利用2010年1：10万土地利用图和中国1：10万沙漠（沙地）分布图，在“准冻融侵蚀区”扣除冰川和永久性积雪、水域、沙地、戈壁后最终得到冻融侵蚀区范围。

7.4.1.2　冻融侵蚀强度评价指标

目前，一般认为冻融侵蚀是寒冷环境下由于温度的变化，导致岩土体中的组成物质频繁地热胀冷缩，造成了岩土体的机械破坏，被破坏的岩土体在水力、重力、风力等作用下被搬运、迁移和堆积的过程，以及冻土活动层融化后，表土层在降水和积雪融水作用下含水量趋于饱和并逐渐液化，在重力作用下沿冻结层面顺坡向下蠕动的过程。由此可见冻融侵蚀不是单独存在的，它是在水力、重力、风力等多种因素影响下共同形成的。本次全国冻融侵蚀普查从冻融侵蚀发育的特点和主要影响因素出发，选择了年冻融日循环天数、日均冻融相变水量、年均降水量、坡度、坡向、植被覆盖度等6个指标进行多因素综合评价。

（1）年冻融日循环天数。冻融循环作用是导致冻融侵蚀的关键动力因素，一个地区其地表温度在0℃上下波动越频繁，则冻融循环作用越强烈，因冻融循环作用导致的岩土体破坏程度越强。定义一天内最高温度大于0℃而最低温度小于0℃为一个冻融日循环。年冻融日循环天数是指一年中冻融日循环发生的天数。

（2）日均冻融相变水量。由于水在从液态冻结成固态时体积约增加1.1倍，因此冻融循环过程中，水体的变化对岩土体的机械破坏作用影响最为明显。相变水量是指土地冻融过程中发生相变的水量。相变水量增加，冻结时由于水体结冰体积增大而对土地的破坏作用增加。日均冻融相变水量反映了土壤含水量对冻融侵蚀强度的影响。

（3）年均降水量。降水量作为土壤侵蚀的主要影响因素已成为土壤侵蚀学科的共识。然而，在冻融侵蚀中，降水量不仅通过雨滴击溅和地表径流为土壤侵蚀提供直接动力因素，还从两个方面对冻融侵蚀产生影响：一方面随着降水量的增长，土壤含水量上升，造成冻融相变水量增加，冻融侵蚀增强；另一方面，岩土体被寒冻风化和冻融循环作用破坏后往往不会直接发生位移，即没有产生侵蚀，而造成位移的过程中，流水作用是极其重要的一个动力因素。

（4）坡度。坡度是重要的土壤侵蚀影响因素已为我们所熟知，同样它也是冻融侵蚀的一个重要影响因素。同时，坡度越大，岩土体表面失稳的可能性越大，这样在风化和冻融作用下，被破坏的岩土体发生滑动、跌落、翻滚、跳跃等作用的可能性明显增加。在冻融侵蚀区看到的大量的冻融滑塌、冻融泥流、石流坡等冻融侵蚀现象都与坡度有关。

(5) 坡向。坡向反映了不同地形条件下，坡面接收太阳辐射的能力。冻融侵蚀区所处地理环境温度很低，多数时间地表温度低于0℃，而阳坡太阳光照时间长，地面接收太阳辐射能量强，白天地表剧烈升温而高于0℃，造成阳坡冻融循环作用明显强于阴坡。另外，阳坡受太阳辐射影响，蒸发强烈，土壤湿度低，植被长势普遍较同地点阴坡差，因此阳坡植被对土壤保持功能较阴坡低，这也是造成阴坡、阳坡冻融侵蚀差异的一个因素。

(6) 植被覆盖度。植被对冻融侵蚀的影响作用主要表现两方面：一方面，植被通过截流降水、根系护土等作用直接保护地表，降低土壤侵蚀（冻融侵蚀区往往也有水力侵蚀存在）；另一方面，植被的存在明显降低了地表温度的变化程度，从而减轻了冻融循环作用，从而降低了冻融侵蚀。

年冻融日循环天数和日均冻融相变水量是冻融侵蚀的主要动力因素，在冻融侵蚀发育过程中起着主导作用，在冻融侵蚀评价中也起着非常重要的作用。年降水量、坡度、坡向和植被覆盖度分别从不同方面决定了冻融侵蚀的分布和强度，也是冻融侵蚀评价的主要因子。

7.4.1.3 冻融侵蚀强度评价模型

冻融侵蚀是在寒冷环境下，由于温度变化导致岩土体的组成物质频繁热胀冷缩及水分频繁发生固液态相变，造成了岩土体的机械破坏，被破坏的岩土体在水力、重力、风力等作用下被搬运、迁移和堆积的过程；以及冻土活动层融化后，表土层在降水和积雪融水作用下含水量趋于饱和并逐渐液化，在重力作用下沿冻结层面顺坡向下蠕动的过程。由此可见，冻融侵蚀不是单独存在的，是在水力、重力、风力等多种因素影响下共同形成的。在冻融侵蚀研究方面，也有不少学者尝试使用该方面进行冻融侵蚀综合评价和强度划分，如西藏自治区冻融侵蚀分级评价（张建国等，2006）、三江源地区冻融侵蚀评价（李成六等，2011）、四川省冻融侵蚀评价（张建国等，2005）、青海湖流域冻融侵蚀评价（张娟等，2012）等。本次普查从冻融侵蚀发生、发育的特点和主要影响因素出发，在分析我国各区域冻融侵蚀影响因素和区域特点的基础上，选择了年冻融日循环天数、日均冻融相变水量、年均降水量、坡度、坡向、植被覆盖度等6个指标进行多因素综合评价，采用多因子加权综合评价模型，建立了适用于全国范围的冻融侵蚀强度综合评价模型。其计算公式为：

$$A = \sum_{i=1}^{n} W_i I_i \Big/ \sum_{i=1}^{n} W \tag{7.21}$$

式中：A 为冻融侵蚀强度指数，相当于水力侵蚀模型中的土壤侵蚀模数，综合评价指数愈大，表示冻融侵蚀愈强烈；W_i 为第 i 个影响因子对应的权重；I_i 为第 i 个影响因子的因子值。

7.4.1.4 评价指标分级

根据对各个评价指标的分析结果，在专家咨询、典型区试点的基础上确定了年冻融日循环天数、日均冻融相变水量、年均降水量、坡度、坡向和植被覆盖度6个评价指标的分级标准（见表7.11）。

表7.11　冻融侵蚀强度分级计算指标赋值标准

计算指标	赋值标准			
年冻融日循环天数（d）	≤100	100～170	170～240	>240
赋值	1	2	3	4
日均冻融相变水量（%）	≤3	3～5	5～7	>7
赋值	1	2	3	4
年均降水量（mm）	≤150	150～300	300～500	>500
赋值	1	2	3	4
坡度（°）	0～8	8～15	15～25	>25
赋值	1	2	3	4
坡向（°）	0～45，315～360	45～90，270～315	90～135，225～270	135～225
赋值	1	2	3	4
植被覆盖度（%）	60～100	40～60	20～40	0～20
赋值	1	2	3	4

7.4.1.5　评价指标权重

在专家咨询、典型区试点的基础上确定了年冻融日循环天数、日均冻融相变水量、年均降水量、坡度、坡向和植被覆盖度6个评价指标的分级标准（见表7.12）。

表7.12　冻融侵蚀评价指标权重

影响因子	年冻融日循环天数	日均冻融相变水量	年降水量	坡度	坡向	植被覆盖度
权重	0.27	0.15	0.10	0.26	0.07	0.15

7.4.2　冻融侵蚀强度等级划分标准

参照《土壤侵蚀分类分级标准》（SL 190—2007），冻融侵蚀强度同样分为微度侵蚀、轻度侵蚀、中度侵蚀、强烈侵蚀、极强烈侵蚀和剧烈侵蚀6级。但由于目前冻融侵蚀研究现状限制，SL 190—2007并未对冻融侵蚀分级标准进行规定，因此在全国范围内划分冻融侵蚀强度等级是一件十分困难的事情。我国第二次土壤侵蚀遥感调查中，各省（自治区）根据本地区情况划分了本省（自治区）的冻融侵蚀强度分级标准，但这些标准比较混乱，导致不同省（自治区）间冻融侵蚀强度缺乏可比性。在西藏自治区冻融侵蚀分级评价、三江源地区冻融侵蚀评价、四川省冻融侵蚀评价、青海湖流域冻融侵蚀评价等研究中，科研人员也是根据研究区域特点确定了适用于研究区的冻融侵蚀强度分级标准，且每个区域所采用的评价指标、评价权重也不尽相同，造成这些分级标准无法在全国范围内推广使用。

合理确定冻融侵蚀强度等级划分标准是本次全国冻融侵蚀强度计算分析的关键任务。为此，冻融侵蚀项目组主要从四个方面入手，通过地学综合方法，确定了中国冻融侵蚀强度分级标准。

7.4.2.1 典型区域试验

全国冻融侵蚀普查试点安排在西藏自治区日喀则地区南木林县进行。南木林县位于雅鲁藏布江中游北侧，地貌以高山为主，平均海拔4900m，山体坡度多在25°以上，雅鲁藏布江流经县域南部。南木林县土壤侵蚀类型以冻融侵蚀为主，选择该县作为试验区具有很强代表性。按冻融侵蚀普查技术要求，对南木林县进行野外调查和冻融侵蚀强度评价工作，编制了南木林县冻融侵蚀强度分布图（见图7.34和表7.13）。

通过对南木林县气候、植被、地形地貌以及第二次土壤侵蚀遥感调查资料的对比分析，综合评估南木林县试点评价成果可靠，进一步验证了原技术方案确定的冻融侵蚀强度分级标准，为后期开展全国冻融侵蚀强度计算与等级划分奠定了重要基础。

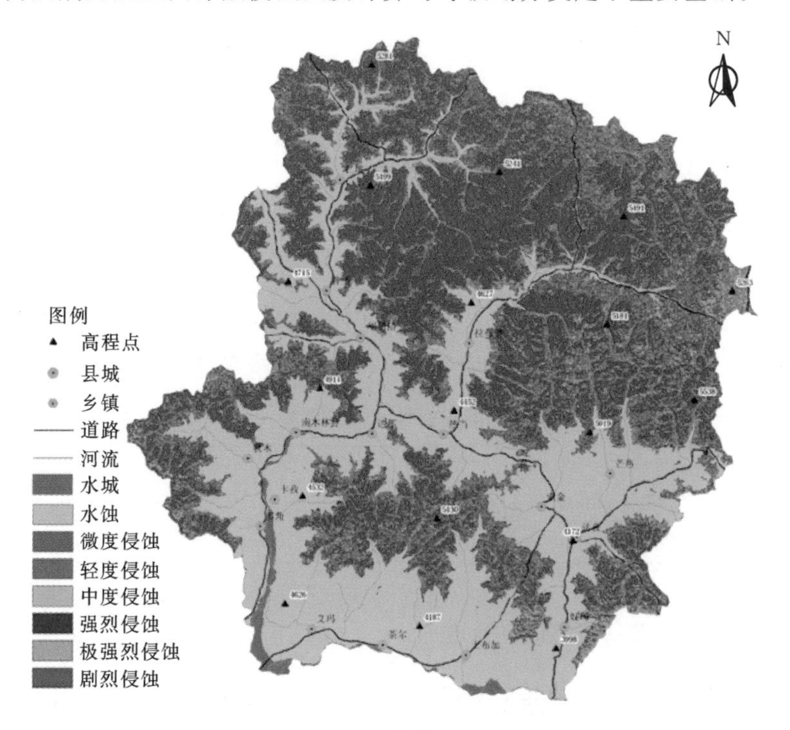

图7.34　南木林县冻融侵蚀强度分布图

表7.13　南木林县各冻融侵蚀强度分布情况

侵蚀等级	侵蚀面积（km²）	占国土总面积比例（%）	占冻融区比例（%）
微度	3.02	0.04	0.06
轻度	147.82	1.83	3.00
中度	411.46	5.09	8.35
强烈	690.66	8.54	14.02
极强烈	1795.05	22.20	36.43
剧烈	1879.77	23.25	38.15

7.4.2.2 专家咨询

在全面完成全国冻融侵蚀强度计算与等级划分工作后，就本次冻融侵蚀普查成果进行了专家咨询和评估。针对专家提出的一些建设性意见，对冻融侵蚀强度等级划分标准进行微调，最重要的调整就是将全国统一的划分标准修订为按青藏高原、西北高山区（也可称为天山-阿尔泰山地区）和东北高纬度地区（也可称为大、小兴安岭地区）三大片区制定冻融侵蚀分级标准。青藏高原作为一个独特的地域单元，其冻融侵蚀分布广，强度大，独立确定其冻融侵蚀强度分级标准非常合理，能够反映青藏高原区域的特殊性；西北高山区反映了大陆性和极大陆性气候条件下的冻融侵蚀特征；东北高纬度地区与其他高原高山冻融侵蚀区特征有所不同，表现为冻融侵蚀下界海拔高度低，垂直方向分异不明显，以纬度方向分异为主，因此将该地区作为一个独立的地域单元来处理。调整后其成果更加符合各省（自治区）的实际，得到各省（自治区）的认可。

7.4.2.3 参照水力侵蚀标准

在确定水力、冻融复合侵蚀区的冻融侵蚀强度分级方案时，特别是东北高纬度地区，我们借鉴了《土壤侵蚀分类分级标准》（SL 190—2007）中的水力侵蚀强度分级方案。通过这种调整，使得冻融侵蚀划分的强度等级可以与水力侵蚀强度等级无缝衔接，更有利于指导地方水土保持治理规划等一系列经济发展、生态环境保护与建设工作。

7.4.2.4 典型样点和调查单元

通过冻融侵蚀野外调查，获得了1627个野外调查单元的野外调查数据资料，这些调查资料中包括调查单元（1km×1km）的植被盖度、冻融侵蚀类型等具体信息和大量的实景照片，利用这些资料可以大致判断出这个区域的冻融侵蚀发育情况，并定性确定其冻融侵蚀强度等级。利用冻融侵蚀野外调查单元资料，选择了406个调查单元对冻融侵蚀强度判定结果进行精度验证，其结果如下：等级完全相符206个单元，占50.74%；等级基本相符177个单元，占43.60%；综合判定精度为94.33%。野外调查资料判断为微度侵蚀，同时综合评价结果也判定为微度侵蚀的准确率为74.14%；野外调查资料判断为轻度以上侵蚀，同时综合评价结果也判定为轻度以上侵蚀的准确率为83.05%；综合判定准确率为81.77%，达到国普办要求的不低于75%的要求。同时，根据获得的13个典型流域（区域）的高分辨率影像，直观反映了冻融侵蚀强度评价结果与实际的对应情况。这两种方法对冻融侵蚀强度分级精度进行验证，取得良好效果。

通过上述工作，最终确定了全国各区域的冻融侵蚀强度分级标准（见表7.14）。

表7.14 中国冻融侵蚀强度分级综合指数

区域	微度侵蚀	轻度侵蚀	中度侵蚀	强烈侵蚀	极强烈侵蚀	剧烈侵蚀
青藏高原	≤1.84	1.84～2.04	2.04～2.24	2.24～2.76	2.76～3.08	>3.08
西北高山区	≤1.92	1.92～2.12	2.12～2.36	2.36～2.76	2.76～3.08	>3.08
东北地区	≤1.28	1.28～2.24	2.24～2.36	2.36～2.76	2.76～3.08	>3.08

7.4.3 冻融侵蚀评价结果及制图

7.4.3.1 全国冻融侵蚀评价结果

全国冻融侵蚀区总面积为190.32万km^2，扣除其中包含的水域、冰川和永久积雪地、沙地（沙漠）等类型后总面积为172.48万km^2，占我国陆地国土总面积的17.97%。全国轻度以上冻融侵蚀总面积 66.10 万 km^2，占冻融侵蚀区总面积的 38.32%，占我国陆地国土总面积的 6.89%。

全国各冻融侵蚀区中，西藏自治区冻融侵蚀区面积最大，达 74.93 万 km^2；其次为青海省，其冻融侵蚀区总面积为 41.36 万 km^2；云南省冻融侵蚀区面积最小，仅为 1428.50km^2（见图 7.35）。冻融侵蚀区面积从大到小的排列顺序依次为西藏自治区＞青海省＞新疆维吾尔自治区＞内蒙古自治区＞四川省＞黑龙江省＞甘肃省＞云南省。全国各省（自治区）中，西藏自治区轻度以上冻融侵蚀面积最大，达 32.32 万 km^2；其次为青海省，其轻度以上冻融侵蚀面积为 15.58 万 km^2；云南省轻度以上冻融侵蚀面积最小，仅为 1305.54km^2。轻度以上冻融侵蚀面积从大到小的顺序依次为西藏自治区＞青海省＞新疆维吾尔自治区＞四川省＞甘肃省＞内蒙古自治区＞黑龙江省＞云南省。这显示出青藏高原是我国最重要的冻融侵蚀分布区，其次是西北部的天山-阿尔泰山地区。东北大兴安岭地区虽然冻融侵蚀区面积较大，但冻融侵蚀强度很低，轻度以上冻融侵蚀区面积仅占冻融侵蚀区总面积的 19.95%。

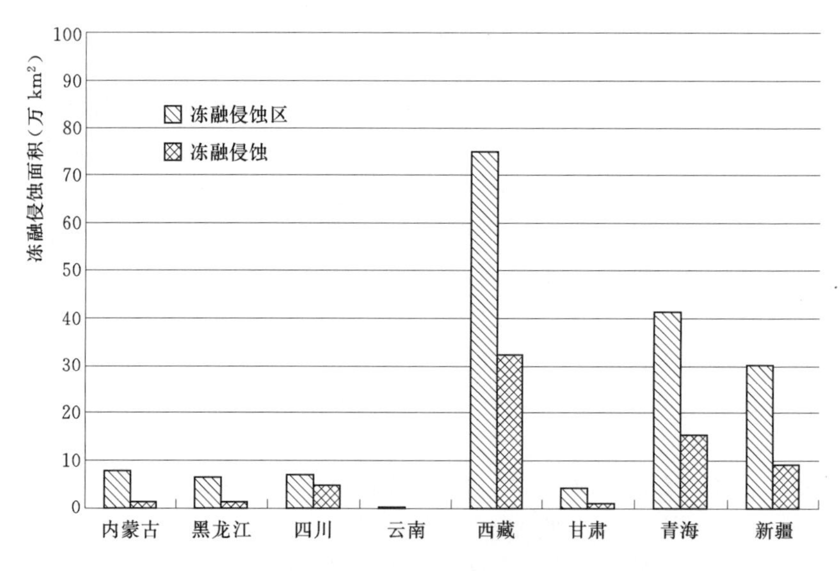

图 7.35　全国各冻融侵蚀区冻融侵蚀面积对比

全国冻融侵蚀轻度侵蚀、中度侵蚀、强烈侵蚀、极强烈侵蚀和剧烈侵蚀面积分别为：34.18 万 km^2、18.83 万 km^2、12.42 万 km^2、0.65 万 km^2 和 0.01 万 km^2，分别占 51.72%、28.49%、18.79%、0.98% 和 0.02%，占我国陆地国土总面积的 3.56%、1.96%、1.29%、0.07%和 0.001%。从图 7.36 可以看出，全国冻融侵蚀强度以轻度侵蚀和中度侵蚀为主，二者占到冻融侵蚀区总面积的 80.21%；强烈侵蚀、极强烈侵蚀和剧烈侵蚀比例不到 20%，而极强烈侵蚀和剧烈侵蚀两级仅占 1%，比例非常微小。这说明我国冻融侵蚀强度面积虽大，但强度不高。全国各冻融侵蚀区各强度冻融侵蚀面积比例见图 7.37。

7.4.3.2　冻融侵蚀强度制图

参照国家测绘地理信息局发布的中国标准地图，制作中国冻融侵蚀强度分级图和冻融

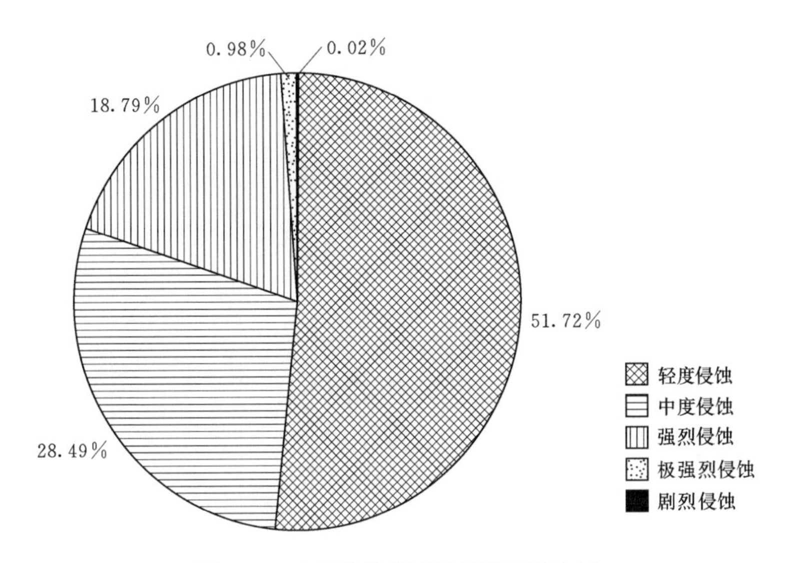

图7.36　全国各强度冻融侵蚀面积比例

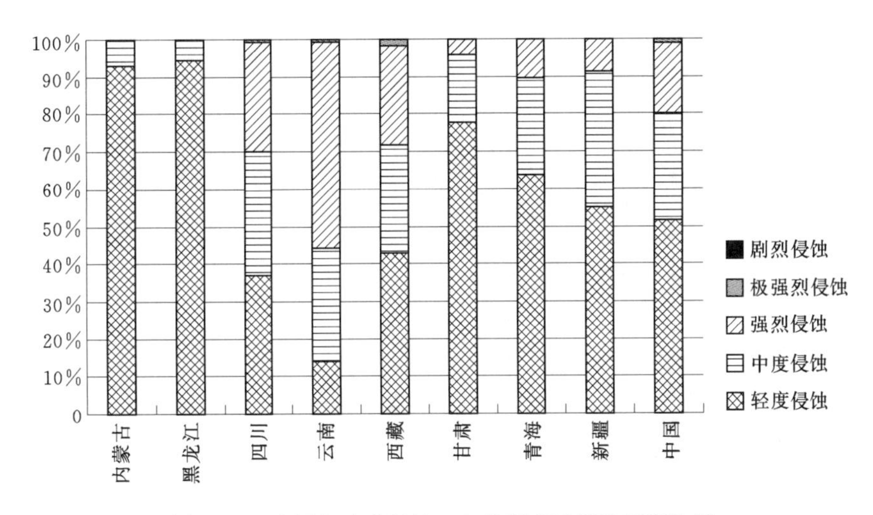

图7.37　全国各冻融侵蚀区各强度冻融侵蚀面积比例

侵蚀区各省（自治区）的冻融侵蚀强度分级图。按1∶25万地形图标准分幅图框，分别裁剪制作各标准分幅的冻融侵蚀强度分级图。

附录1 土壤侵蚀普查表

1.1 第一次全国水利普查气象数据登记表（日降水量）

表　　号：P 5 0 1 - 1 表
制定机关：水　利　部
　　　　　国务院水利普查办公室
批准机关：国　家　统　计　局
批准文号：国统制[2010]181号
有效期至：2 0 1 2 年 8 月

全国水利普查
National Census for Water

气象数据登记表（日降水量）
2011 年

1. 行政区名称及代码 1.1 名称：________省（自治区、直辖市）________地区（市、州、盟）________县（区、市、旗）　1.2 代码：□□□□□□

2. 气象台站基本信息
2.1 台站名称________　2.2 台站站号________　2.3 经度□□□°□□′□□″　2.4 纬度□□°□□′□□″　2.5 海拔高度________m　2.6 年份________

日期	3. 日降水量（mm）																														
月＼日	1	2	3	4	5	6	7	8	9	10	11	12	13	14	15	16	17	18	19	20	21	22	23	24	25	26	27	28	29	30	31
1																															
2																															
3																															
4																															
5																															
6																															
7																															
8																															
9																															
10																															
11																															
12																															

填表人：　　　联系电话：　　　填表日期：201___年___月___日　　　（填表单位公章）
复核人：　　　联系电话：　　　填表日期：201___年___月___日
审查人：　　　联系电话：　　　填表日期：201___年___月___日

《第一次全国水利普查气象数据登记表（日降水量）》填表说明

一、填表要求

1. 本表按县级行政区划单位填写，采用全国水文部门的降水资料，每县挑选一个满足1981—2010年长度，并有全年观测数据的站点。如摘录纸质数据，只抄录大于等于12mm的日降水量；如为电子数据，则全部导入（网络系统上传）。

2. 由省级普查机构负责按照“日降水量收集范围”要求收集日降水量数据并填写登记表。

3. 气象数据对应年份为1981—2010年，共30年。每个县级行政区划单位包括30张日降水量登记表。

4. 普查表必须用钢笔或签字笔（中性笔）填写。需要用文字表述的，必须用汉字工整、清晰地填写；需要填写数字的，一律用阿拉伯数字表示。填写代码时，每个方格中只填一位代码数字；填写数据时，应按规定保留位数。

5. 填表人、复核人、审查人需在表下方相应位置签名，填写时间，并加盖单位公章。

二、指标解释及填表说明

【1. 行政区名称及代码】填写普查所在的行政区名称和全国统一规定的行政区代码。

【2. 气象台站基本信息】填写气象台站的名称、站号、经纬度、高程以及所填写气象数据对应的年份。

【2.1 台站名称】填写气象台站全称。

【2.2 台站站号】填写气象台站站号。

【2.3 经度】填写气象台站所在位置的经度，单位度、分、秒，保留整数位。

【2.4 纬度】填写气象台站所在位置的纬度，单位度、分、秒，保留整数位。

【2.5 海拔高度】填写气象台站所在位置的海拔，单位米，保留整数位。

【2.6 年份】填写气象数据对应的年份。

【3. 日降水量】填写当日降水量，单位毫米（mm），保留一位小数。如摘录纸质数据，只抄录大于等于12mm的日降水量，当日降水量小于12mm时不填写数字（即为空）。如遇某年数据整体缺测时，在表格“年份”中填写“－9999”；如遇某月数据整体缺测时，在当月“1”日和“2”日分别填写“－9999”；如遇某日数据缺测时，在当日填写“－9999”。

三、审核关系

主要进行普查指标完整性审核及普查数据有效性、逻辑性、相关性审核。表中“经度”中“°”范围为72°～136°、“′”范围为0～59′、“″”范围为0～59″，“纬度”中“°”范围为16°～54°、“′”范围为0～59′、“″”范围为0～59″。

1.2 第一次全国水利普查气象数据登记表（风速风向）

表　　号：P 5 0 1 - 2 表
制定机关：水　利　部
国务院水利普查办公室
批准机关：国家统计局
批准文号：国统制[2010]181号
有效期至：2012年8月

全国水利普查
National Census for Water

气象数据登记表（风速风向）
2011 年

1. 行政区名称及代码
1.1 名称：______省（自治区、直辖市）______地区（市、州、盟）______县（区、市、旗）　1.2 代码：□□□□□□

2. 气象台站基本信息
2.1 台站名称______ 2.2 台站站号______ 2.3 经度□□□°□□′□□″ 2.4 纬度□□°□□′□□″ 2.5 海拔高度______m 2.6 年份______

日期	2：00		8：00		14：00		20：00		日期	2：00		8：00		14：00		20：00	
	3.1 风速	3.2 风向	3.1 风速	3.2 风向	3.1 风速	3.2 风向	3.1 风速	3.2 风向		3.1 风速	3.2 风向	3.1 风速	3.2 风向	3.1 风速	3.2 风向	3.1 风速	3.2 风向
1									17								
2									18								
3									19								
4									20								
5									21								
6									22								
7									23								
8									24								
9									25								
10									26								
11									27								
12									28								
13									29								
14									30								
15									31								
16																	

填表人：　　联系电话：　　填表日期：201___年___月___日　　（填表单位公章）
复核人：　　联系电话：　　填表日期：201___年___月___日
审查人：　　联系电话：　　填表日期：201___年___月___日

《第一次全国水利普查气象数据登记表（风速风向）》填表说明

一、填表要求

1. 本表由国家水利普查办公室规定的60个县级普查机构以县级行政区划为单位填写，每县填写一套。若县级行政区划单位所辖区内有多个气象台站，选择位置代表性强、数据最完整的一个气象台站作为登记对象。

2. 气象数据对应年份为1991—2010年，每年1—5月和10—12月的20年4个时段的风速和风向数据，6—9月气象数据不做统计。每个县级行政区划单位包括160张气象数据登记表。

3. 普查表必须用钢笔或签字笔（中性笔）填写。需要用文字表述的，必须用汉字工整、清晰地填写；需要填写数字的，一律用阿拉伯数字表示。填写代码时，每个方格中只填一位代码数字；填写数据时，应按规定保留位数。

4. 填表人、复核人、审查人需在表下方相应位置签名，填写时间，并加盖单位公章。

二、指标解释及填表说明

【1. 行政区名称及代码】填写普查所在的行政区名称和全国统一规定的行政区代码。

【2. 气象台站基本信息】填写气象台站的名称、站号、经纬度、高程以及所填写气象数据对应的年份、月份。

【2.1 台站名称】填写气象台站全称。

【2.2 台站站号】填写气象台站站号。

【2.3 经度】填写气象台站所在位置的经度，单位度、分、秒，保留整数位。

【2.4 纬度】填写气象台站所在位置的纬度，单位度、分、秒，保留整数位。

【2.5 海拔高度】填写气象台站所在位置的海拔，单位米，保留整数位。

【2.6 年份】填写气象数据对应的年份。

【2.7 月份】填写气象数据对应的月份。

【3. 风速和风向】填写当日风速和风向。

【3.1 风速】填写当日对应时刻的风速，单位米/秒（m/s），保留一位小数。只填写当日大于等于5m/s风速的数据，小于5m/s时不填写数字（即为空）。如遇某日数据缺测时，填写“－9999”，如遇某年或某月数据整体缺测时，在表格“年份”或“月份”中填写“－9999”。

【3.2 风向】只填写当日对应时刻，并大于等于5m/s风速的风向数据，小于5m/s时对应的风向不填写数字（即为空）。如遇某日数据缺测时，填写“－9999”。如遇某年或某月数据整体缺测时，在表格“年份”或“月份”中填写“－9999”。

三、审核关系

主要进行普查指标完整性审核及普查数据有效性、逻辑性、相关性审核。表中“经度”中“°”范围为72°～136°、“′”范围为0～59′、“″”范围为0～59″，“纬度”中“°”范围为16°～54°、“′”范围为0～59′、“″”范围为0～59″。

1.3 第一次全国水利普查水蚀野外调查表

表　　号：P　5　0　2　表
制定机关：水　　利　　部
　　　　　国务院水利普查办公室
批准机关：国　家　统　计　局
批准文号：国统制[2010]181号
有效期至：2　0　1　2　年　8　月

全国水利普查
National Census for Water

水蚀野外调查表
2011 年

1. 行政区 1.1 名称：________省（自治区、直辖市）________地区（市、州、盟）________县（区、市、旗）　1.2 代码：□□□□□□

2. 野外调查单元基本信息　2.1 编号________　2.2 位置描述________　2.3 经度□□□°□□′□□″　2.4 纬度□□°□□′□□″

3. 地块编号	4. 土地利用		5. 生物措施				6. 工程措施				7. 耕作措施		8. 备注
	4.1 类型	4.2 代码	5.1 类型	5.2 代码	5.3（%）		6.1 类型	6.2 代码	6.3 建设时间	6.4 质量	7.1 类型	7.2 代码	
					郁闭度	盖度							

填表人：　　　　联系电话：　　　　填表日期：201____年____月____日　　（填表单位公章）
复核人：　　　　联系电话：　　　　填表日期：201____年____月____日
审查人：　　　　联系电话：　　　　填表日期：201____年____月____日

《第一次全国水利普查水蚀野外调查表》填表说明

一、填表要求

1. 本表按野外调查单元填写，每个野外调查单元填写一份。

2. 本表由县级普查机构普查员负责填写。

3. 普查表必须用钢笔或签字笔（中性笔）填写。需要用文字表述的，必须用汉字工整、清晰地填写；需要填写数字的，一律用阿拉伯数字表示。填写代码时，每个方格中只填一位代码数字；填写数据时，应按给定单位和规定保留位数；表中各项指标是指2011年地块的现状。

4. 填表人、复核人、审查人需在表下方相应位置签名，填写时间，并加盖单位公章。

5. 某野外调查单元地块数量如一页不够填写，可续表填写。

二、指标解释及填表说明

【1. 行政区】填写普查所在的行政区名称和全国统一规定的行政区代码。

【2. 野外调查单元基本信息】填写野外调查单元的编号和位置描述。

【2.1 编号】填写野外调查底图上的野外调查单元编号。

【2.2 位置描述】选用野外调查单元内部或邻近一个显著地标名称（如村名）填写。

【2.3 经度】填写野外调查单元中心点的经度，单位度、分、秒，保留整数位。

【2.4 纬度】填写野外调查单元中心点的纬度，单位度、分、秒，保留整数位。

【3. 地块编号】地块是指野外调查单元内，土地利用类型相同、郁闭度/盖度相同、水土保持措施相同、空间连续的范围。按照野外调查顺序填写编号：第一个调查地块编号为“1”，第二个调查地块编号为“2”，以此类推，不得重复。表中地块编号要与现场勾绘的野外调查图上的地块编号一致。

【4. 土地利用】按照《野外调查单元土地利用现状分类表》填写，见表1-7。

【4.1 土地利用类型】按照《野外调查单元土地利用现状分类表》，填写到二级类名称。

【4.2 土地利用代码】按照《野外调查单元土地利用现状分类表》，填写到相应二级类的代码。

【5. 生物措施】按《野外调查单元水土保持措施分类表》查表填写。《水土保持措施分类》参照GB/T 16453.1—1996《水土保持综合治理技术规范——坡耕地治理技术》、GB/T 16453.2—1996《水土保持综合治理技术规范——荒地治理技术》等编写。见表1-8。

【5.1 类型】按《野外调查单元水土保持措施分类表》查表填写到二级类。如果是“草水路（草皮泄水道）”、“农田防护林”等条带型措施，在备注栏中填其长度。

【5.2 代码】按《野外调查单元水土保持措施分类表》查表填写【5.1 类型】对应的二级或三级代码。如果属于“其他措施”，填写当地名称，代码填写“99”。

【5.3 郁闭度】郁闭度是指乔木在单位面积内其垂直投影面积所占百分比，单位%，保留整数位。盖度是指灌木或草本植物在单位面积内其垂直投影面积所占百分比，单位%，保留整数位。郁闭度和盖度采用人工目视判别，参照《野外目估郁闭度/盖度参考图》确定，见图1-4。农地填写格式为“作物名称+盖度”，如“玉米60”，表示玉米地，盖度为60%，郁闭度栏内填写为0。如果是套种或间种，填写格式为“作物1名称+作物

2名称 +盖度”；如果是几种作物地相连，最多填写面积最大的三种作物，每种作物的填写格式为“作物名称 +盖度”。有林地和其他林地填写格式为“树种名称 + 郁闭度”，如“刺槐林+60”，表示刺槐林地，郁闭度为60%，并在盖度栏中填上其下灌木和草地的盖度。如盖度栏填写为50%，表示刺槐林地下灌木和草地的盖度为50%。灌木林地（或和草地）填写格式为“灌木（或草地）+盖度”，如“人工草地+60”，表示人工草地，盖度为60%，郁闭度栏内填写为0。

【6. 工程措施】按《野外调查单元水土保持措施分类表》查表填写，见表1-8。

【6.1类型】按《野外调查单元水土保持措施分类表》查表填写到二级类或三级类。如果是“路旁沟底小型蓄引工程”、“沟头防护”、“谷坊”、“淤地坝”、“引洪漫地”、“崩岗治理工程”、“引水拉沙造地”、“沙障固沙”等措施，在备注栏中填写调查地块内包含的工程个数。无工程措施，填写“无”。

【6.2代码】按《野外调查单元水土保持措施分类表》查表填写【6.1类型】对应的二级类或三级类代码。无工程措施时，填写“0”。

【6.3建设时间】填写工程措施建成完工的年份，如具体年份不详，可填写建设的年代。

【6.4质量】填写目前工程措施的好坏程度，分为“好”、“中”、“差”三级，按照标准选择填写。水平沟、鱼鳞坑、大型果树坑、谷坊、淤地坝、沟头防护工程、坡面小型蓄排工程等淤积型措施按其淤积程度划分，淤积程度在25%以下认定其质量为“好”，淤积程度在25%～50%认定其质量为“中”，淤积程度在50%以上认定其质量为“差”。

梯田、窄梯田、水平阶等有较高土埂的措施，按其土埂冲垮破坏程度划分，土埂保持完好破坏程度在25%以下认定其质量为“好”，土埂破坏程度在25%～50%认定其质量为“中”，土埂破坏程度在50%以上认定其质量为“差”。

【7. 耕作措施】按《野外调查单元水土保持措施分类表》查表填写，见表1-8。

【7.1类型】按《野外调查单元水土保持措施分类表》查表填写到二级类或三级类。其中“轮作”措施的三级类名称查《表1-8（续）：全国轮作制度区划及轮作措施三级分类名称和代码表》。无耕作措施，填写“无”。

【7.2代码】按《土壤侵蚀野外调查单元水土保持措施分类表》查表填写【7.1类型】对应的二级类或三级类代码，其中“轮作”措施的三级类代码查《表1-8（续）：全国轮作制度区划及轮作措施三级分类名称和代码表》。无耕作措施时，填写“0”。

注意：如果属“其他措施”(在《野外调查单元水土保持措施分类》表中未列类型)，在5、6、7项任一栏内的“类型”项，填写当地名称，并在其下一行对该措施的规格和作用详细描述。在“代码”栏项，填写“99”。

【8. 备注】填写《野外调查单元水土保持措施分类表》中未列出的水土保持措施的基本规格、特征、用途等。

三、审核关系

主要进行普查指标完整性审核及普查数据有效性、逻辑性、相关性审核。各指标项不得为空，“经度”中“°”范围为72°～136°、“′”范围为0～59′、“″”范围为0～59″，“纬度”中“°”范围为16°～54°、“′”范围为0～59′、“″”范围为0～59″。

1.4 第一次全国水利普查风蚀野外调查表

表 号：P 5 0 3 表
制定机关：水 利 部
国务院水利普查办公室
批准机关：国 家 统 计 局
批准文号：国统制[2010]181号
有效期至：2 0 1 2 年 8 月

全国水利普查
National Census for Water

风蚀野外调查表
2011 年

一、基本情况			
1. 行政区名称及代码 1.1 名称：__________省（自治区、直辖市）__________地区（市、州、盟）__________县（区、市、旗） 1.2 代码：□□□□□□			
2. 野外调查单元基本信息 2.1 编号__________ 2.2 高程（m）__________ 2.3 经度□□□°□□′□□″ 2.4 纬度□□°□□′□□″			
二、地表粗糙度			
3. 耕地	3.1 翻耕，耙平□ 3.2 翻耕，未耙平□ 3.3 未翻耕地□ 3.4 休耕地□	5. 草（灌）地	5.1 无山丘□ 5.2 有山丘□
4. 沙地	4.1 无沙丘□ 4.2 有沙丘□		5.3 无砾石□ 5.4 有砾石□
	4.3 无植被□ 4.4 草本植被□ 4.5 灌草植被□ 4.6 乔灌草植被□		5.5 草本植被□ 5.6 灌草植被□ 5.7 乔灌草植被□

三、地表覆被状况						
土地利用	植被类型	6. 植被状况		7. 表土状况		
		6.1 郁闭度/植被盖度（%）	6.2 植被高度（m）	7.1 地表平整状况	7.2 表土有无砾石	7.3 表土紧实状况
耕地	翻耕地	----------		平整□ 不平整□	有□ 无□	紧实□ 不紧实□
	留茬地			平整□ 不平整□	有□ 无□	紧实□ 不紧实□
沙地	草本			平整□ 不平整□	有□ 无□	紧实□ 不紧实□
	灌草			平整□ 不平整□	有□ 无□	紧实□ 不紧实□
	乔灌草			平整□ 不平整□	有□ 无□	紧实□ 不紧实□
草（灌）地	未放牧草地			平整□ 不平整□	有□ 无□	紧实□ 不紧实□
	已放牧草地			平整□ 不平整□	有□ 无□	紧实□ 不紧实□
	已割草草地			平整□ 不平整□	有□ 无□	紧实□ 不紧实□
	灌木+草本			平整□ 不平整□	有□ 无□	紧实□ 不紧实□
	乔灌草			平整□ 不平整□	有□ 无□	紧实□ 不紧实□

填表人： 联系电话： 填表日期：201____年____月____日 （填表单位公章）
复核人： 联系电话： 填表日期：201____年____月____日
审查人： 联系电话： 填表日期：201____年____月____日

《第一次全国水利普查风蚀野外调查表》填表说明

一、填表要求

1. 本表按野外调查单元填写，每个野外调查单元填写一份。

2. 本表由县级普查机构普查员负责填写。

3. 普查表必须用钢笔或签字笔（中性笔）填写。需要用文字表述的，必须用汉字工整、清晰地填写；需要填写数字的，一律用阿拉伯数字表示。填写代码时，每个方格中只填一位代码数字；填写数据时，应按照规定单位和保留位数；选择时，应在备选项前的"□"内打"√"。表中各项指标是指2011年4月中旬至5月上旬调查单元的状况。

4. 填表人、复核人、审查人需在表下方相应位置签名，填写时间，并加盖单位公章。

二、指标解释及填表说明

【1. 行政区名称及代码】填写普查所在的行政区名称和全国统一规定的行政区代码。

【2. 野外调查单元基本信息】填写野外调查单元的编号、高程和经纬度信息。

【2.1 编号】是指风蚀调查底图上的野外调查单元编号。

【2.2 高程】是指野外调查单元中心点的海拔高程，单位米，保留整数位。

【2.3 经度】填写野外调查单元中心点的经度，单位度、分、秒，保留整数位。

【2.4 纬度】填写野外调查单元中心点的纬度，单位度、分、秒，保留整数位。

【3. 耕地】填写耕地的地表粗糙度信息，在对应的"□"内打"√"，四个指标选择其中一个。

【3.1 翻耕，耙平】耕地已被翻耕，并且被耙平。

【3.2 翻耕，未耙平】耕地虽已被翻耕，但未被耙平。

【3.3 未翻耕地】耕地没有被翻耕，仍保存上年度收割作物后的状态。

【3.4 休耕地】上年度没有种植作物的耕地，但并非退耕还林还草的耕地。

【4. 沙地】是指还没有形成土壤，地表以松散的沙物质构成的土地。填写沙地的地表粗糙度信息，在对应的"□"内打"√"。指标"4. 沙地"中4.1和4.2为二选一，4.3～4.6中为四选一。

【4.1 无沙丘】无沙丘存在的沙地。

【4.2 有沙丘】有沙丘存在的沙地。

【4.3 无植被】平均植被盖度在5%以下的沙地。

【4.4 草本植被】平均植被盖度在5%以上，并且只有草本植被的沙地。

【4.5 灌草植被】平均植被盖度在5%以上，既有草本植被，也有灌木植被的沙地。

【4.6 乔灌草植被】平均植被盖度在5%以上，有乔木、灌木和草本混生植被的沙地。

【5. 草（灌）地】填写草地的地表粗糙度信息，在对应的"□"内打"√"。指标"5. 草（灌）地"中5.1和5.2为二选一，5.3和5.4为二选一，5.5～5.7为三选一。

【5.1 无山丘】地势开阔、平坦，没有山丘存在的草（灌）地。

【5.2 有山丘】有土质或者石质山丘存在的草（灌）地。

【5.3 无砾石】地表没有砾石存在，或者偶见砾石的草（灌）地。砾石的标准是直径≥2mm的石块或者块石。

【5.4 有砾石】地表有较多砾石存在的草（灌）地。砾石的标准是直径≥2mm 的石块或者块石。

【5.5 草本植被】只有草本植被的草地。

【5.6 灌草植被】既有草本植被，也有灌木植被的草灌地。

【5.7 乔灌草植被】有乔木、灌木和草本混生植被。

【6. 植被状况】填写郁闭度/植被盖度和植被高度信息。在一个野外调查单元内仅有耕地、沙地、草（灌）地中的一种土地利用类型，布设 5 个调查点，分别选择在野外调查单元中心点，以及距离野外调查单元中心点正北、正东、正南、正西方向 250m 处。在一个野外调查单元内有多种土地利用类型时，需调查面积≥0.2hm^2 的土地利用类型，每种土地利用类型布设 5 个调查点，1 个选择在该土地利用类型斑块的中心点，另外 4 个分别选择在该土地利用类型斑块中心点正北、正东、正南、正西方向，距该土地利用类型边缘 20m 处。

【6.1 郁闭度/植被盖度】郁闭度是指乔木在单位面积内其垂直投影面积所占百分比，单位%，保留整数位。盖度是指灌木或草本植物在单位面积内其垂直投影面积所占百分比，单位%，保留整数位。郁闭度/盖度采用人工目视判别，参照《野外目估郁闭度/盖度参考图》确定，见图 1-4。

【6.2 植被高度】单位米，保留两位小数。在 5 个调查点上，分别随机选取 5 株植物（包括留茬地的残茬），量取高度，共获取 25 株植物高度，以这 25 株植物高度的平均值作为植被高度，填入表内。

【7. 表土状况】填写地表平整状况、表土有无砾石、表土紧实状况，在对应的“□”内打“√”。

【7.1 地表平整状况】每种土地利用类型斑块中心点周围 5m 范围内，地表没有深度超过 10cm 的坑洼，或者没有高度超过 10cm 的凸起，为“平整”；否则为“不平整”。

【7.2 表土有无砾石】在每种土地利用类型斑块中心点，以及距离中心点正北、正东、正南、正西方向 5m 处，分别选择一个 20cm×20cm 方格，在这 5 个方格内的砾石总数≤10个，为“无”；否则为“有”。

【7.3 表土紧实状况】当调查人员走过野外调查单元时，没有出现完整脚印，为“紧实”；否则为“不紧实”。

三、审核关系

主要进行普查指标完整性审核及普查数据有效性、逻辑性、相关性审核。各指标项不得为空，“经度”中“°”范围为 72°～136°、“′”范围为 0～59′、“″”范围为 0～59″，“纬度”中“°”范围为 16°～54°、“′”范围为 0～59′、“″”范围为 0～59″。指标“3. 耕地”中为 4 选一；指标“4. 沙地”中 4.1 和 4.2 为二选一，4.3～4.6 中为四选一；指标“5. 草（灌）地”中 5.1 和 5.2 为二选一，5.3 和 5.4 为二选一，5.5～5.7 为三选一。

1.5 第一次全国水利普查冻融侵蚀野外调查表

表　　号：P 5 0 4 表
制定机关：水　利　部
国务院水利普查办公室
批准机关：国　家　统　计　局
批准文号：国统制[2010]181号
有效期至：2 0 1 2 年 8 月

全国水利普查
National Census for Water

冻融侵蚀野外调查表
2011 年

<table>
<tr><td colspan="7">1. 行政区名称及代码
1.1 名称：＿＿＿＿省（自治区、直辖市）＿＿＿＿地区（市、州、盟）＿＿＿＿县（区、市、旗）
1.2 代码：□□□□□□</td></tr>
<tr><td colspan="7">2. 野外调查单元基本信息　2.1 编号＿＿＿＿　2.2 位置描述（乡或村）＿＿＿＿
2.3 高程（m）＿＿＿＿　2.4 经度□□□°□□′□□″　2.5 纬度□□°□□′□□″</td></tr>
<tr><td>3. 土地利用类型</td><td colspan="6">草　地：天然牧草地□　人工牧草地□
林　地：有林地□　灌木林地□　其他林地□
耕　地：水浇地□　旱地□
其他用地：裸地□　裸岩□　沙地□　盐碱地□　沼泽地□</td></tr>
<tr><td rowspan="2">4. 植被盖度/郁闭度（%）</td><td>乔木</td><td>灌木</td><td>草地</td><td rowspan="2">5. 平均植株高度（m）</td><td>乔木</td><td>灌木</td></tr>
<tr><td></td><td></td><td></td><td></td><td></td></tr>
<tr><td>6. 地貌类型</td><td colspan="6">山　地□　高 平 原□　高原丘陵□　河谷阶地□
河漫滩□　湖滨平原□　扇 形 地□　其　他□</td></tr>
<tr><td rowspan="3">7. 地貌部位</td><td colspan="3">山地：坡麓□ 坡中□ 坡顶□</td><td colspan="3">高平原：边缘□ 中部□</td></tr>
<tr><td colspan="3">高原丘陵：坡麓□ 坡中□ 丘顶□</td><td colspan="3">河漫滩：边缘□ 中心□</td></tr>
<tr><td colspan="3">河谷阶地：后缘□ 前缘□</td><td colspan="3">扇形地：扇顶□ 扇中□ 扇缘□</td></tr>
<tr><td>8. 坡度</td><td colspan="6">0～3°□　3°～8°□　8°～15°□　>15°□</td></tr>
<tr><td>9. 坡向</td><td colspan="6">0～45°□　45°～90°□　90°～135°□　135°～225°□
225°～270°□　270°～315°□　315°～360°□</td></tr>
<tr><td>10. 冻融侵蚀类型</td><td colspan="6">冻融泥流□　冻融分选□　冻融风化□　冻融滑塌□　其他□</td></tr>
</table>

填表人：　联系电话：　填表日期：201＿年＿月＿日　（填表单位公章）
复核人：　联系电话：　填表日期：201＿年＿月＿日
审查人：　联系电话：　填表日期：201＿年＿月＿日

《第一次全国水利普查冻融侵蚀野外调查表》填表说明

一、填表要求

1. 本表按野外调查单元填写，每个野外调查单元填写一份。

2. 本表由县级普查机构普查员负责填写。

3. 普查表必须用钢笔或签字笔（中性笔）填写。需要用文字表述的，必须用汉字工整、清晰地填写；需要填写数字的，一律用阿拉伯数字表示。填写代码时，每个方格中只填一位代码数字；填写数据时，应按照规定单位和保留位数；选择时，应在备选项前的“□”内打“√”。表中各项指标是指2011年调查单元内中心点坡面的状况。

4. 填表人、复核人、审查人需在表下方相应位置签名，填写时间，并加盖单位公章。

二、指标解释及填表说明

【1. 行政区名称及代码】填写野外调查单元所在的行政区名称和行政区划代码。

【2. 野外调查单元基本信息】填写野外调查单元的编号、海拔、位置描述和经纬度等信息。

【2.1 编号】填写冻融侵蚀调查底图上的野外调查单元编号。

【2.2 位置描述】填写野外调查单元所在地的名称，尽量精确到村。

【2.3 高程】填写野外调查单元中心点的海拔，单位米，保留整数位。

【2.4 经度】填写野外调查单元中心点的经度，单位度、分、秒，保留整数位。

【2.5 纬度】填写野外调查单元中心点的纬度，单位度、分、秒，保留整数位。

【3. 土地利用类型】在对应的“□”内打“√”。

【4. 植被盖度/郁闭度】填写野外调查单元中心点坡面的主要植被类型的覆盖度/郁闭度，郁闭度是指乔木在单位面积内其垂直投影面积所占百分比，单位%，保留整数位。盖度是指灌木或草本植物在单位面积内其垂直投影面积所占百分比，单位%，保留整数位。郁闭度/盖度采用人工目视判别，参照《野外目估郁闭度/盖度参考图》确定，见图1-4。

【5. 平均植株高度】填写野外调查单元中心点坡面主要植被类型的平均植株高度，单位米，保留两位小数。采用目估法或测试法测量植株高度。

【6. 地貌类型】填写野外调查单元中心点坡面的地貌类型，在对应的“□”内打“√”。

【7. 地貌部位】填写野外调查单元中心点坡面的地貌部位，在对应的“□”内打“√”。如不属于表中所列项目，不填写本项指标。

【8. 坡度】：填写调查单元中心点坡面的坡度，用罗盘、坡度尺或GPS测量后，在对应的“□”内打“√”。

【9. 坡向】：填写调查单元中心点坡面的坡向，用罗盘、坡度尺或GPS测量后，在对应的“□”内打“√”。

【10. 冻融侵蚀类型】：根据野外调查单元中心点坡面冻融侵蚀类型，在对应的“□”内打“√”。

三、审核关系

主要进行普查指标完整性审核以及普查数据有效性、逻辑性、相关性审核。各指标项不得为空，“经度”中“°”范围为72°～136°、“′”范围为0～59′、“″”范围为0～59″，“纬度”中“°”范围为16°～54°、“′”范围为0～59′、“″”范围为0～59″。表中指标“3. 土地利用类型”不同土地利用类型下均为单选，表中其他指标均为单选项。

附录2　制 图 知 识 框

2.1　《水蚀野外调查单元底图》制作规范

一、调查底图页面设置

（1）底图幅面：A4 或 A3，建议用 A4。

（2）页边距：左边距 2.5cm，右边距 2cm；上边距 2.5cm，下边距 2cm。

（3）装订位置：左侧或顶部。

（4）填图的流域面积所占底图幅面的面积比例要大，尽量减小空隙和其他信息所占面积。

二、标题

（1）字体：宋体，字号 18 磅。

（2）格式：居中，分两行：第一行为省（自治区、直辖市）、市（区）、县名，第二行为“＊＊＊号野外调查单元”。举例：

江西省南昌市新建县

3601220001 号野外调查单元

三、等高线高程标注

（1）只标注计曲线的高程。计曲线是指 1∶10000 地形图上每隔 5 条基本等高线（首曲线）而加粗的等高线。

（2）高程标注在等高线上，字体建议采用 10 磅。

（3）如果等高线过密，每隔固定间隔（整倍数）标注计曲线高程。

四、经纬度标注

（1）经度一律标注在底部，纬度一律标注的左侧，上部和右侧不标注。

采用“度-分-秒”格式，字体建议采用“Arial narrow”，字号“8 磅”。

（2）标注的经纬度“秒”为偶数，并采用偶数间隔，如 2″、4″等。

五、指北针格式

建议采用 ESRI North 2，大小设置为 60，

。

六、比例尺

（1）比例尺一律调整为整千倍数，如 1∶6000、1∶7000、1∶8000 等，以便量算。

（2）比例尺条总长 5cm，含 5 个间隔，每个间隔 1cm，黑白相间分开，数字字体建议采用 10 磅。

如：比例尺为 1∶6000 时的比例尺条：60　120　180　240　300m

七、制图人等信息栏

（1）字体：建议宋体常规，字号 10 磅，后跟“：”。

(2) 下划线“_”，长度为20个空格，然后间距2个空格，填写“制图日期”及下划线“_”，字体、长度相同。

(3) 另起两行（按两次“Enter”键），填写“填图人”等信息，格式与上相同。以此类推，填写“复核人”等信息。

八、调查底图保存与打印

建议在GIS软件输出底图时保存为PDF格式文件打印，以免转成图片格式打印变形。

2.2 利用R2V软件数字化调查单元边界和等高线

一、启动R2V.exe

二、添加扫描文件

单击“文件→打开图案或方案”，出现下面“打开”对话框，浏览找到basic目录下的扫描地形图“dxty.jpg”，单击“打开”。

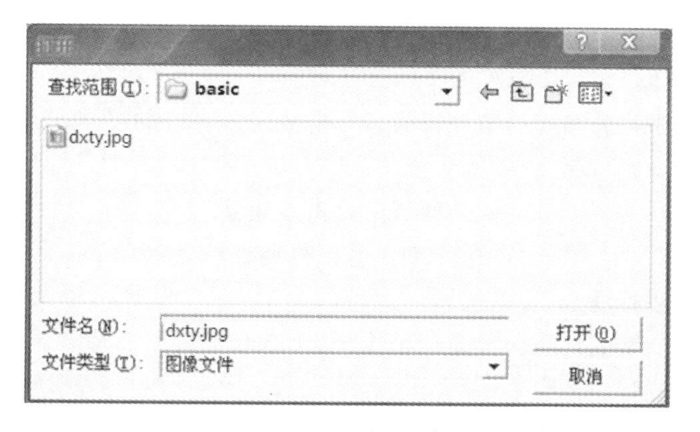

三、编辑地形图四角控制点，为扫描地形图建立地理坐标系

(1) 单击“编辑→控制点编辑→控制点编辑开/关”，有“√”表示打开，光标变为“+”进入编辑状态；再单击，无“√”，光标回复原状，结束编辑状态。

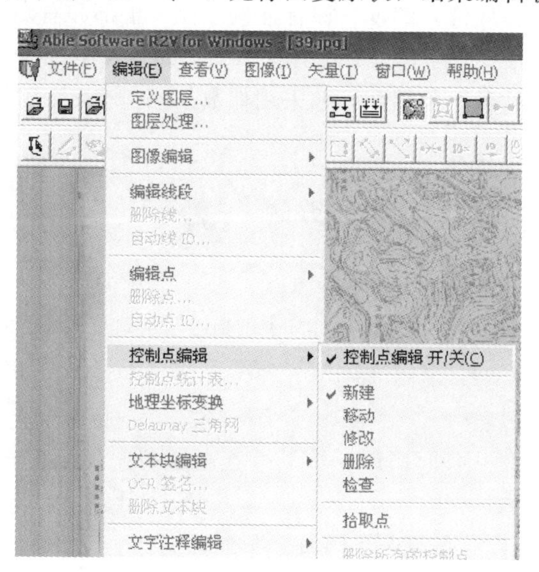

（2）将光标“＋”对准左上角有经纬度标识的交点，单击后，交点显示为红色点，并弹出“控制点坐标”窗口，在“到”下的 X 处填写该交点的经度，Y 处填写该交点的纬度，单位均为“°”。如 107°18′27″，需换算为（27/60＋18）/60＋107＝107.312500°，填写 107.312500，保存六位小数。可用“附件/计算器”或者 Excel 软件进行计算。

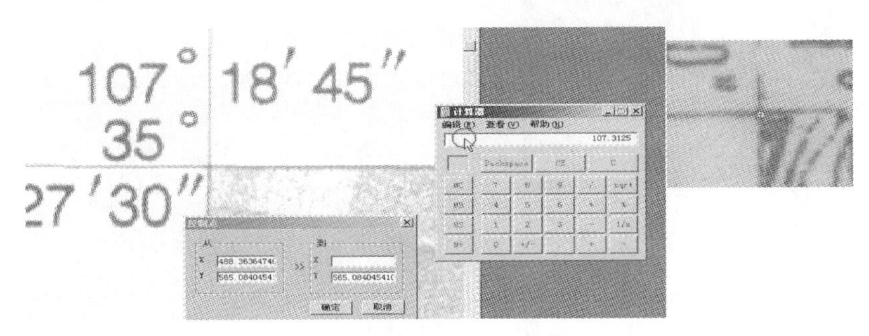

（3）接着用方向键，左右上下移动图片，依次编辑右上角、左下角和右下角的控制点。

注意：用“F2”键可放大图片，用“F3”键可缩小图片。

（4）4 个角点编辑完成后，点击“文件→保存方案”，出现下图“另存为”对话框，浏览找到 basic 目录，在文件名处输入“dxts”，则将上述操作保存为“dxts. prj”的方案文件，并自动生成过程文件“dxts. pbk”。

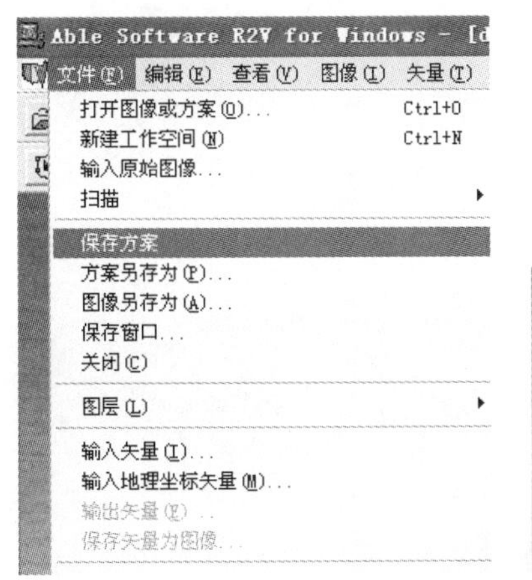

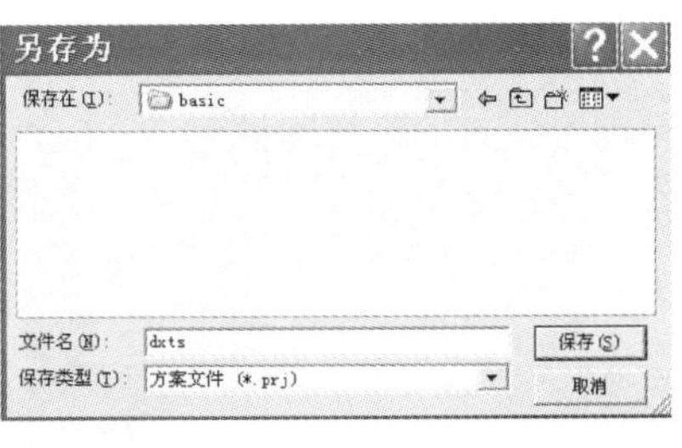

（5）如果编辑控制点时落点发生错误，可以选择菜单“编辑→控制点编辑”下的“删除”按钮，单击后光标变为“X”形，把它放在定位错误的点上单击就可以删除。

（6）如果某一控制点的落点正确，但经纬度值输入错误，可以选择菜单“编辑→控制点编辑”下的“修改”按钮，单击后光标变为“＋”形，把它放在数值输入错误的点上单击，弹出“控制点”对话框，如下图所示，此时输入正确的数值即可。

注意：完成删除或修改后，重新单击菜单“编辑→控制点编辑”下的“删除”或“修改”按钮，使“删除”或“修改”前的“√”消失，然后单击“新建”，其前面出现“√”，才能进行下一个控制点的编辑。

（7）单击“编辑→控制点编辑→检查”，之后利用鼠标单击图上控制点检查是否有明

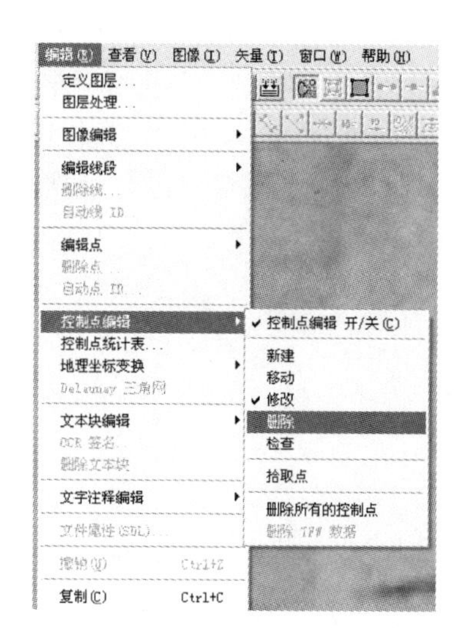

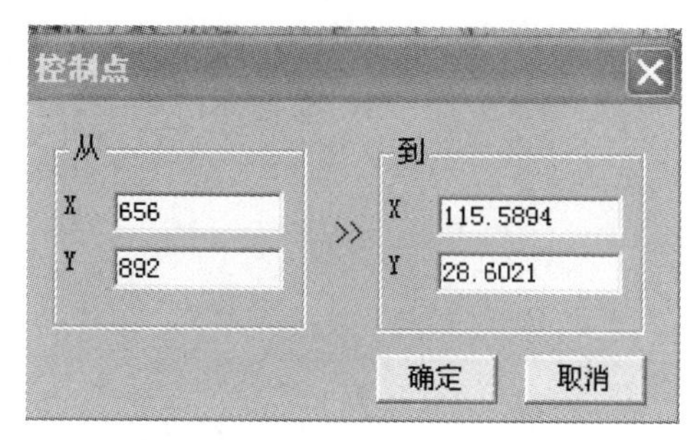

显错误。

四、数字化野外调查单元边界

（1）单击“编辑→定义图层”，或其按钮“![]”，弹出“图层管理”对话框。

（2）在空栏中填入 bjx，点击“添加图层”，上方框内加入 bjx。

（3）在空栏中再填入“dgx”，点击“添加图层”，上方框内加入 dgx。

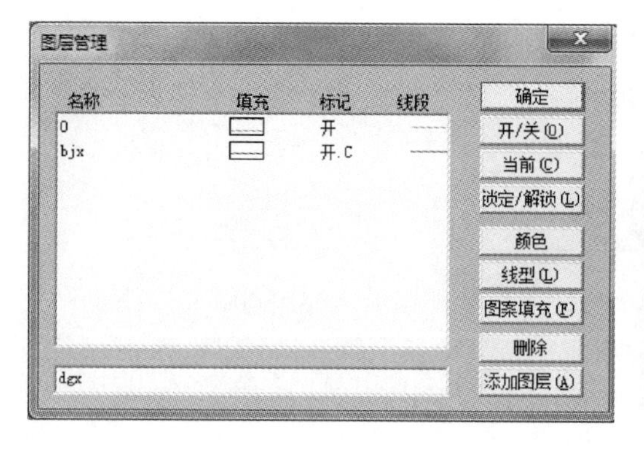

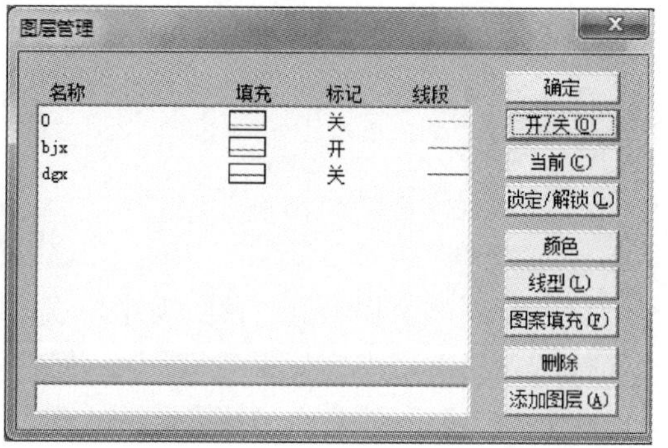

（4）单击名称下为“0”处，点击“开/关”按钮，使其标记为“关”；再单击名称下为“dgx”处，点击“开/关”按钮，使其标记为“关”；鼠标再点击名称下为“bjx”处，点击“开/关”按钮，使其标记为“开”；点击“确定”，表示对 bjx 图层进行编辑。确定第三行右边窗口显示的是“bjx”。

注意：如果编辑的线条清晰，则可用自动追踪完成数字化工作，详细见本知识框第六条第（9）点。

（5）点击菜单“编辑→编辑线段→编辑线开/关”，光标变为“+”，表示进入数字化状态。或直接点击“编辑线段”快捷按钮“”（下图第一个按钮）和“新线段”按钮“”（下图第二个按钮），鼠标变为“+”形状。

（6）从调查单元边界上任一点开始，沿与等高线垂直的方向，依次点击鼠标左键进行数字化。如果数字化的是一个 1＊1km 的格网的边界，可从左上角点向右上角边界点直接拉一条直线，然后从右上角点向右下角点拉一条直线，直到最后回到起点。用键盘 F2 和 F3 键放大或缩小图片，用键盘方向键移动图片，如数字化时发生落点位置错误，用键盘“Backspace”删除。

（7）接近始点时，点击右键选择“关闭线段”或空格键，结束线段编辑。然后点击图幅中落点附近空白处，即可完成边界线的闭合。点击按钮，完成 bjx 图层的编辑。

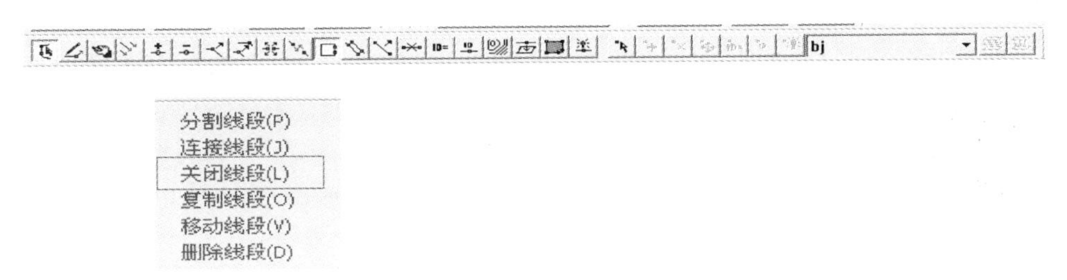

（8）检查编辑线段是否完整或闭合。如编辑线段过程中有停顿，需检查线段是否完整一条，点击工具栏上“”按钮，对准待检测的线段单击鼠标左键，如数字化线段为同一颜色，说明完整，如不同颜色，则说明为非连续线段，点击“”按钮，在线段断点空白处点击即可。

注意：两断点距离不可太远，如太远则无法连接，需要补画。如需线段闭合，点击“”后再点击编辑的线段，即可获得闭合曲线。

（9）单击“文件→保存方案”，则将上述操作保存于文件名为“dxts. prj”。

五、数字化野外调查单元等高线

（1）单击“定义图层”按钮“”，弹出“图层管理”对话框。

（2）选择“dgx”栏，设置为“当前”，将“bjx”的标记调整为开，以保证在数字化等高线的时候可以清晰地看到野外调查单元的边界。

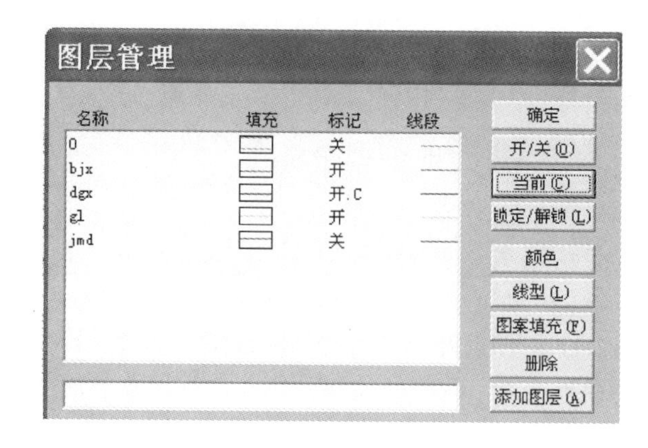

(3) 单击“编辑/编辑线段”按钮“”(下图第一个按钮)。

(4) 单击“新线段”按钮“”(上图第二个按钮),就进入了数字化工作状态,光标变为“+”形状。

(5) 依次数字化每条等高线。一条等高线数字化完毕后,右击鼠标,选择“关闭线段”,然后单击上图第一个按钮,完成单条等高线的编辑。再点击该按钮,开始下一条等高线的编辑状态。数字化的等高线一定要超出流域边界约2mm。下图为数字化等高线结束后的结果示例。仔细检查所有等高线均已完成数字化,然后保存方案。

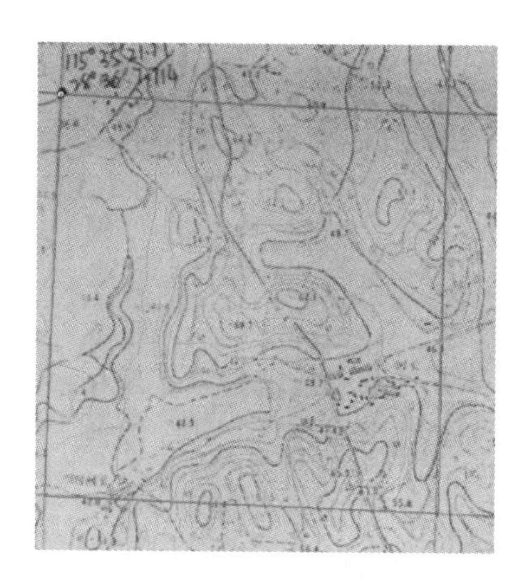

(6) 单击“文件→保存方案”,将上述操作保存于文件名为“dxts.prj”。

六、标注等高线高程

(1) 单击“显示线段ID”,使其处于工作状态。

(2) 单击“设置值”按钮“”,弹出“当前ID值”窗口。

（3）在“设置当前ID为”对话框中，输入某条等高线高程值，如60（表示该条等高线高程为60m）。

（4）在“增加ID每次由”对话框中，输入等高距，如“－2.5”表示从调查单元高程最高处开始向低处标注，等高距依次降低2.5m；反之，输入正等高距，如“2.5”，表示高程由低处向高处标注。注意：一定要仔细读取地形图上的等高距。

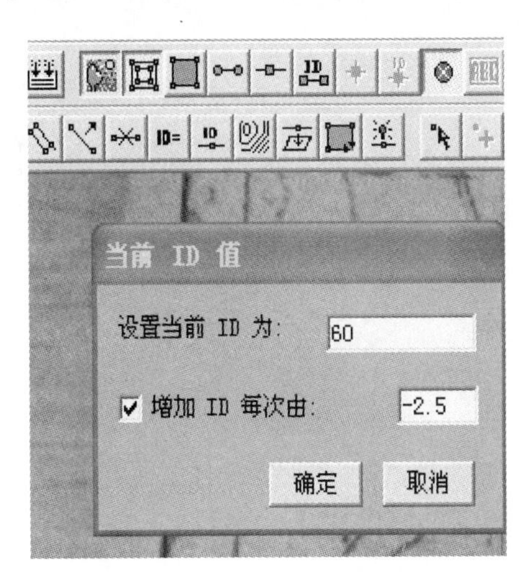

（5）输入等高距后，单击“确定”按钮，光标变为箭头加ID的形式，点击输入高程值的那条等高线，就将该条等高线的高程值标注完成，并显示高程值。

（6）依次单击每条等高线，将自动完成等高线的高程标注。

（7）如果标注时发生赋值错误，重新开始第二步操作，在第三步中输入发生错误等高线的正确值，按照第五步点击该条等高线，完成重新标注。

（8）单击“文件→保存方案”，将上述操作保存于文件名为“dxts.prj”。

下图为标注完成的示例。

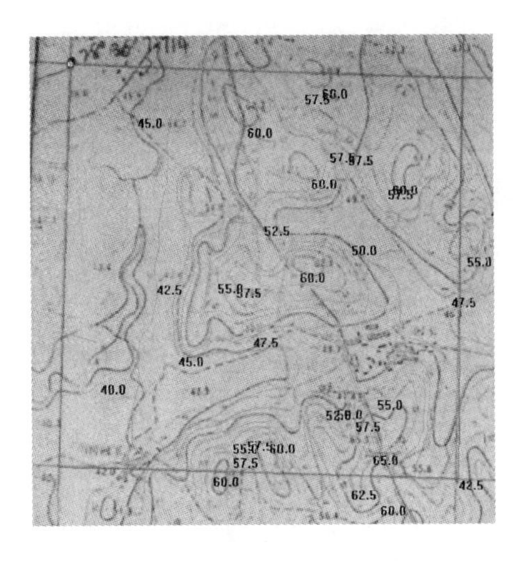

（9）线性地物的自动跟踪。也可采用自动跟踪功能实现上述（1）～（8）步：打开

"图像"→"转换"→"24 位 RGB"→"灰度"，图像转化为灰度图像，然后再执行"图像"→"设置图像阈值"，打开图像设置阈值对话框，设置阈值（一般情况下，系统会自己设置，不需要更改，只点击"确定"就可以了），点击"确定"，然后点击右键，选择自动跟踪，即可自动跟踪线性地物。

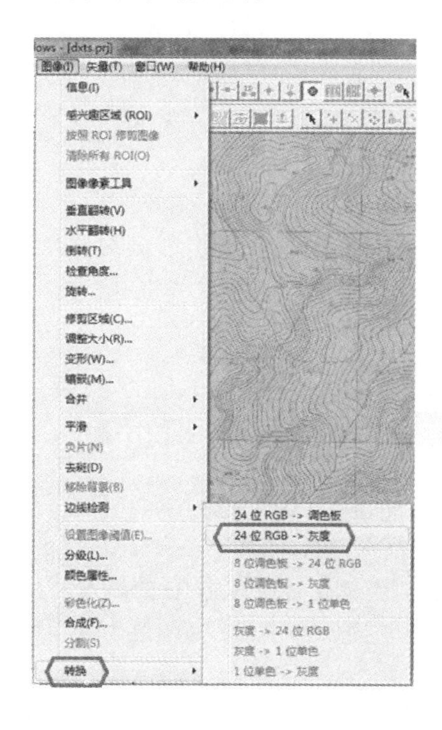

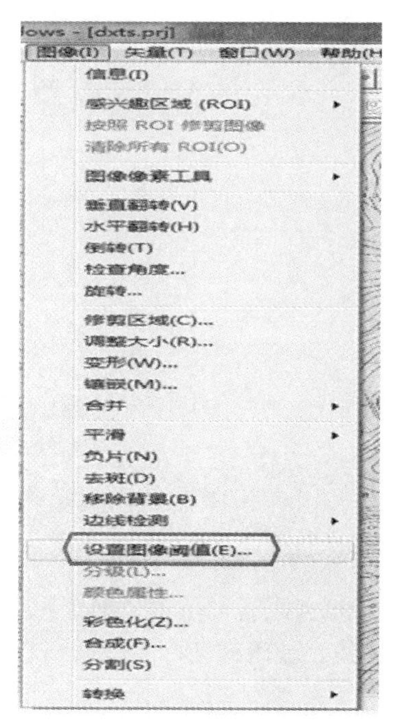

七、其他明显地物信息数字化

为了方便野外填图，建议将调查单元内或周边容易识别的地物如道路、河流、湖泊等信息进行数字化。本例有一条道路穿过野外调查单元，将其数字化。

（1）点击"定义图层"按钮"![]"，弹出"图层管理"对话框。

（2）添加"gl"图层（公路），使之处于"当前"状态，然后关闭"dgx"图层，打开"bjx"图层，如下图所示，确定窗口上方第三行右侧显示的是"gl"。

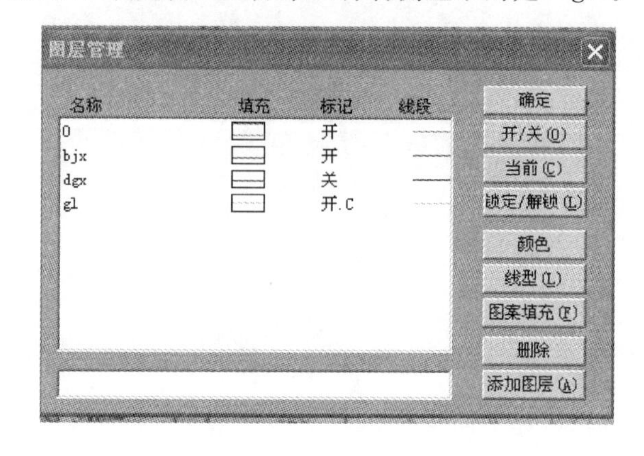

八、数字化图形输出

(1) 点击“定义图层”，弹出“图层管理”对话框。

(2) 选择 bjx 栏，设置为“当前”，将“dgx”和“gl”的标记调整为关。

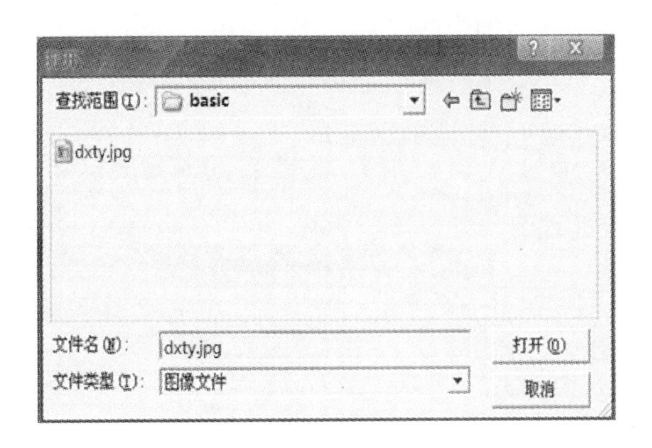

(3) 点击菜单“文件→输出矢量”(或下图第四个按钮)，弹出“另存为”对话框，文件名为“bjx”，保存类型选“ArcView (＊.shp)”，点击保存按钮，出现“输出 Arcview 形文件”窗口。

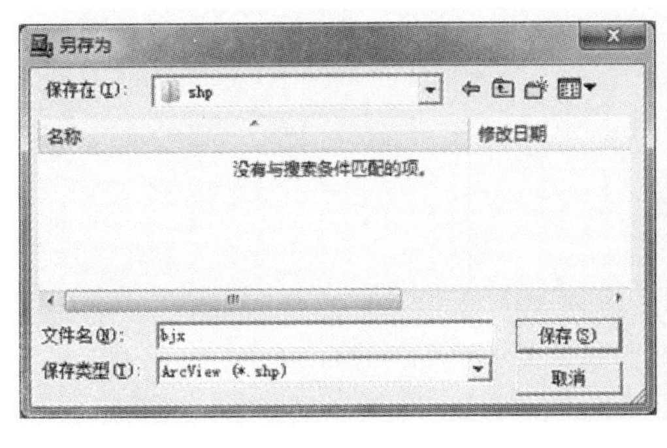

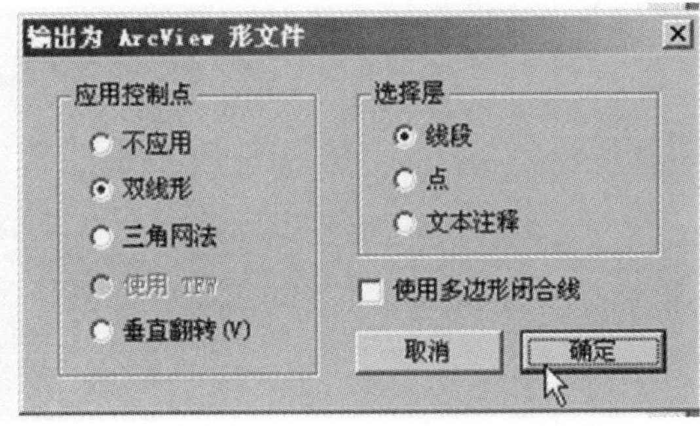

(4) 采用默认方式，直接点击“确定”，将数字化后的文件保存为线状的“bjx.shp”图层(注意：一定输出线状文件，不能选择“使用多边形闭合线”选项)。

(5) 同样方法，选择“dgx”栏，设置为“当前”，将“bjx”和“gl”的标记调整为关，如上操作，输出线状的数字化等高线文件“dgx.shp”。

(6) 同样方法，选择“gl”栏，设置为“当前”，将“bjx”和“dgx”的标记调整为关，如上操作，输出线状的数字化公路文件“gl.shp”。

2.3 利用 ArcGIS 软件制作野外调查底图

一、添加文件、定义坐标与投影（地图坐标系统为北京 1954 或西安 80）

1. 打开文件

打开 ArcGis 软件，点击下图中的“+”号，弹出“Add Data”对话框，选择数字化后生成的 3 个 shp 文件：bjx、dgx、gl，点击“add”按钮。

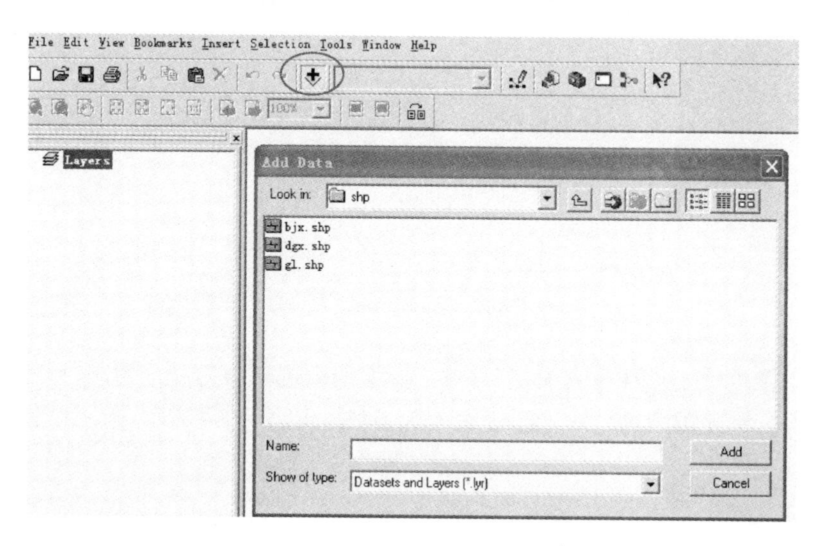

显示三个图层，如下图：

2. 定义坐标

点击第二行的红色工具箱按钮，出现下图：

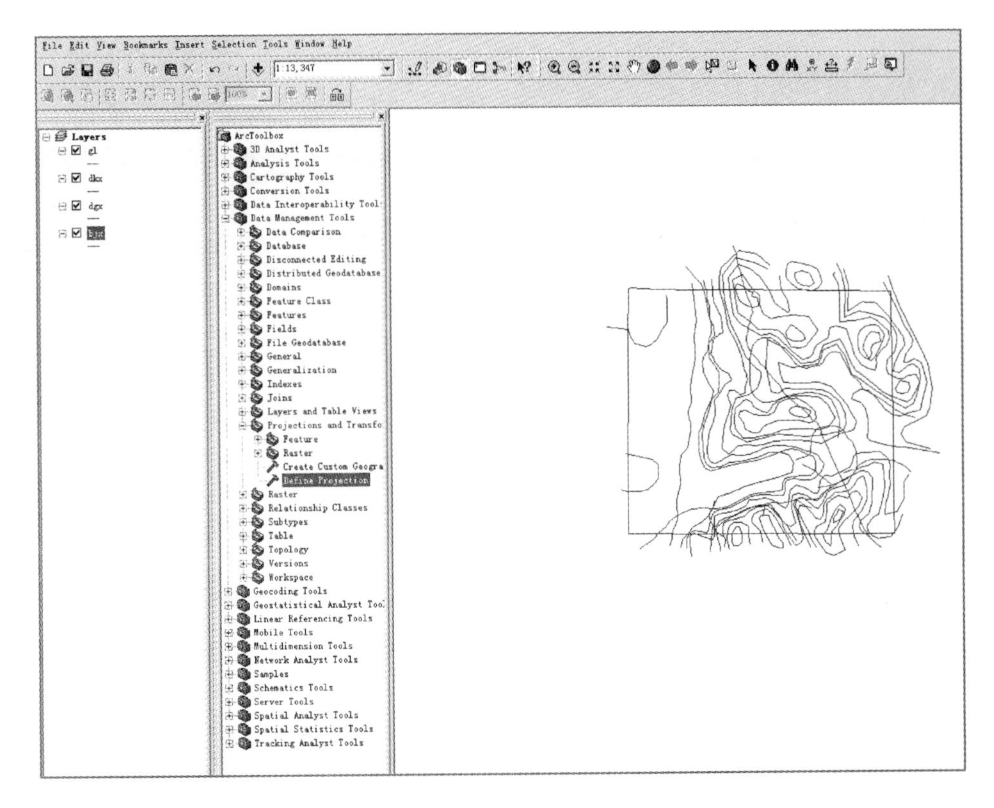

选择中间栏的“Data Manage Tools”—“Projections and Transformations”—“Define Project”，双击“Define Project”出现下面对话框，在“Input Dataset or Feature Class”下面的空白栏填入要定义投影的三个 shp 文件中的一个，如“bjx”：

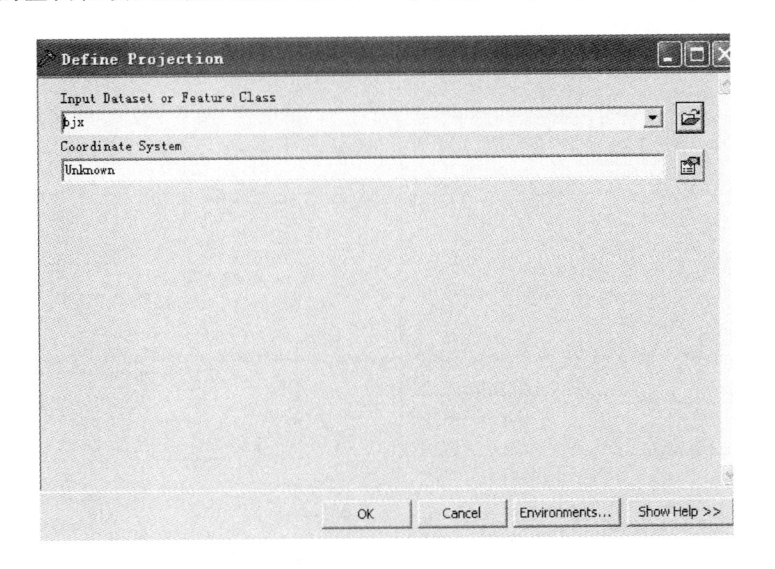

点击上图后面的按钮，出现下图左侧对话框，点击该对话框的“Select”按钮，出现下图右侧对话框：

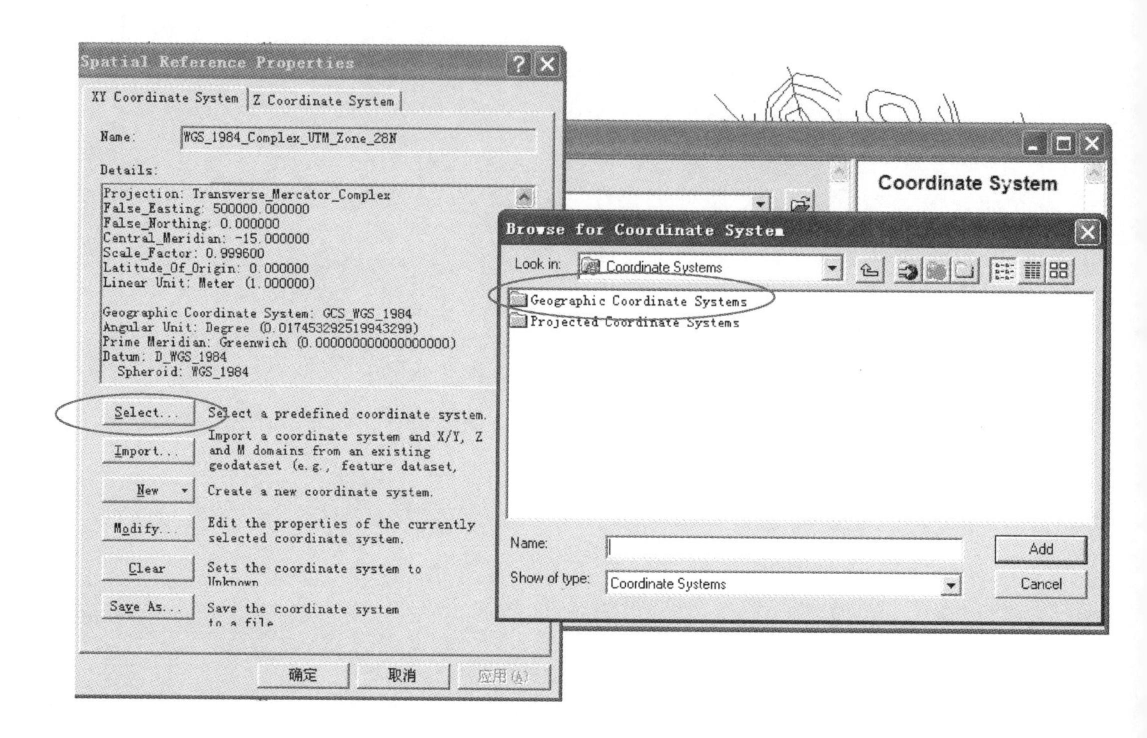

选择“Geographic Coordinate System”双击鼠标，出现“Browse for Coordinate System”文件夹。再选择“Asia”双击鼠标，出现下面对话框。根据该地形图的坐标系统选择“beijing1954. prj”或“xian1980”文件，点击 add，加入地理坐标。

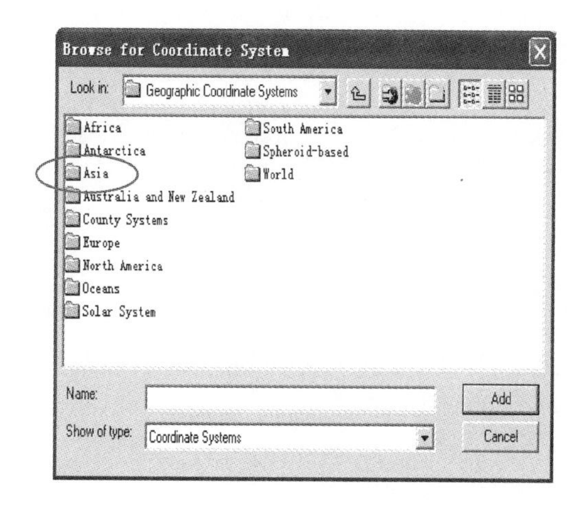

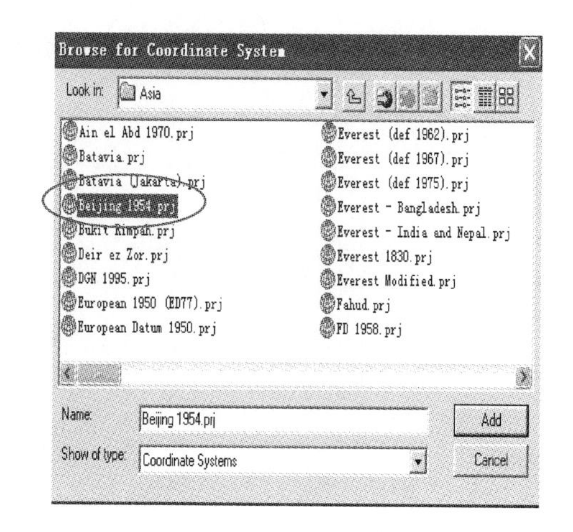

3. 定义投影

选择中间栏的“Data Manage Tools”-“Projections and Transformations”-“Feature”-“Project”，弹出如下图的对话框：

“Input Dataset or Feature Class”栏中填入bjx，在“output Dataset or Feature Class”栏中将文件名改为bjxp.shp，注意输出目录为该野外调查单元下的shp文件夹下。点击“Output Coordinate System”右侧按钮，弹出“Spatial Reference Systems”对话框，点击“Select”按钮，弹出“Browse for Coordinate System”对话框，双击“Projected Coordinate System”，出现系列文件夹，选择“UTM（墨卡托投影）”双击，出现系列文件，选择“WGS1984”双击，出现系列投影文件。因为本示例调查单元经度115°E，位于北半球，属于北半球的第50带，因此选择“WGS 1984 UTM ZONE 50N”。因为本示例调查单元位于江西省，因此Geographic transformation (optional) 选项选择Beijing_1954_To_WGS_1984_3的转换方式。关于Output Coordinate System和Geographic transformation (optional) 两项的具体选择方法可见下页附表。

依次定义dgx和gl图层的投影，选择完毕后点击主菜单“File → save”，保存在该野外调查单元的shp文件下，命名为：dt1.mxd。

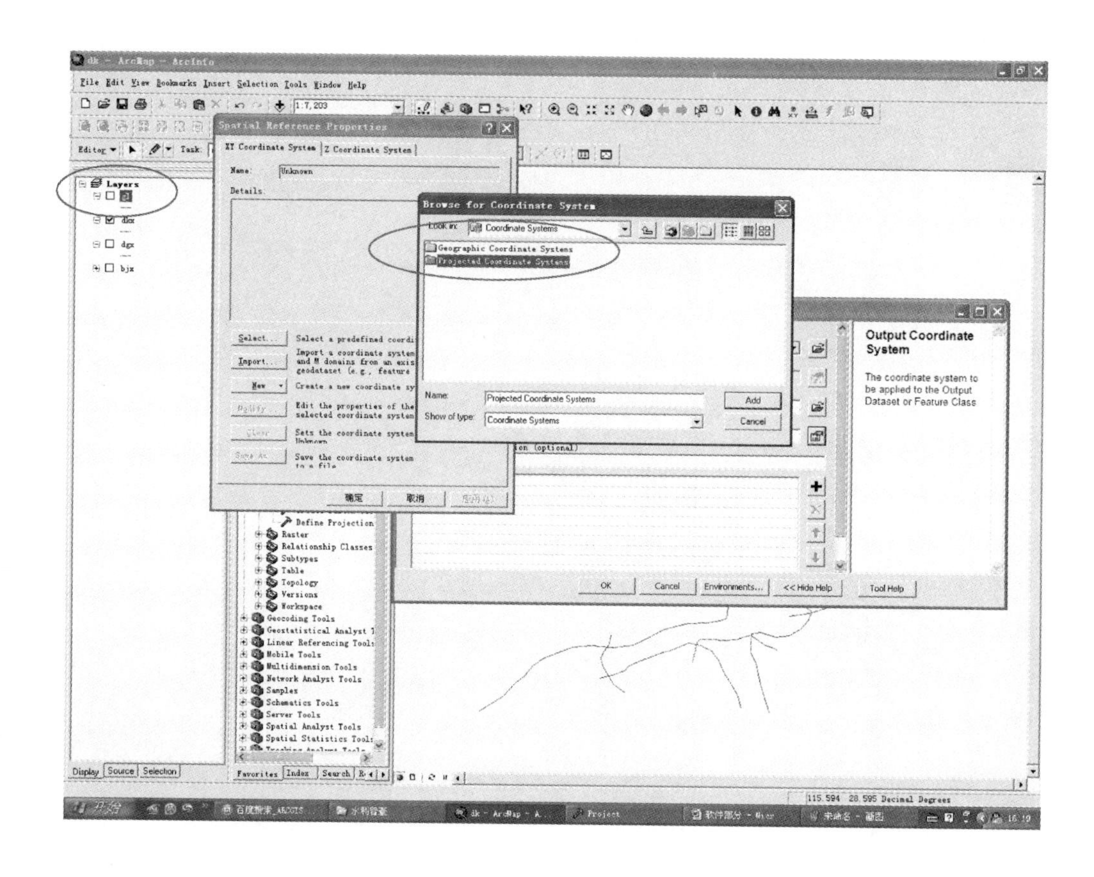
Spatial Reference Properties
XY Coordinate System
Z Coordinate System
Name:
Unknown
Details:
Select...
Import...
New
Browse for Coordinate System
Look in:
Coordinate Systems
Geographic Coordinate Systems
Projected Coordinate Systems
Name:
Projected Coordinate Systems
Show of type:
Coordinate Systems
Add
Cancel
Output Coordinate System
The coordinate system to be applied to the Output Dataset or Feature Class
OK
Cancel
Environments...
<< Hide Help
Tool Help
Layers
Define Projection
Raster
Relationship Classes
Subtypes
Table
Topology
Versions
Workspace
Geocoding Tools
Linear Referencing Tools
Mobile Tools
Multidimension Tools
Network Analyst Tools
Samples
Schematics Tools
Server Tools
Spatial Analyst Tools
Spatial Statistics Tools
Display
Source
Selection

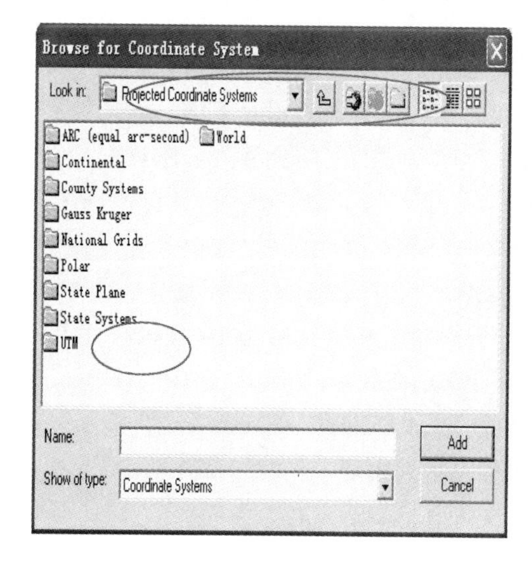
Browse for Coordinate System
Look in:
Projected Coordinate Systems
ARC (equal arc-second)
World
Continental
County Systems
Gauss Kruger
National Grids
Polar
State Plane
State Systems
UTM
Name:
Add
Show of type:
Coordinate Systems
Cancel

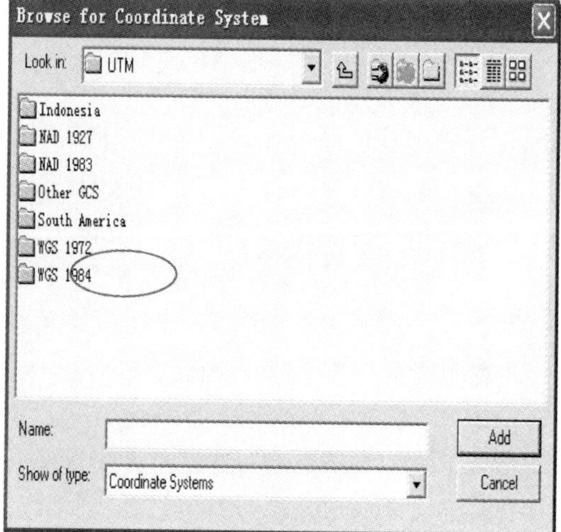
Browse for Coordinate System
Look in:
UTM
Indonesia
NAD 1927
NAD 1983
Other GCS
South America
WGS 1972
WGS 1984
Name:
Add
Show of type:
Coordinate Systems
Cancel

Beijing _ 1954 坐标转换为 WGS _ 1984 坐标的参数选择表

Geographic Transformation (optional) 选项	省（自治区、直辖市）名
Beijing _ 1954 _ To _ WGS _ 1984 _ 1	内蒙古自治区，陕西省，山西省，宁夏回族自治区，甘肃省，四川省，重庆市
Beijing _ 1954 _ To _ WGS _ 1984 _ 2	黑龙江省，吉林省，辽宁省，北京市，天津市，河北省，河南省，山东省，江苏省，安徽省，上海市
Beijing _ 1954 _ To _ WGS _ 1984 _ 3	浙江省，福建省，江西省，湖北省，湖南省，广东省，广西壮族自治区，海南省，贵州省，云南省，香港和澳门特别行政区，台湾省
Beijing _ 1954 _ To _ WGS _ 1984 _ 4	青海省，新疆维吾尔自治区，西藏自治区
如果定义的地理坐标是 Xian 1980，此项不选，为空	

注意："WGS _ 1984"坐标系的墨卡托投影分度带（UTM ZONE）选择方法如下：

（1）北半球地区，选择最后字母为"N"的带。

（2）可根据公式计算，带数＝（经度整数位/6）的整数部分＋31。

如：江西省南昌新建县某调查单元经度范围 115°35′20″～115°36′00″，带数＝115/6＋31＝50，选 50N，即 WGS 1984 UTM ZONE 50N。

（3）可直接根据调查单元经度范围查下表确定分度带。建议在选择时直接查阅该表。

经度范围（东经）	中央经线经度	分度带
72°～78°	75°	43N
78°～84°	81°	44N
84°～90°	87°	45N
90°～96°	93°	46N
96°～102°	99°	47N
102°～108°	105°	48N
108°～114°	111°	49N
114°～120°	117°	50N
120°～126°	123°	51N
126°～132°	129°	52N
132°～138°	135°	53N

二、定义坐标与投影（地图坐标系统为 WGS1984）

1. 定义坐标

打开 ArcGis 软件，点击下图中的“+”号，弹出“Add Data”对话框，选择数字化后生成的 3 个 shp 文件：bjx、dgx、gl，点击“add”按钮。

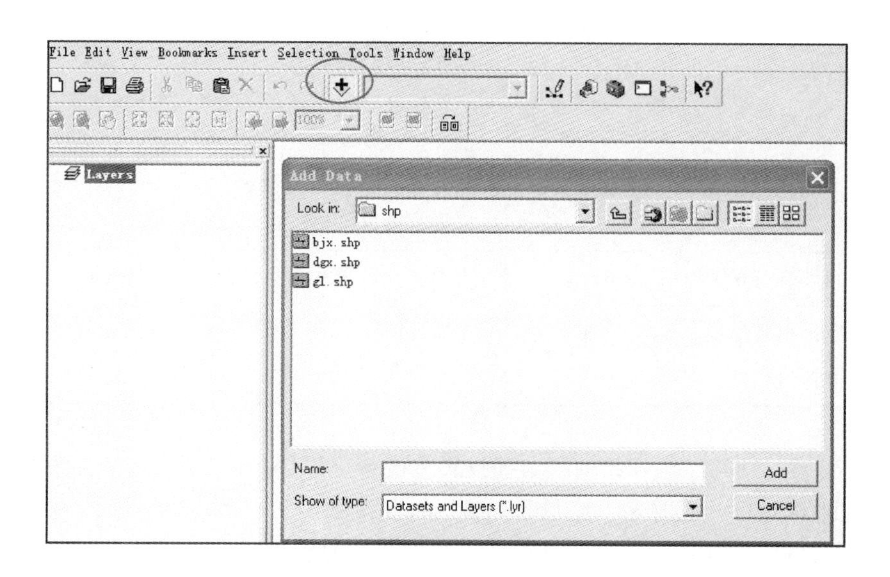

显示三个图层，如下图：

点击第二行的红色工具箱按钮“ ”，出现下图：

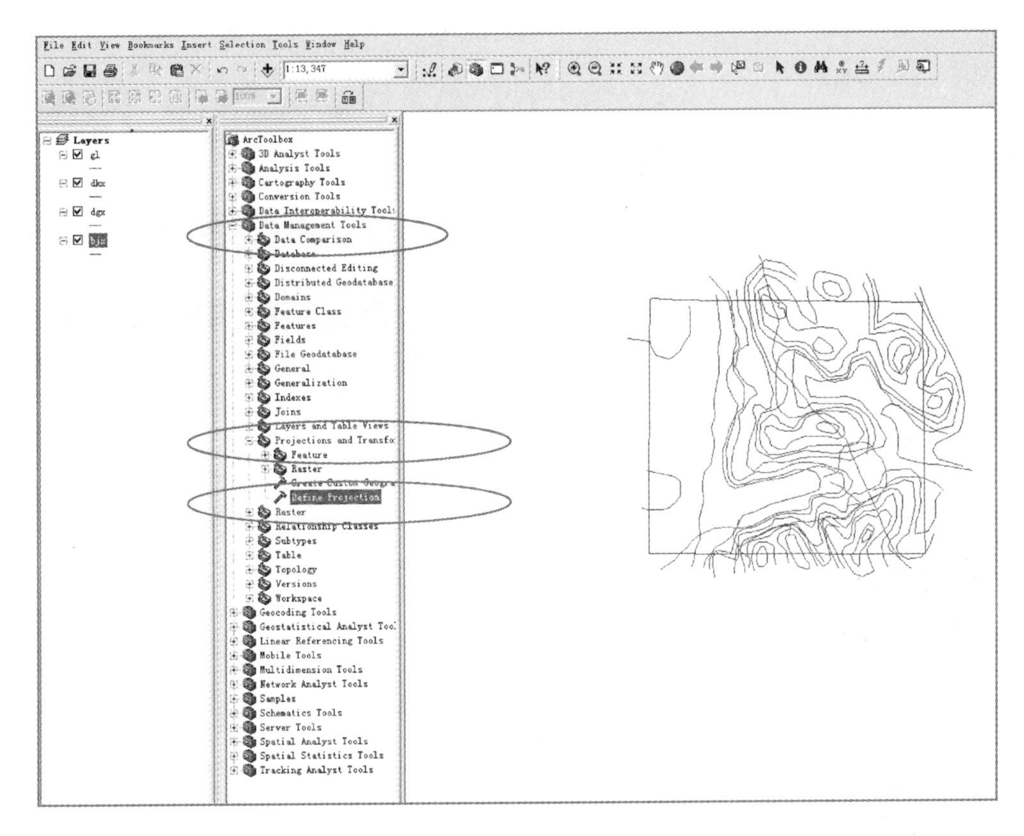

选择中间栏的"Data Manage Tools"—"Projections and Transformations"—"Define Project"，双击"Define Project"出现下面对话框，在"Input Dataset or Feature Class"下面的空白栏填入要定义投影的三个shp文件中的一个，如"bjx"：

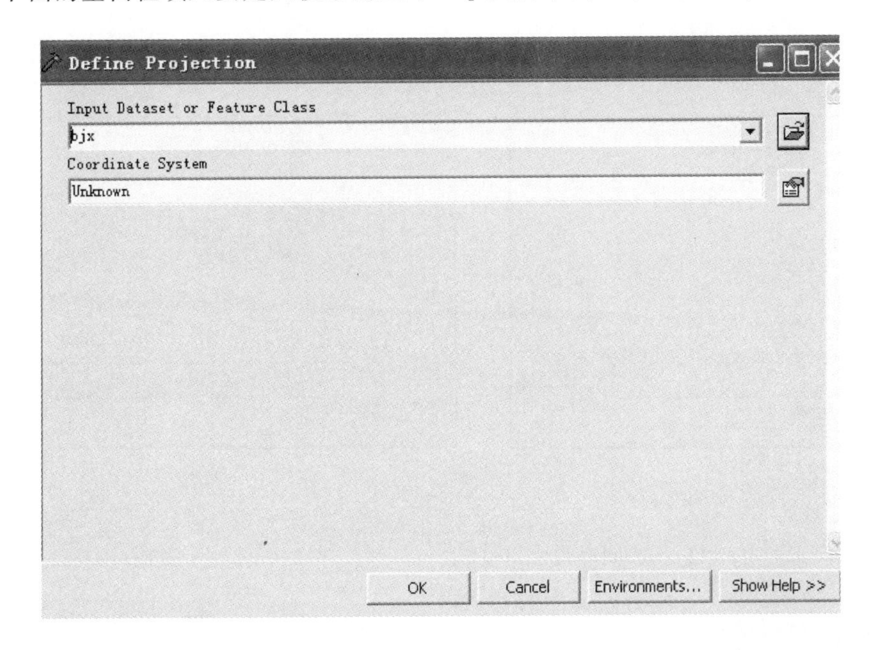

点击上图后面的按钮，出现下图左侧对话框，点击该对话框的“Select”按钮，出现下图右侧对话框：

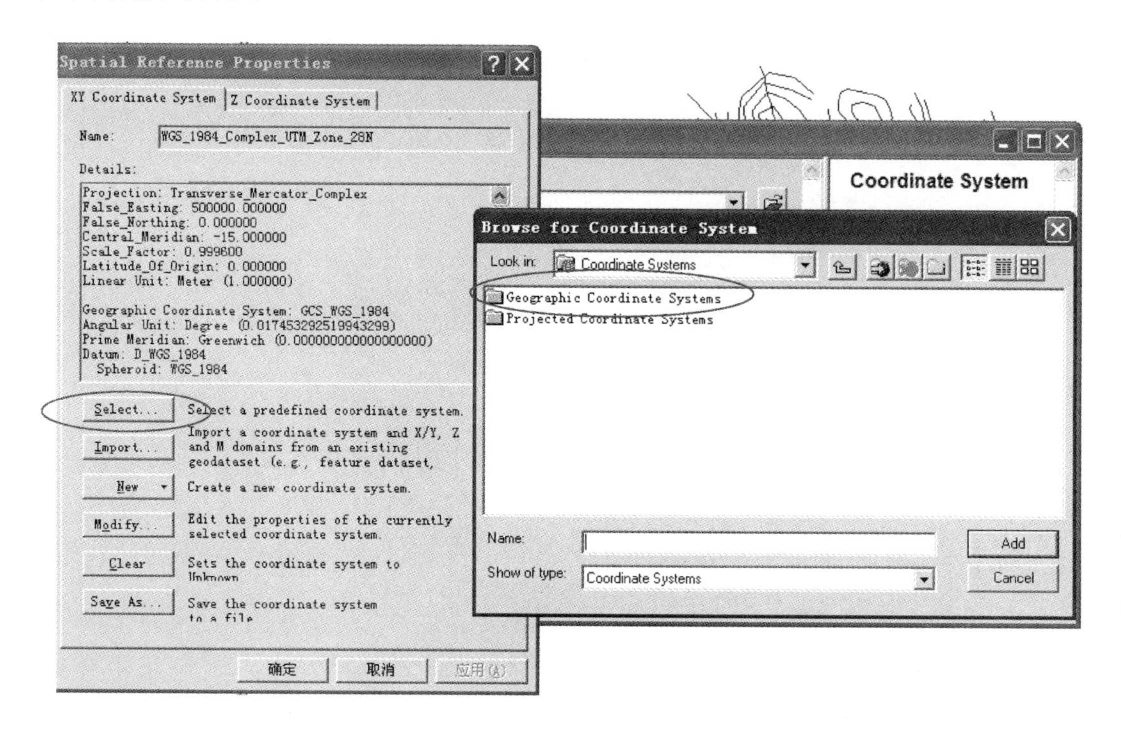

选择“Geographic Coordinate System”双击，出现“Browse for Coordinate System”文件夹。再选择“World”双击，出现下面对话框。根据该地形图的坐标系统选择“WGS 1984.prj”文件，点击add，加入地理坐标。

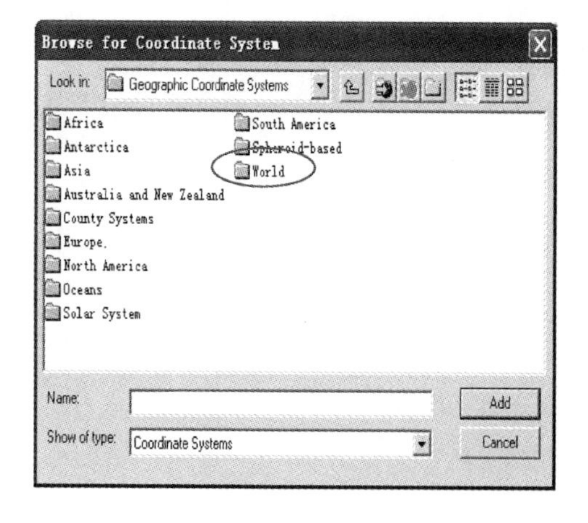

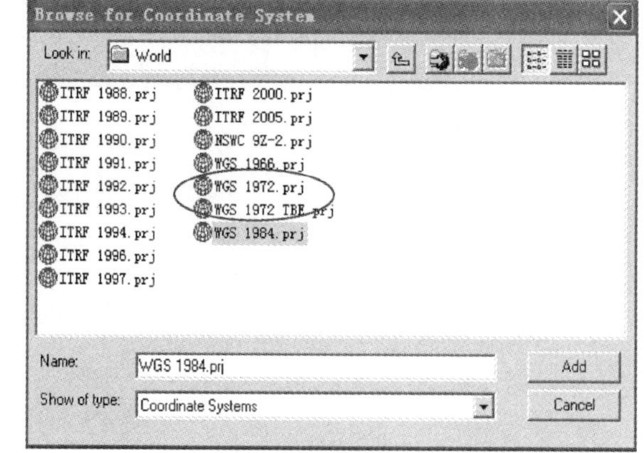

2. 定义投影

选择中间栏的“Data Manage Tools”—“Projections and Transformations”—“Feature”-“Project”，弹出如下图的对话框。

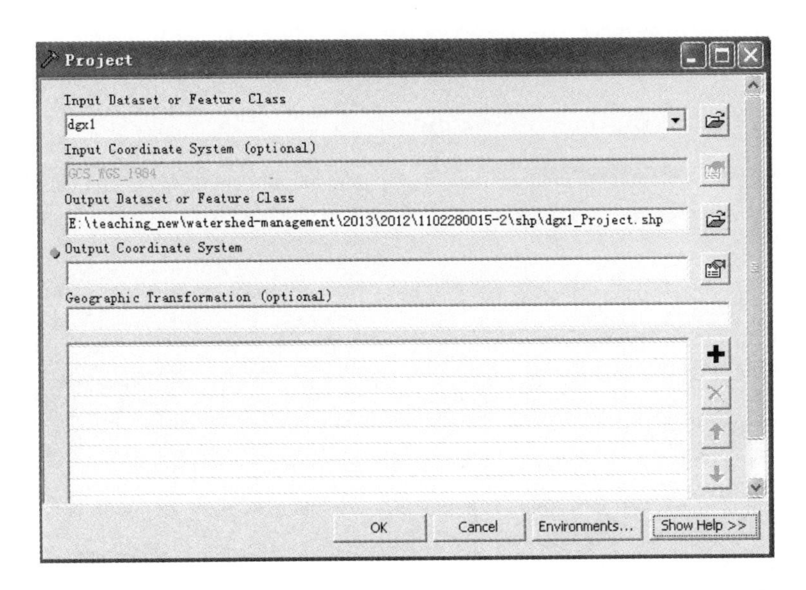

"Input Dataset or Feature Class"栏中填入 bjx，在"output Dataset or Feature Class"栏中将文件名改为 bjxp. shp，注意输出目录为该野外调查单元下的 shp 文件夹下。点击"Output Coordinate System"右侧按钮，弹出"Spatial Reference Systems"对话框，点击"Select"按钮，弹出"Browse for Coordinate System"对话框，双击"Projected Coordinate System"，出现系列文件夹，选择"UTM（墨卡托投影）"双击，出现系列文件，选择"WGS1984"双击，出现系列投影文件。因为本示例调查单元经度 115°E，位于北半球，属于北半球的第 50 带，因此选择"WGS 1984 UTM ZONE 50N"。

经度范围（东经）	中央经线经度	分度带
72°～78°	75°	43N
78°～84°	81°	44N
84°～90°	87°	45N
90°～96°	93°	46N
96°～102°	99°	47N
102°～108°	105°	48N
108°～114°	111°	49N
114°～120°	117°	50N
120°～126°	123°	51N
126°～132°	129°	52N
132°～138°	135°	53N

依次定义 dgx 和 gl 图层的投影，选择完毕后点击主菜单"File → save"，保存在该野外调查单元的 shp 文件下，命名为：dt1. mxd。

三、添加经纬线格网

打开 ArcGis 软件，点击的"＋"号，弹出"Add Data"对话框，选择加入投影后生成的 3 个 shp 文件：bjxp、dgxp、glp，点击"add"按钮。

点击左下图红框中的按钮“Layout View”，进入制图版面设计。

选择蓝框中的“Layers”，单击右键，弹出右下图快捷菜单；在快捷菜单中单击“Properties”，弹出对话框“Data Frame Properties”。

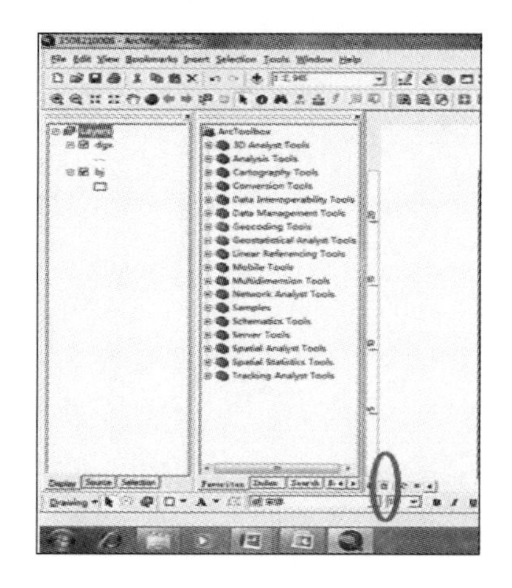

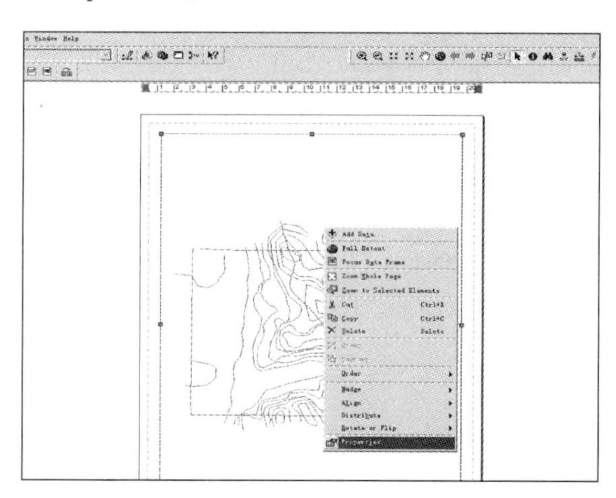

对话框“Data Frame Properties”中，点击选项“Grids”，选择“New Grid…”按钮，出现“Grid and Graticules wizard”对话框。

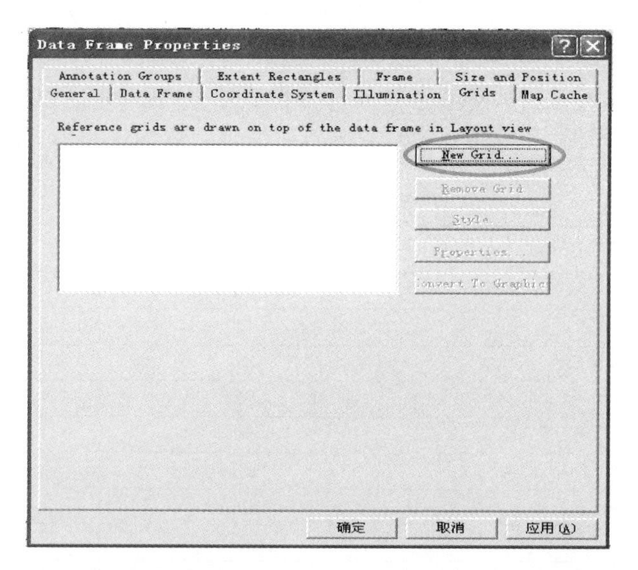

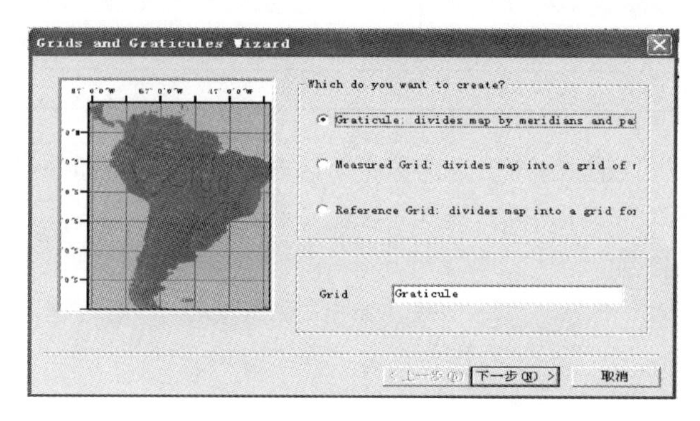

点击“Grid and Graticules wizard”对话框中的“下一步”按钮，出现对话框“Create a Graticule”，在对话框中，将“sec（秒）”下的两个编辑框中数值改为4（表示经纬度间隔为4s），点击“下一步”按钮。注意：可根据调查单元实际情况调整经纬度间隔，要以偶数间隔，如2s、4s、6s等，以方便计算。建议1＊1km网格采用2s或4s间隔（根据实际情况）。

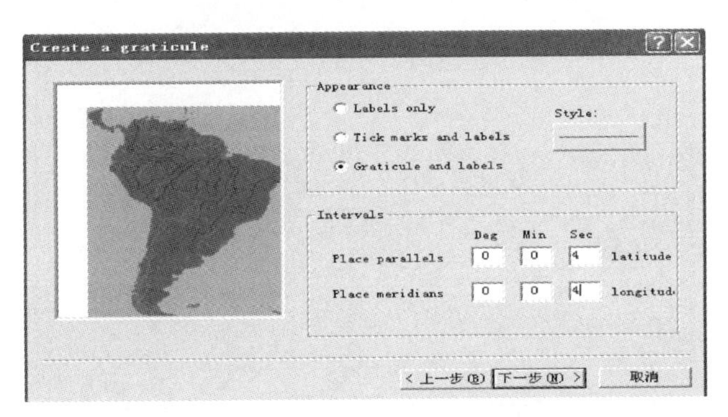

出现对话框“Axes and Labels”，单击Text旁的按钮，可以改变字体。字号改为“8”号，字体改为“arial narrow”，如果字体库中没有该字体，改为“Times New Roman”，点击“下一步”按钮。

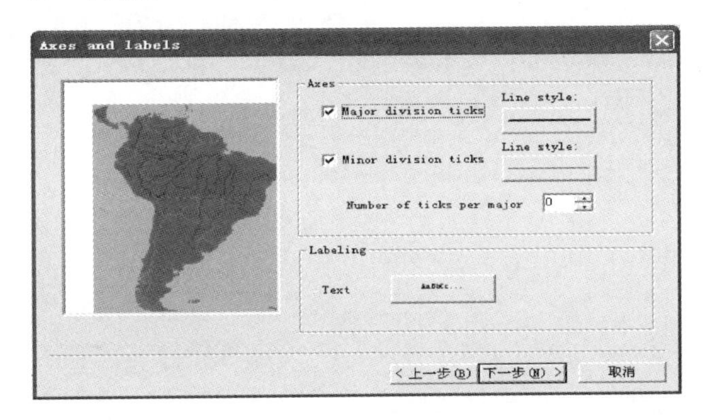

出现对话框“Create a Graticule”，点击“完成”按钮。

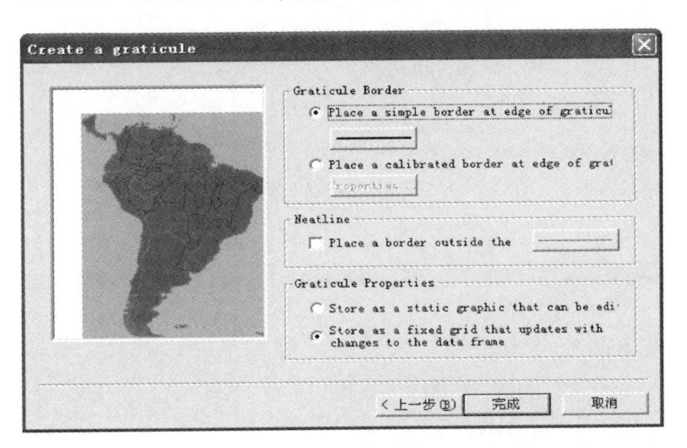

出现对话框“Data Frame Properties”，点击“确定”按钮。

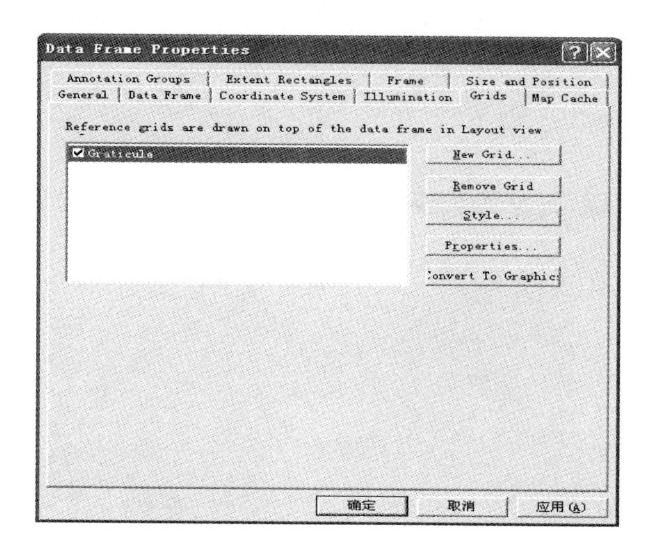

这时出现添加了经纬线格网的结果图。

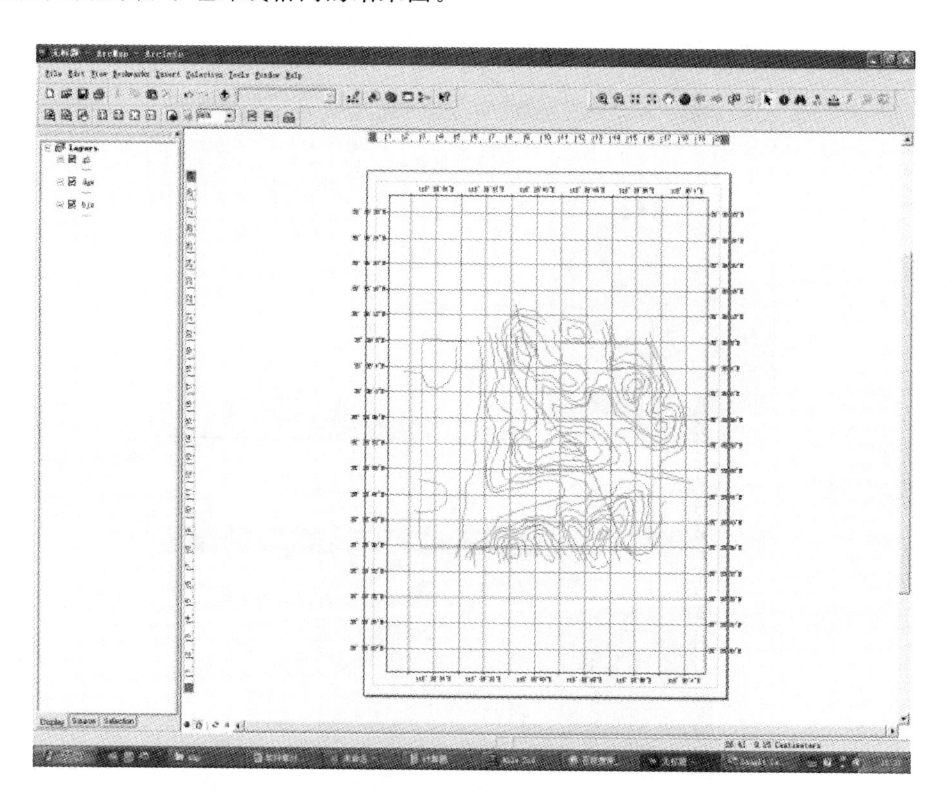

在格网添加结果图的上点击右键，出现菜单如左下图，选择“Properties”，弹出对话框“Date Frame Properties”如右下图，选择页面“Grids”，点击“Properties…”按钮。打开“Reference System Properties”对话框。

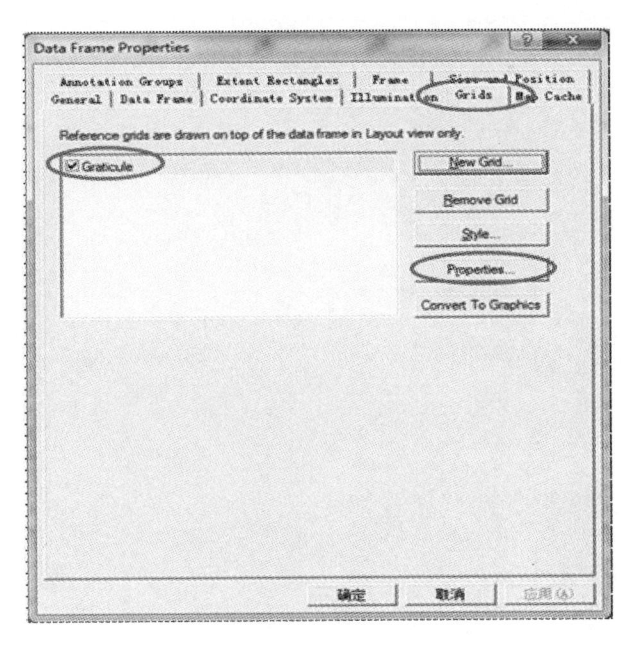

弹出对话框“Reference System Properties”，选择页面“Labels”，在红框中输入数字“8”，确定经纬度的字体大小。在“Label Axes”下选中“Bottom”和“Left”，使经纬度坐标显示在底部和左侧；在“Label Oriention”中选中“Bottom”，使底部经纬度坐标垂直于边界显示。

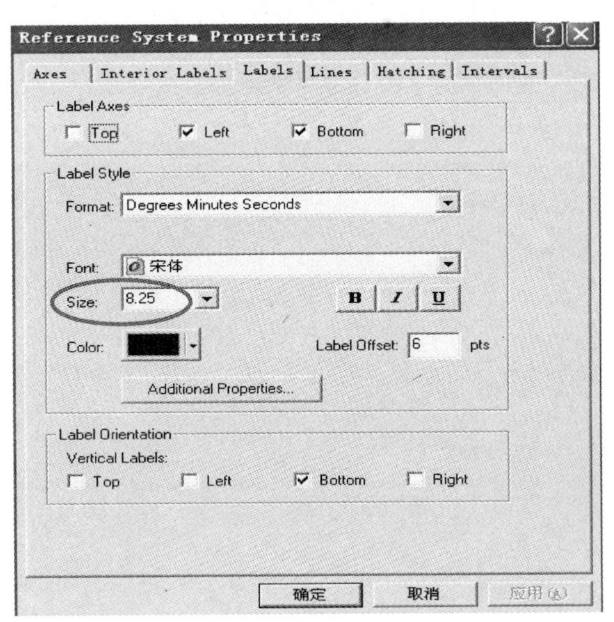

如果选择的经纬度间隔不合适，如过密或过稀，可在对话框“Reference System Properties”中，选择页面“Intervals”，重新调整经纬网格，选择“度—分—秒（degree - minutes - seconds)”格式，在“Interval”下面的 x、y 中的秒处，输入需要的间隔，如 4，点击“确定”按钮，完成经纬格网的添加。

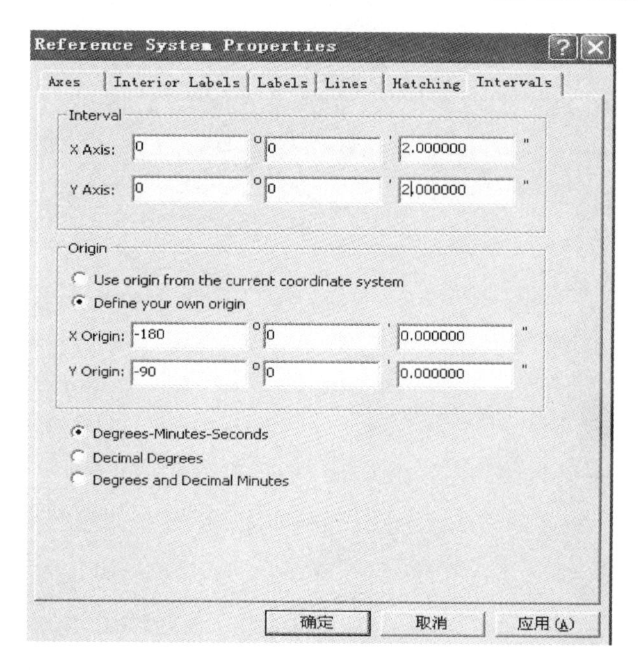

四、页边距设置

选择“ArcMap”主菜单上的“File”，选择“Page and Print Setup”，Size 选择“A4 (29.7＊21cm)”。

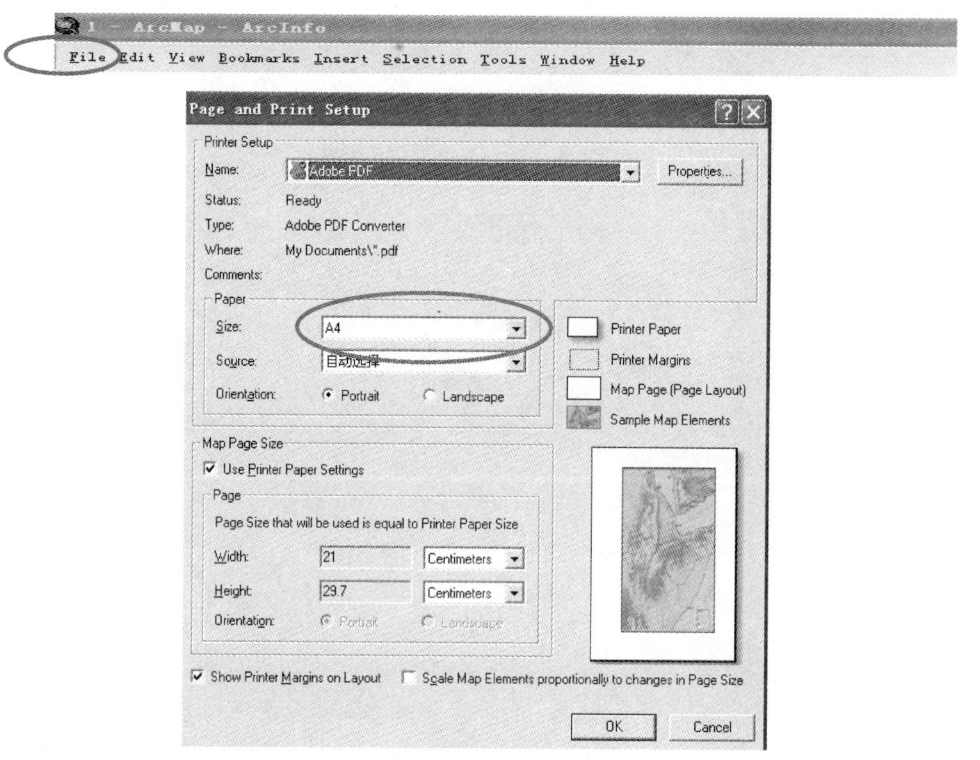

点击“OK”关闭上图，在“Layout View”视图中可以看出，下图的左侧和上方均

有刻度尺，根据要求页边距应为左边距 2.5cm，右边距 2cm（21－2＝19cm）；上边距 2.5cm（29.7－2.5＝27.2cm），下边距 2cm，所以在上侧刻度尺 2.5cm 处单击即可以得到图示水平线，单击时会提示刻度，如果显示的不是 2.5，根据显示的数值或上或下移动直至显示为 2.5 即可。同样的道理，可以画出四条这样的直线，确定页边距。

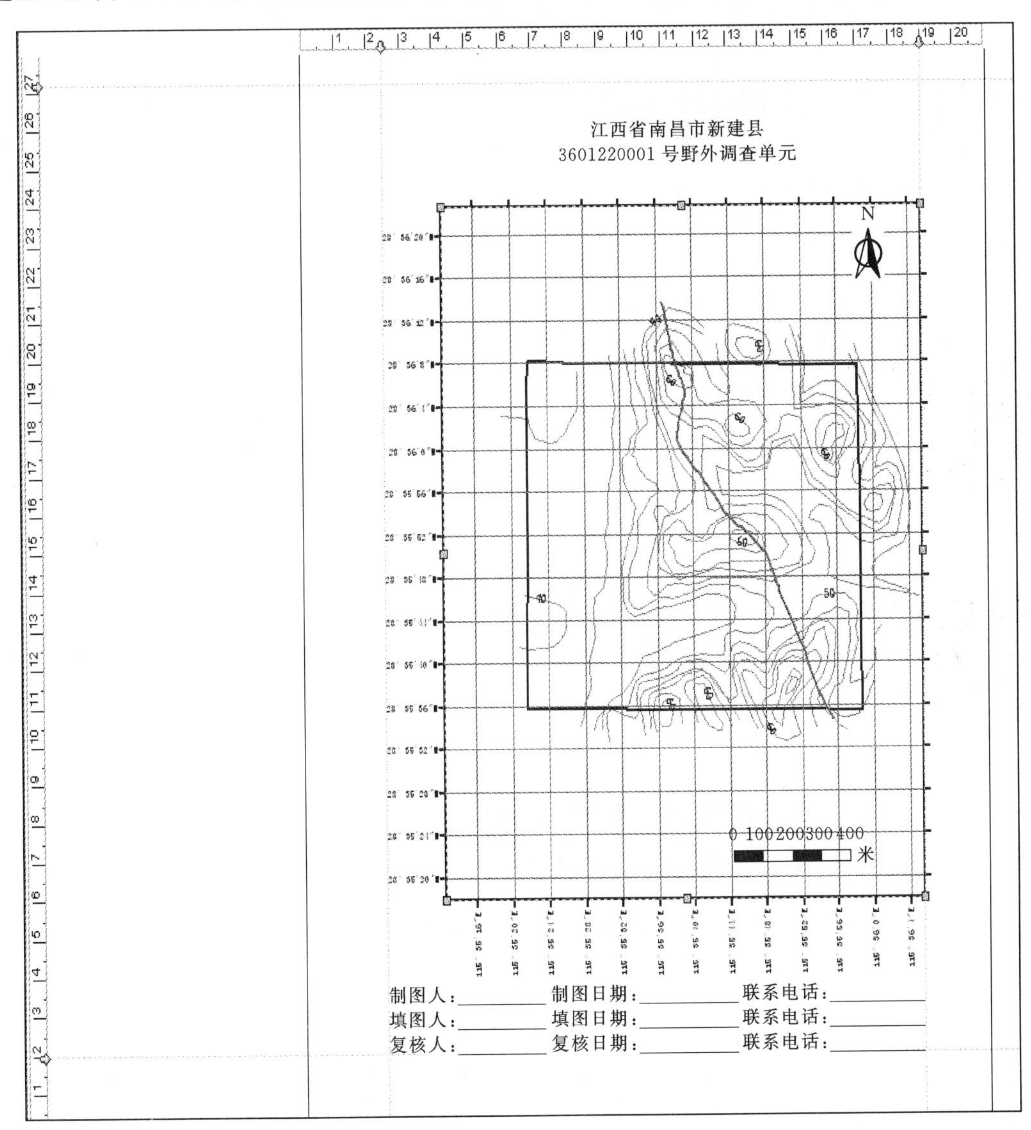

单击经纬度坐标处的黑色矩形线，显示为绿色小方框和断续绿色线段，光标放在绿色方框处光标变为箭头状，此时可以对页面进行拖动、缩放等调整，使全部信息均在页边距的四线之内。此外，选中该黑色矩形线后，也可以使用键盘的方向键进行上下左右的移动。

五、添加图名、填图人信息等

1. 添加图名

点击 ArcGIS 最上边的菜单“Insert”，在其下拉菜单中选择“Title”，添加图名；此时页面显示“Enter Map Title”框。选择该框右键单击，选择“Properties”，然后单击

"Change Symbol"，改成 18 号。

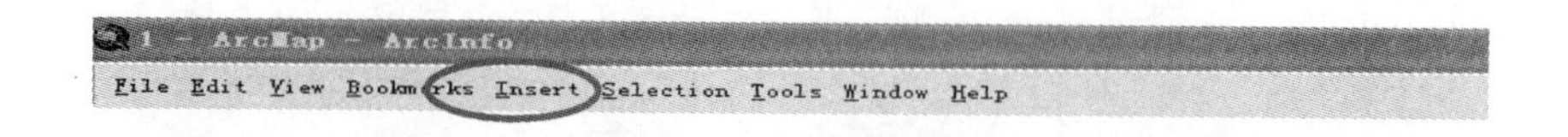

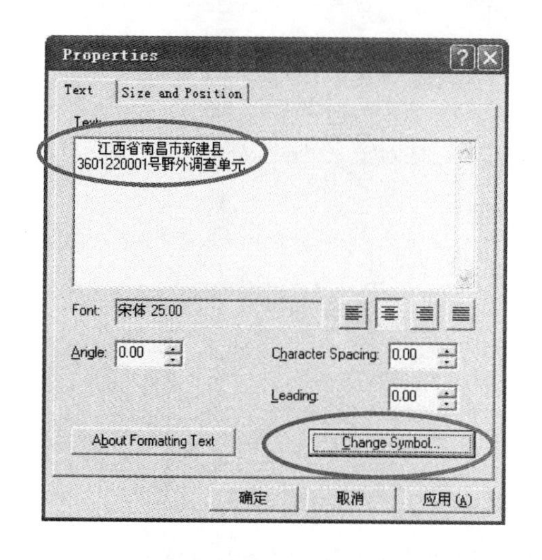

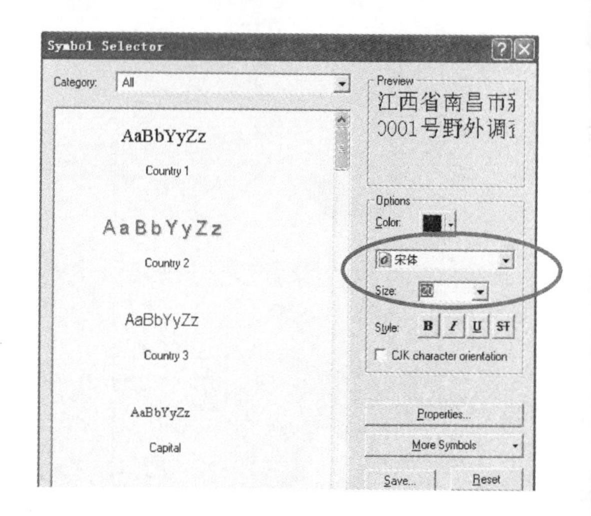

2. 添加指北针

如果流域底图不是"上北下南"方向，在 ArcGIS 最上边的菜单"Insert"，选择"north arrow"，添加指北针。建议选择如下图所示的指北针"ESRI NORTH 2"，并拖动放置于图幅右上角。单击"Properties"可以进行设置，建议大小选择"60"。

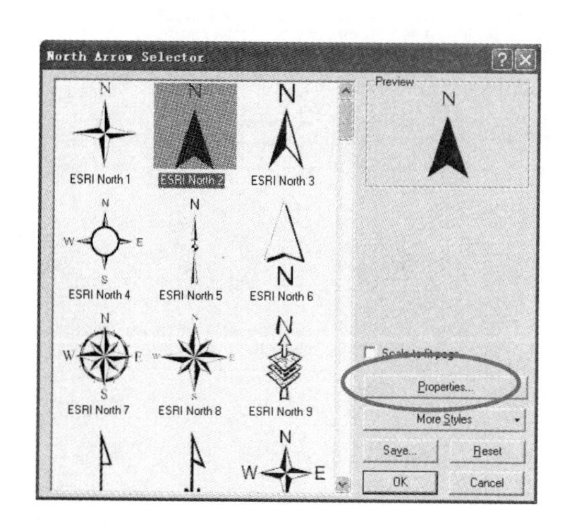

3. 添加制图人、填图人、复核人及其日期等

点击 ArcGIS 最上边的菜单"Insert"，选择"Text"，添加制图人等信息。文本框位置和格式参照下图式样。

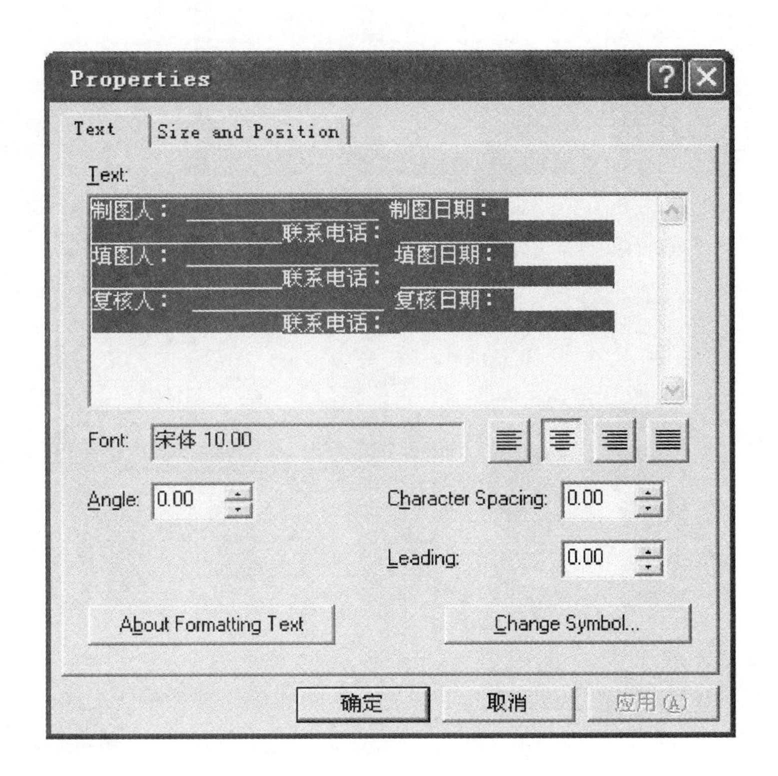

六、编辑等高线和边界线及重要参考地物等

1. 等高线颜色和粗细

在 ArcGIS 页面左侧“layer”下面的“dgxp”标识中，双击其下线条，选择“浅灰色”，粗细选择“1 磅”。

2. 等高线高程标注

右击左侧“Layers”目录下的“dgxp”，选择下拉菜单中的“Properties”，弹出如下图所示“Layer Properties”对话框。勾选“Label Features in this layer”复选框，Method 选用“Define classes of features and label each class differently”，然后单击“SQL Query”，选中“ID”，然后在下方对话框中输入我们要显示的等高线标注：双击“ID”，即可以在下方对话框输入“ID”，然后单击“=”，然后单击“Get Unique Values”，选中“40”，即可以标注数值为 40m 的等高线。因为本例中调查单元属于平原丘陵区，地形图上等高线是每 2.5m 一条，所以我们仅标注 40m、50m、60m 这样在地形图上加粗的等高线。我们用“OR”按钮来实现同时标注多条等高线，按照以上步骤，最后对话框出现的应为“"ID" = 40 OR "ID" = 50 OR "ID" = 60”。然后将字号改为“10”。注意，我国不同区域存在不同的等高距，在进行等高线标注的时候只标注地图上加粗的等高线即可。

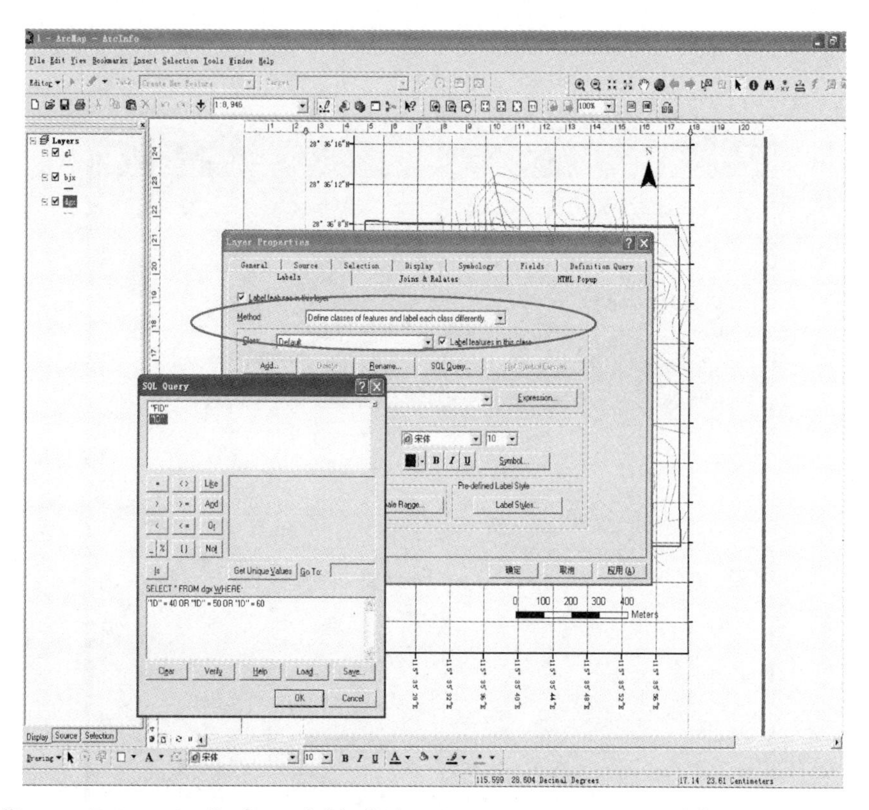

在“Layer Properties”窗口选择“Placement Properties”，选择“Parallel”和“On the line”使得等高线标注平行于等高线且在等高线上。

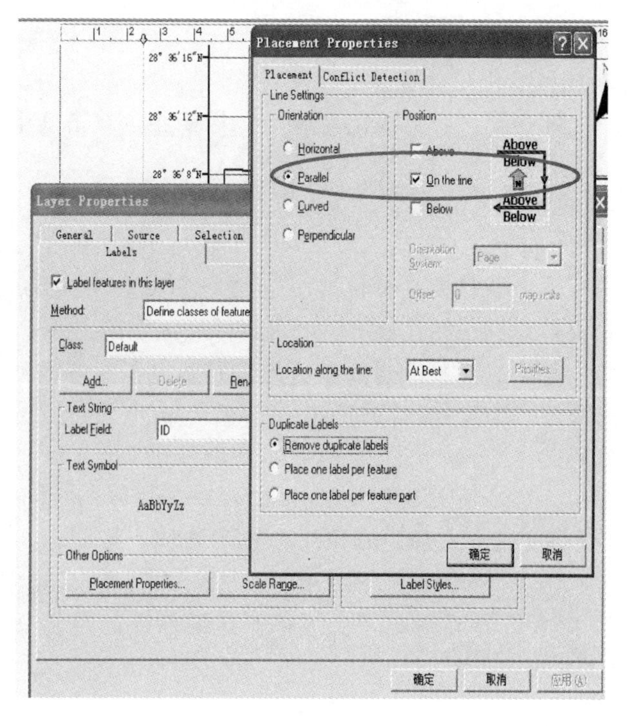

3. 边界线编辑

在 ArcGIS 页面左侧“layer”下面的“bjxp”标识中，双击其下线条，就显示“Symbol Selector”对话框，选择“深灰色”，粗细选择“1.5 磅”。

4. 重要参考地物

公路选择“Dash 6∶1”，颜色黑色，粗细“1.5 磅”。

水系选择蓝色实线，粗细“1.5 磅”。

居民点为面状文件，选择“500 year flood overlay”。如果居民点面状区域在野外调查单元范围的面积不大的话，也可以直接选择“黑色填充”的符号来表达。

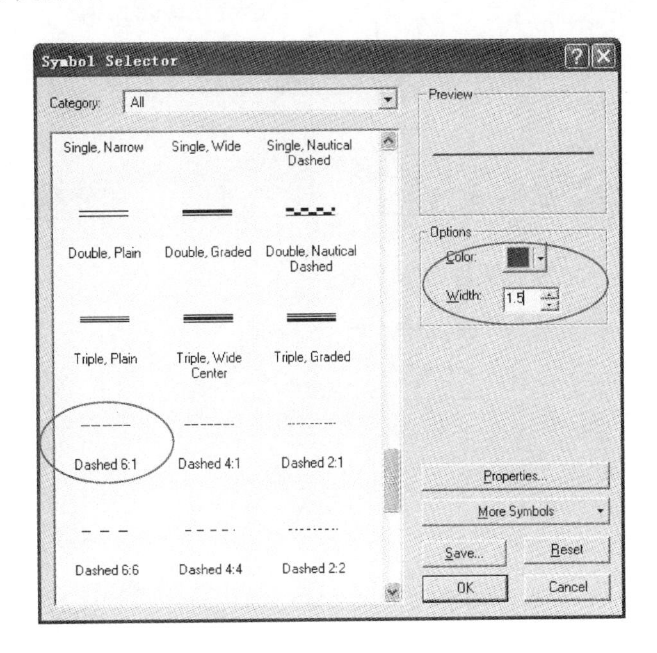

七、添加比例尺

单击 ArcGIS 最上边的菜单“Insert”，选择“Scale Bar”，出现比例尺清单，选取“Alternating Scale Bar 1”。调整比例尺窗口的数据使小流域占图的面积最大化。

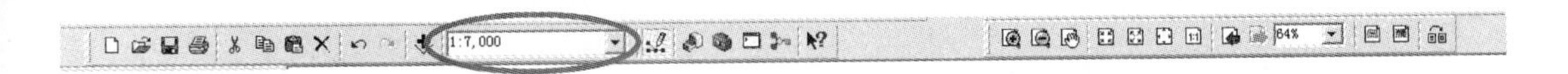

单击图幅中的比例尺，就打开了“Properties”，选择 Scale 下“Number of Divisions”填写 5，“Number of Subdivisions”填写 0，“When resizing”选择“Adjust with”，在上方的“Division Value”选择 80（本示例选择的是 1∶8000，即填写 80m），“Division Units”选择“Meters”，“Label Position”选择“after bar”。Label 后填写汉字“米”，选择“Numbers and Marks”，Numbers 下的 Frequency 选择 divisions。“Format”选项卡可以=改变字体大小，建议选择“10”。

为了防止拖动时比例尺改变大小，可在左边的窗口中，右键单击黄色“Layers”标签，然后依次选择“Properties”→“Data frame”→“Extent”→“Fixed scale”。

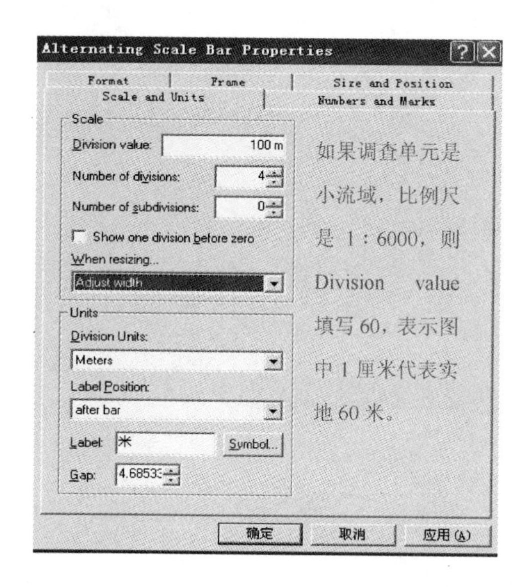

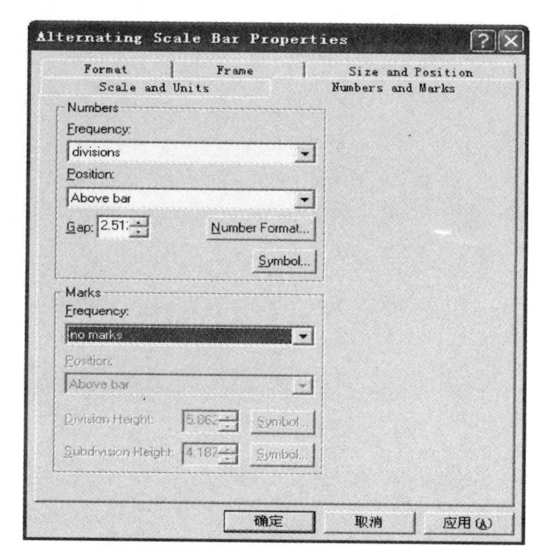

以上所有步骤操作完成后的底图如下图。

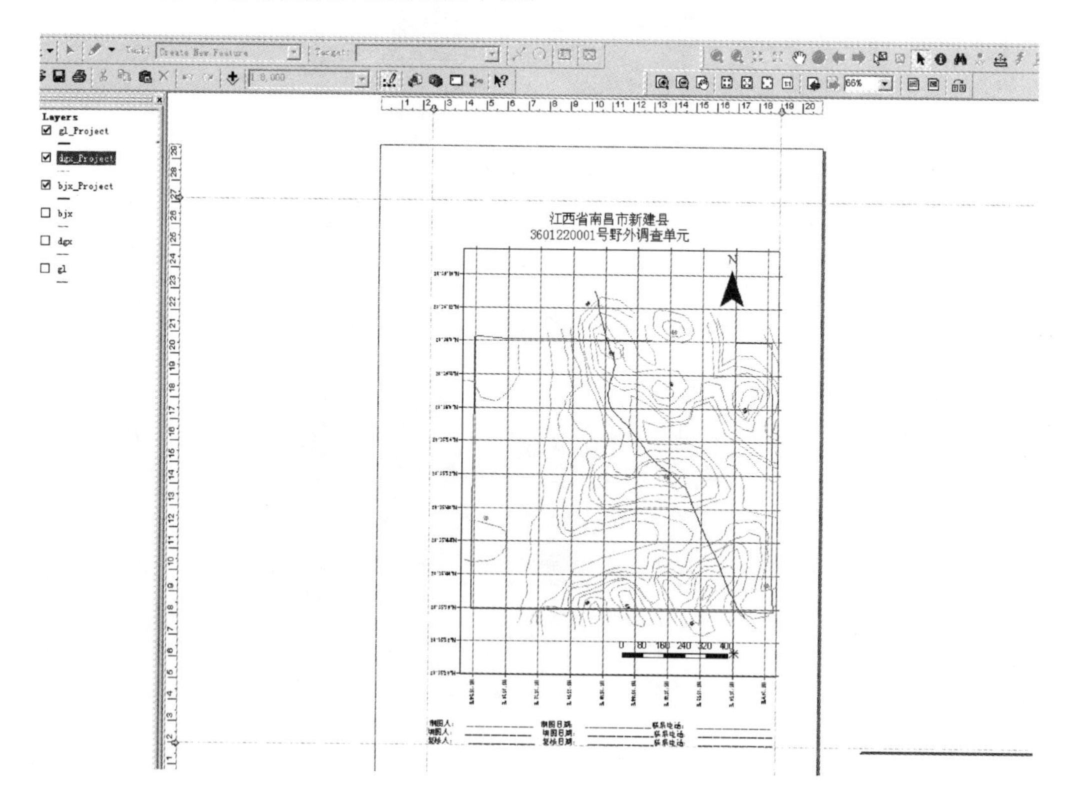

八、输出野外调查底图“dt1. pdf”

点击 ArcGIS 上边菜单“File”，选择“FILE-Export map”，输出图片格式为 PDF，在输出时的 resolution（分辨率）调整为 300dpi，保存在“basic”文件夹“dt1. pdf”。

江西省南昌市新建县
3601220001 号野外调查单元

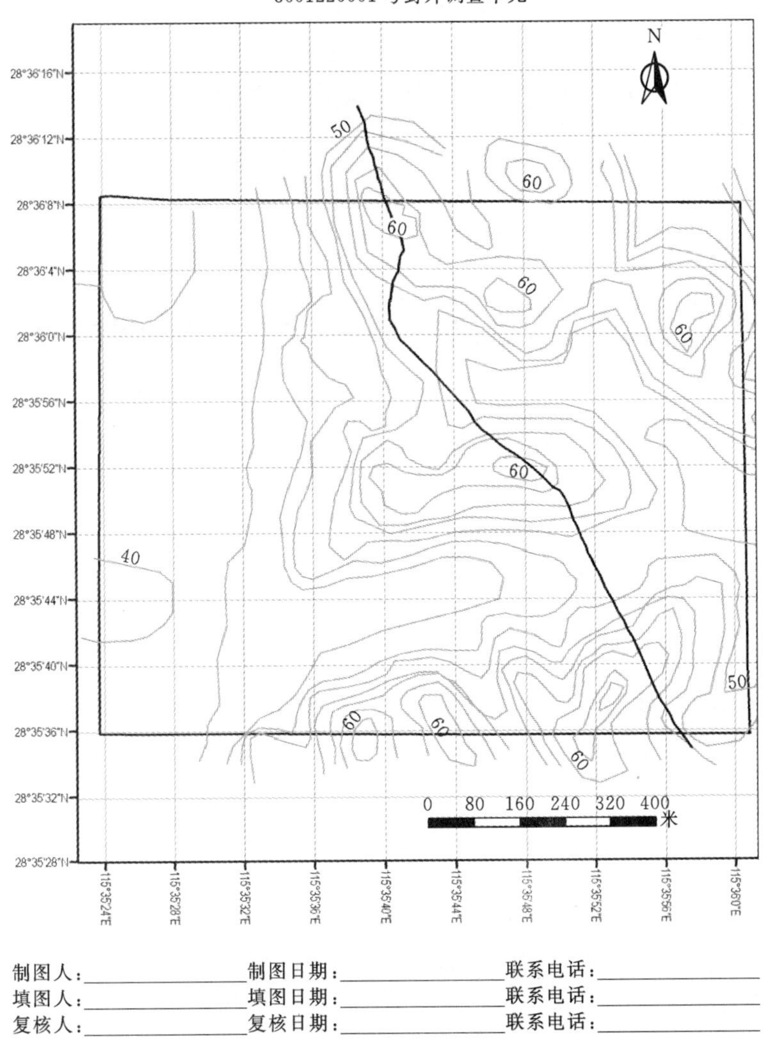

九、输出野外调查底图“d2t. pdf”

打开 ArcMap，添加文件“bjxp. shp”和“dgxp. shp”，并添加遥感影像文件。如果遥感影像文件已有坐标信息，可直接进行添加。添加完遥感影像文件后，检查前述步骤的经纬线格网、图名、比例尺、制图人、填图人、复核人及其日期等（不同再次设置，使用 dt1 的设置即可），以 pdf 格式输出，文件名为“dt2. pdf”，存入 basic 文件夹下，在 A4 幅面纸上打印“dt2. pdf”。

如果采用的是 google earth 等图片格式的影像文件，则需先对影像文件进行坐标配准与定义。下面介绍从 google earth 获取影像文件制作底图的方法。

1. 导出 bjxp. kmz 文件

(1) 打开 ArcMap 软件，单击，弹出对话框 Add Data，选择所需转换格式的文件 bjxp. shp（注意：确保 bjxp. shp 包含的多边形没有进行颜色填充）。

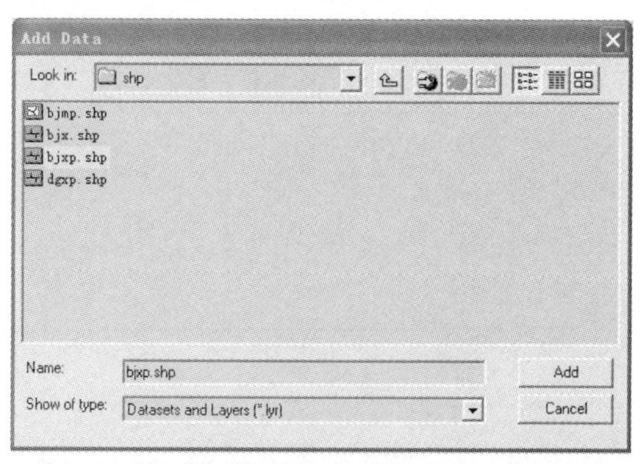

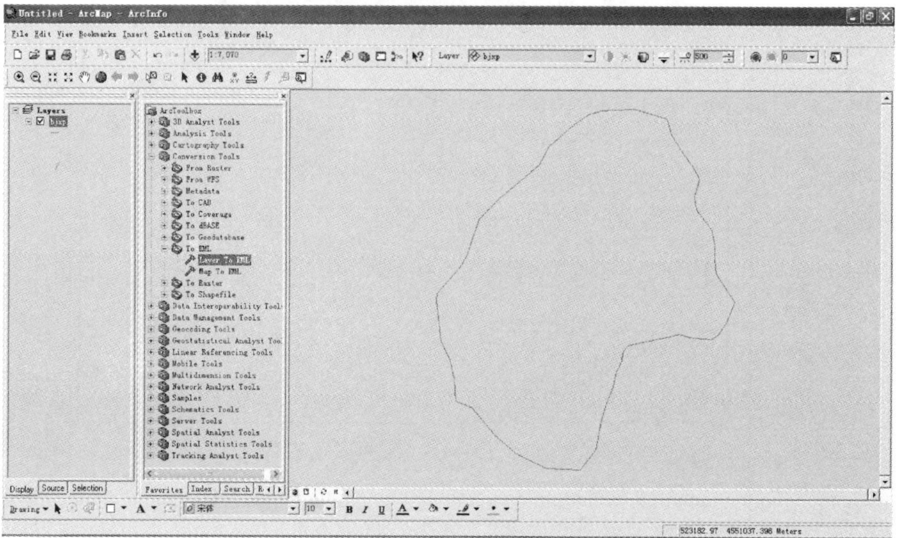

（2）如果没有出现 ArcToolbox 工具栏，则单击 ，加载 ArcToolbox 工具栏如下图。

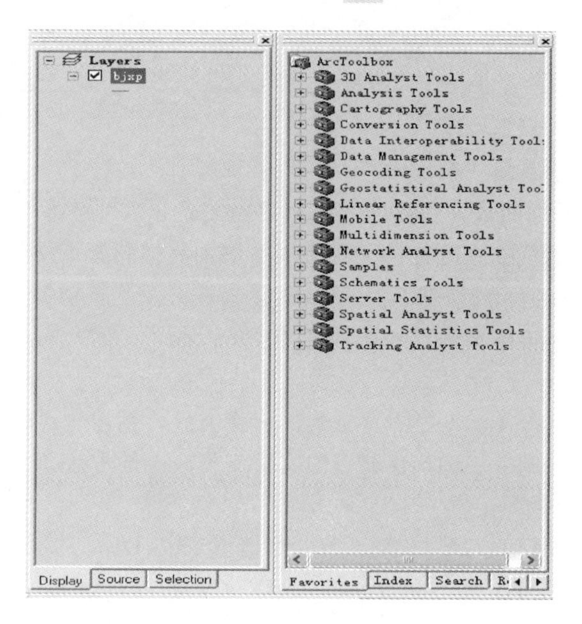

(3) 在 ArcToolbox 工具栏中，按照 Conversion Tools→To KML→Layer To KML 的顺序，找到 Layer To KML 工具，双击，弹出 Layer To KML 对话框，如下图。

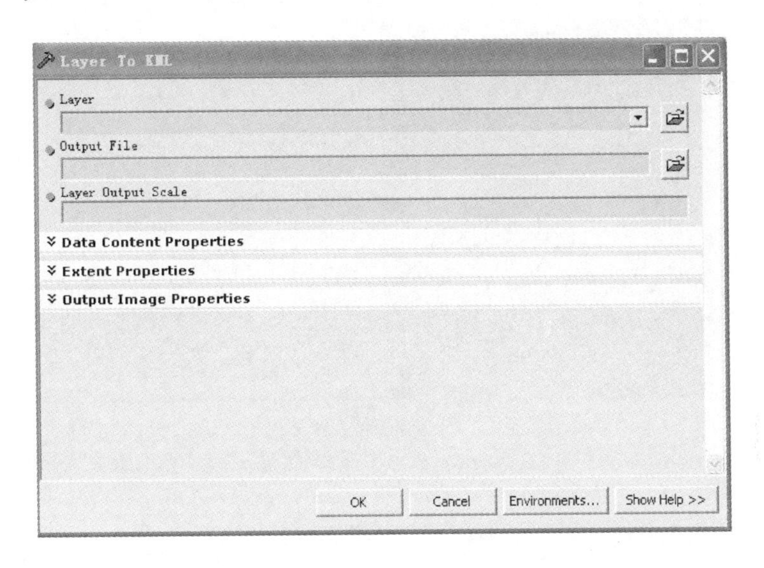

(4) 在 Layer To KML 对话框中："Layer" 项中，选择需要转换格式的文件，例中为 bjxp；"Output File" 项中，单击右侧 ，弹出另存为对话框，选择输出文件存储路径和名称，例中输出文件名称为 bjxp. kmz，存放在对应调查单元的 basic 文件夹下；Layer Output Scale 项中，输入输出文件大小参数为 100（注意：输出文件大小参数对于文件在 google earth 中显示没有影响，但为了方便，可以统一规定为 100 或者其他整数）。单击 ok，完成转换。

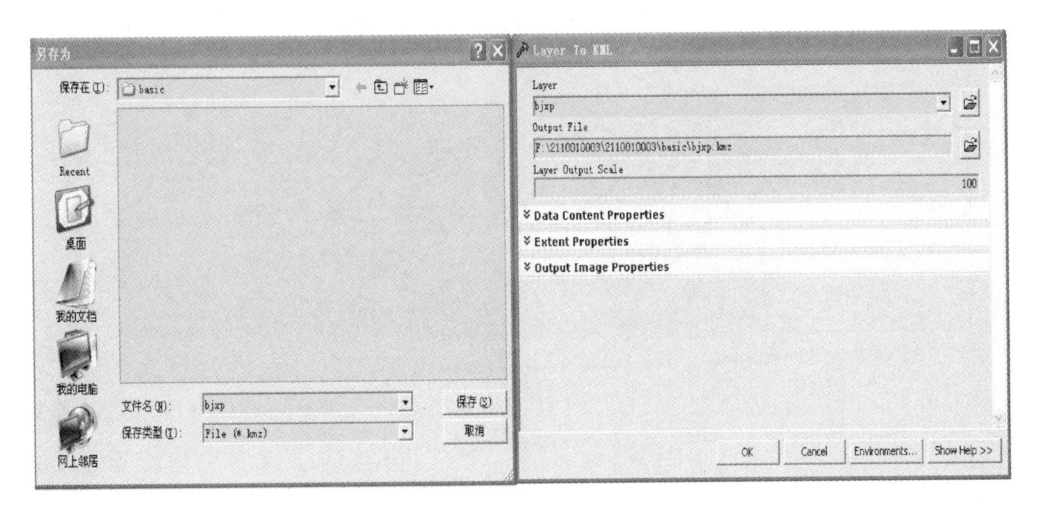

2. 在 google earth 软件打开 bjxp. kmz 文件，添加地标点，并输出影像图片文件

(1) 打开 google earth 软件，选择菜单"文件→打开"，弹出打开对话框，选择已生成的 bjxp. kmz 文件，单击"打开"按钮。

（2）加载 bjxp. kmz 文件后，google earth 显示直接飞到 bjxp 所在范围，效果如下图。

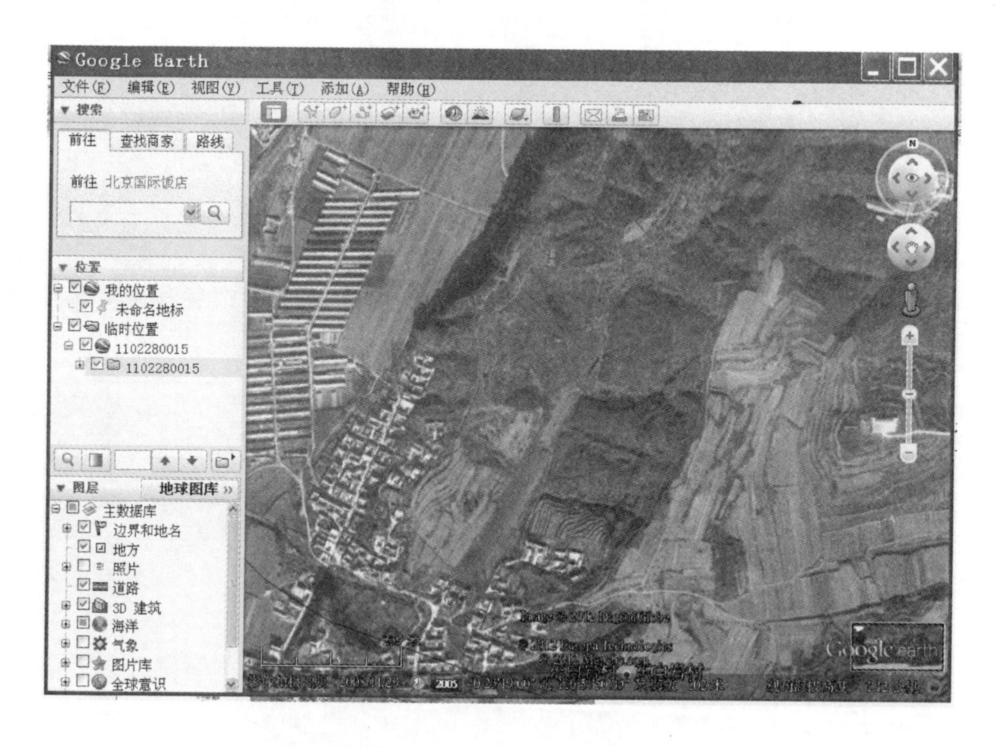

（3）添加地标。首先单击“工具”将单位改为小数，方便在 ArcGIS 中配准。鼠标单击添加地标按钮，弹出新建地标对话框，首先将光标移至未命名地标光标闪烁处，按住左键，将未命名地标移动至流域边界外，在新建地标对话框“名称”右侧的空白栏内输入地表名称，如“1”，然后点击“确定”按钮，完成地标 1 的建立。依次在流域边界外再添加另外 3 个地标，尽量让添加的 4 个地标组成一个长方形（方便坐标的转换)。

注意:添加地标的目的是在 ArcMap 中对 google earth 影像进行坐标定义,并于 bjxp. shp 文件同时使用,以建立影像工作底图文件。因此在添加地标时,需顺便在纸上记录下添加地标的经纬度坐标。

(4)保存图像。将光标移动至“文件→保存→保存图像”,单击左键,弹出“另存为”对话框,在“保存在”右侧的空白栏内选择需要保存的文件路径(建议保存在野外调查单元的 basic 文件夹下);在“文件名”右侧的空白栏内输入“google earth”,保存类型选择“＊.jpg”,单击“保存”按钮。

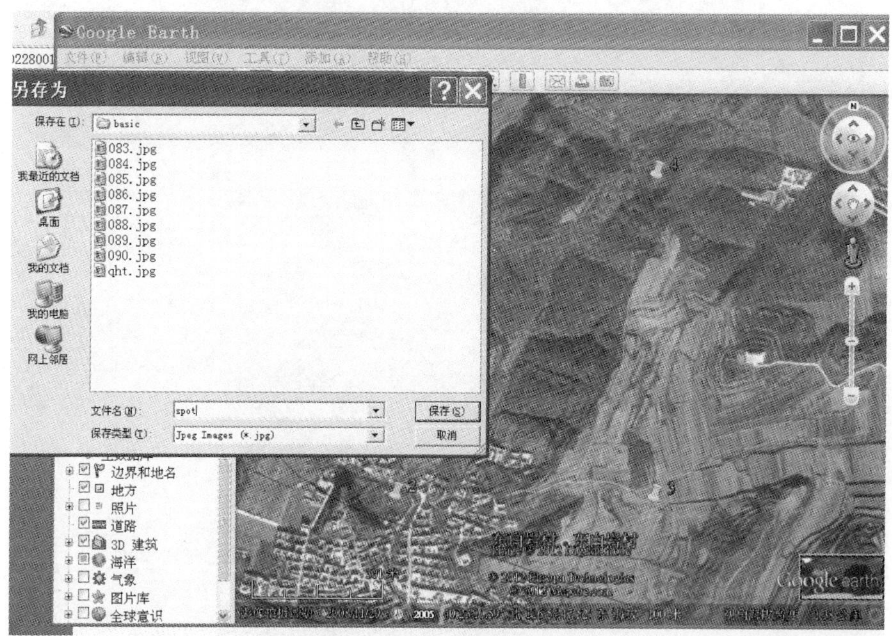

3. 在 ArcMap 软件中定义 google earth. jpg 图片的坐标

(1) 打开 ArcMap 软件，点击按钮，弹出“Add Data”对话框，“Look in”右侧的空白栏内选择野外调查单元 basic 文件夹所在的路径，在“Name”右侧的空白栏内选中“google earth. jpg”文件，将 google earth. jpg 文件打开。

(2) 检查 ArcMap 上方工具条内是否显示有“Georeferencing”工具条。如果该工具条没有显示，则单击“View→Toolbars→Georeferencing”。

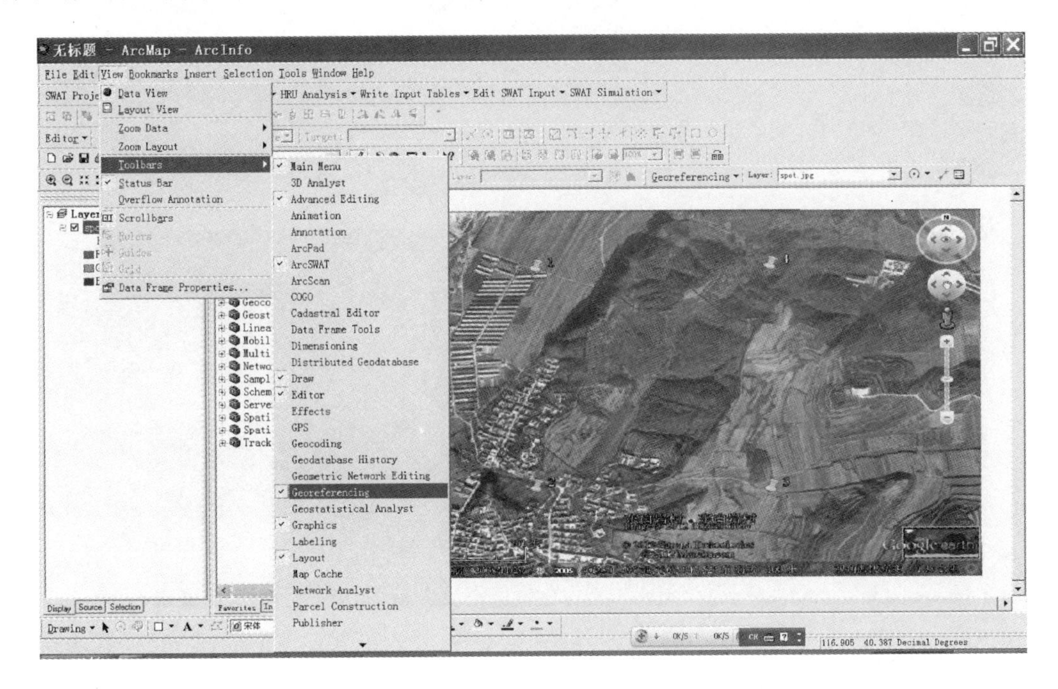

(3) 定义坐标。单击“Georeferencing”工具条右侧的按钮，光标变为十字叉，将该十字叉对准地标1图钉的顶端，点击鼠标右键，出现下拉菜单，将光标移动至“input X and Y …”菜单，单击，弹出对话框“Enter Coordinates”。

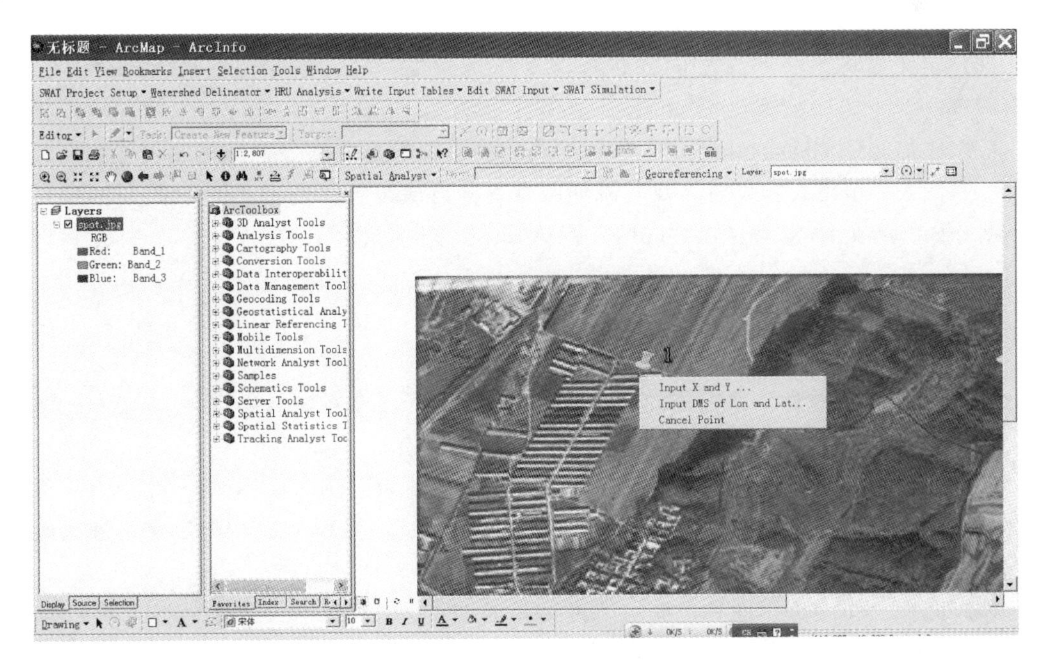

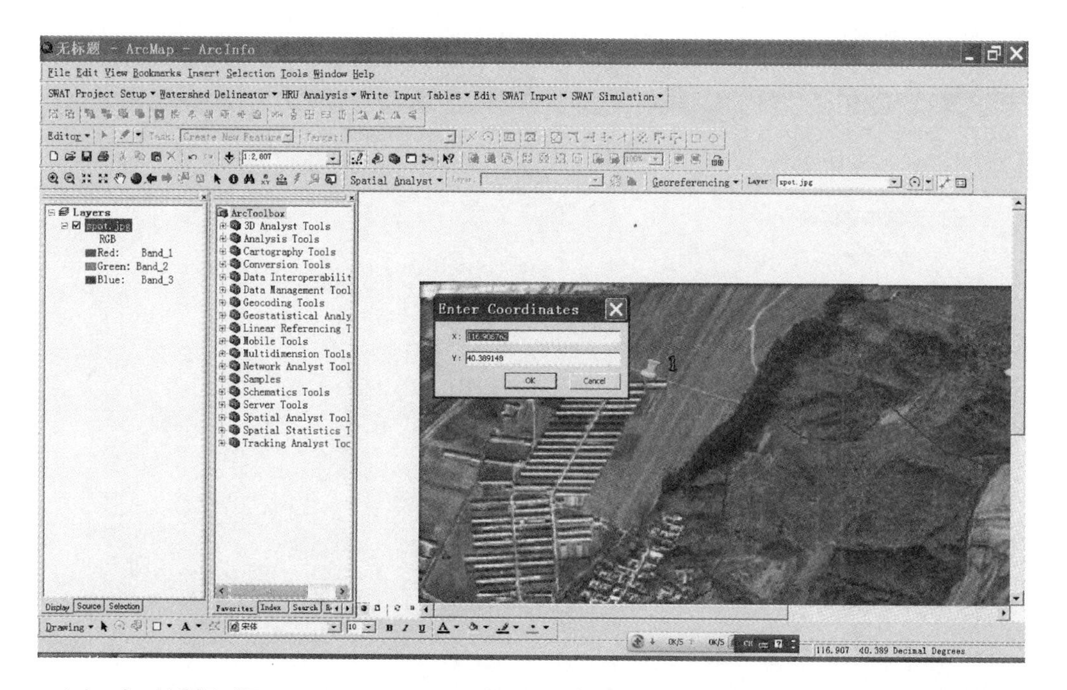

（4）在对话框“Enter Coordinates”“X”右侧的空白栏内输入经度，“Y”右侧的空白栏内输入纬度，点击“OK”按钮，完成坐标定义。注意，此处经纬度的单位都为度，须将分和秒都转换为度。如 40°23′23″，在 Y 右侧的空白栏内输入 40.389722。同理，输入其他 3 个地标的经纬度信息。

（5）将光标移动至“Georeferencing → update Georeferencing”，单击，完成对 google earth. jpg 文件坐标的定义。

（6）定义坐标系统。方法同知识框 2.3 中的“二、定义坐标与投影（地图系统为 WGS 1984）”中“1. 定义坐标”。

（7）添加文件“bjxp. shp”和“dgxp. shp”，检查前述步骤的经纬线格网、图名、比例尺、制图人、填图人、复核人及其日期等（不同再次设置，使用 dt1 的设置即可），以 pdf 格式输出，文件名为“dt2. pdf”，存入 basic 文件夹下，在 A4 幅面白纸上打印“dt2. pdf”。

2.4 利用 R2V 软件数字化地块边界

一、利用 R2V 软件，对扫描的调查成果清绘图进行 4 个控制点编辑

（1）运行 R2V 软件，浏览找到扫描的调查成果清绘图“qht. jpg”。

（2）对“qht. jpg”图片进行 4 个控制点编辑。点击菜单中的“编辑—控制点编辑—控制点编辑开/关”，“控制点编辑开/关”前出现“√”，光标变成“+”字，进入编辑状态。

（3）选择“qht. jpg”图片上有经纬度标识的左上、右上、左下、右下四个经纬格网交点作为控制点（它们组合为一个正方形）。

（4）单击左上角交点，弹出“控制点”对话框，输入该点的经纬度。注意，要将“度

分秒”转化为“度”，如选择的左上角经纬度分别是115°35′20″和28°36′12″，转化为“度”分别是115.5889°和28.6033°，填入对话框。单击确定，完成该控制点的编辑，此时控制点显示为红色。

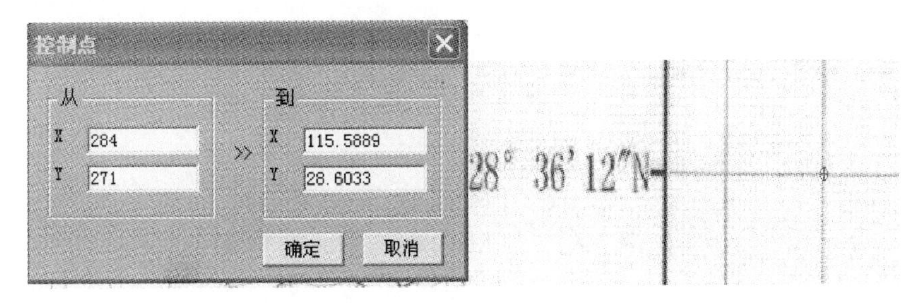

(5) 依次完成其他三个控制点的编辑，然后单击菜单中的“文件—保存方案”，在“保存”对话框中输入文件名“qht”，点击确定，将文件保存在四级目录basic文件夹，文件名为“qht.prj”。

二、数字化地块边界，形成线状文件“dkx.shp”，存储于四级目录的shp文件夹下

(1) 点击菜单“编辑—定义图层”或工具栏第三行右侧倒数第二个按钮“定义图层”，弹出“图层管理”对话框。

(2) 在对话框中输入“dkx”，点击“添加图层”。

(3) 选择“dkx”，点击“开/关”按钮，使dkx图层状态为“开”，单击确定。

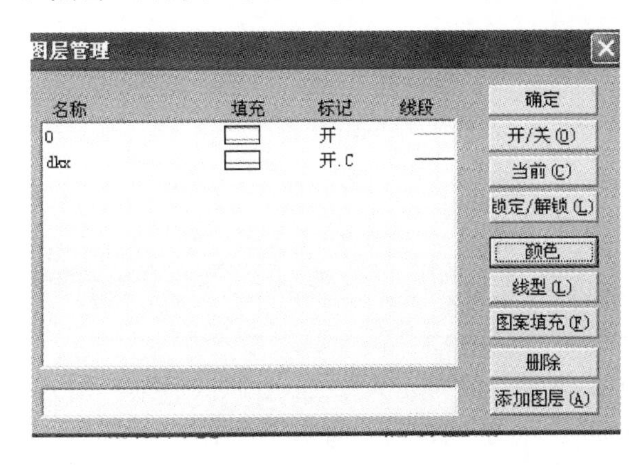

(4) 点击菜单“编辑—线段编辑—线段编辑开/关”，“线段编辑开/关”前出现“√”，或点击工具栏第三行最左侧的“线段编辑”按钮，光标变为“+”，进入编辑状态，依次点击地块边界进行数字化。

注意：

1) 当地块边界与流域边界相交，或地块与地块边界相交时，数字化的地块边界线要稍微超出交叉点约2mm左右，以便后面将线状文件转为面状文件时，能够识别。

2) 每完成一个线段的数字化，需要关闭一下“线段编辑”按钮，然后重新打开，进行下一条线段的数字化。

3) 只数字化地块边界，不需要数字化调查单元边界（因为前面已经数字化）。

(5) 完成后点击菜单“文件—保存方案”。下图是数字化地块边界示例。

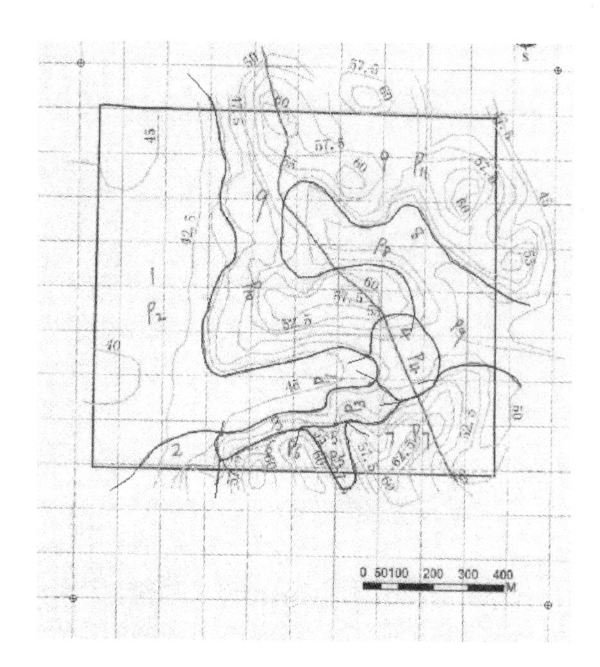

（6）点击菜单“文件—输出矢量”，弹出如下对话框。

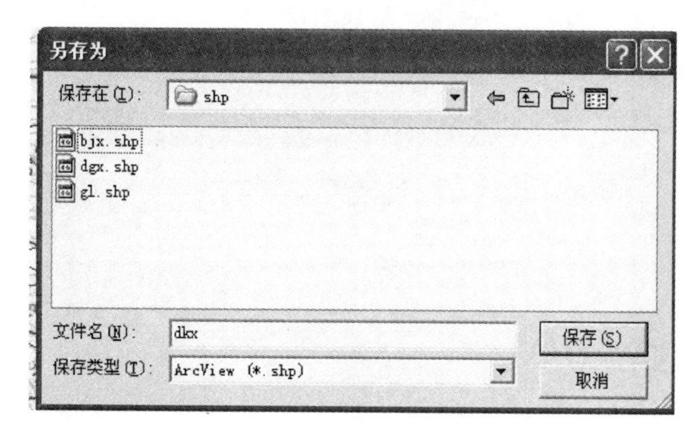

浏览找到该调查单元编号下的 shp 文件夹，在“文件名”输入“dkx”，在保存类型“选择 ArcVies（*. shp)”，点击“保存”，将数字化的线状地块线文件“dkx. shp”以矢量形式保存。

2.5　利用 ArcGIS 软件建立地块属性表

一、添加文件

打开 ArcGIS 软件，用“+”号添加前面已经完成数字化矢量文件“bjx”、“dgx”、“dkx”、“gl”四个 shp 文件。

二、定义地理坐标

（1）点击第二行的红色工具箱按钮，如图：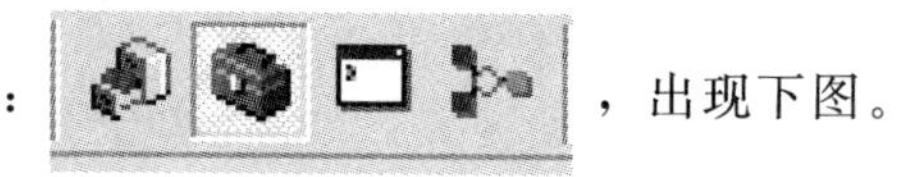，出现下图。

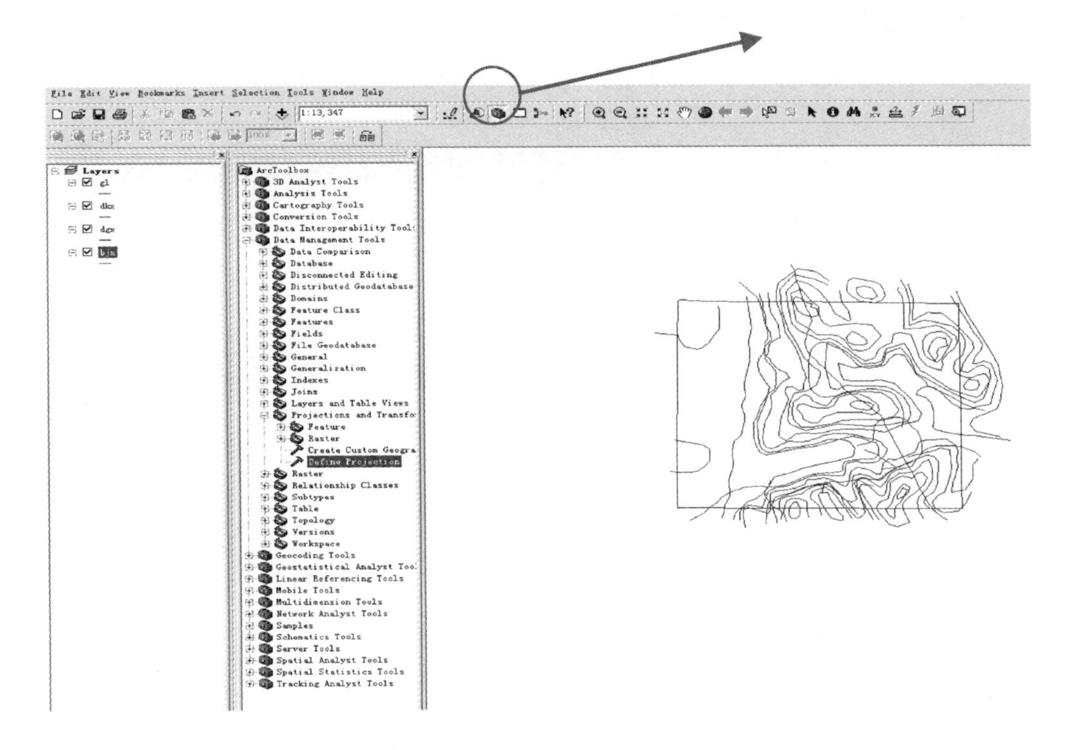

（2）选择中间栏的“Data Manage Tools—Projections and Transformations—Define Project”，双击“Define Project”，出现下面对话框。

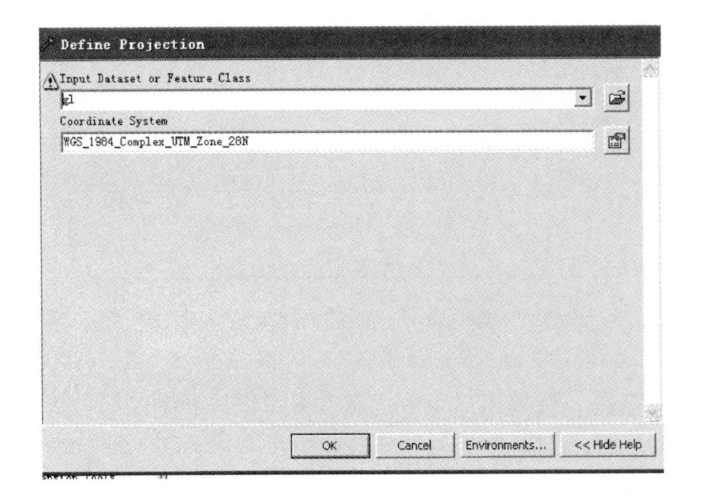

（3）在“Input Dataset or Feature Class”下面的空白栏填入要定义投影的四个shp文件中的一个，如“gl”。

（4）点击第二行后面的按钮，出现下图左侧对话框，点击该对话框的“Select”按钮，出现下图右侧对话框。

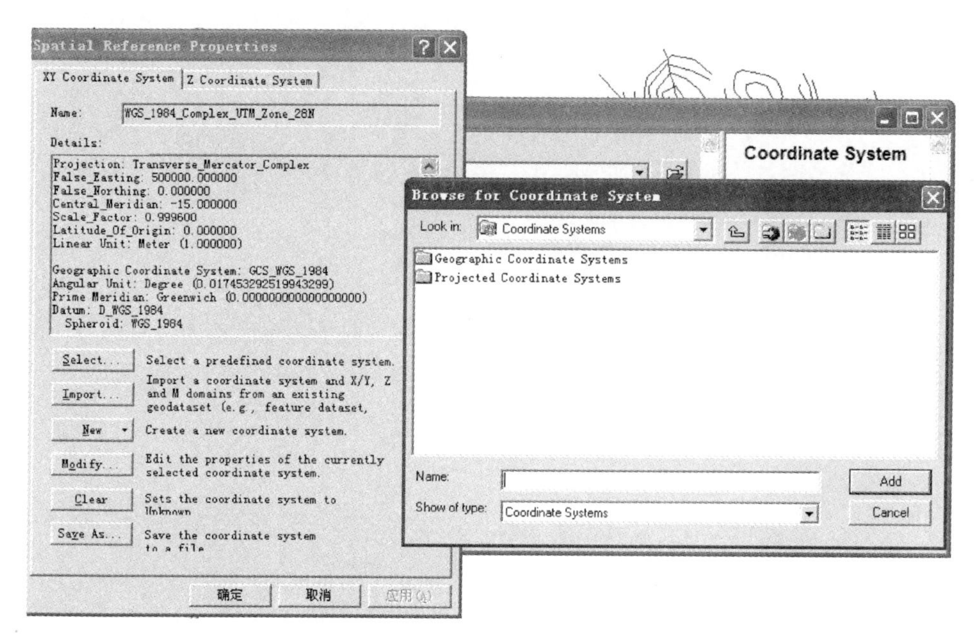

（5）选择“Geographic Coordinate System”双击鼠标，出现系列文件夹。再选择“WORLD”双击鼠标，出现下面对话框。选择“wgs1984. prj”文件，点击 add，加入地理坐标。

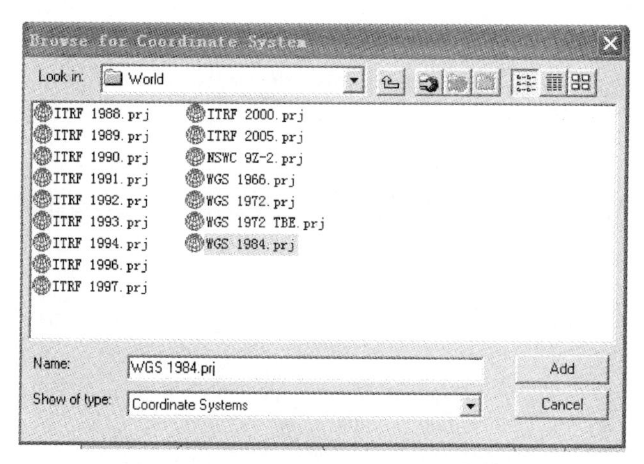

（6）同样方法，完成对“dgx. shp”文件的地理坐标定义：选择“Data Manage Tools”—“Projections and Transformations”—“Define Project”，双击“Define Project”，打开对话框，在第一行填入“dgx”，点击第二行后面的按钮，打开“Spatial Reference Properties”对话框，选择“Select”按钮，弹出“Browse for Coordinate System”对话框，选择“Geographic Coordinate System”双击后，再选择“WORLD”双击后，选择“wgs1984. prj”文件，点击 add，加入地理坐标。

依次完成对“bjx. shp”图层和“dkx. shp”图层的地理坐标添加。

三、定义投影

（1）选择中间栏的“Data Manage Tools”—“Projections and Transformations”—“Feature”—“Project”，弹出如下图的对话框。

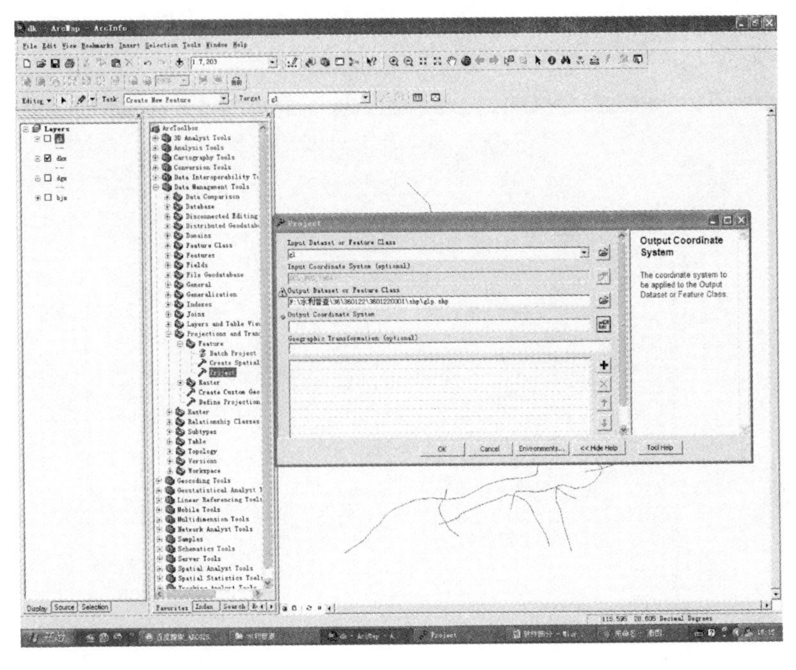

（2）在“Input”栏中填入 gl，在“output”栏中将文件名改为 glp. shp，点击“Output Coordinate System”右侧按钮，弹出“Spatial Reference Systems”对话框，点击“Select”，弹出“Browse for Coordinate System”，对话框，双击“Projected Coordinate System”，出现系列文件夹，选择“UTM（墨卡托投影）”双击，出现系列文件，选择“WGS1984”双击，出现系列投影文件。调查单元经度 115°E，位于北半球，属于北半球的第 50 带，因此选择“WGS 1984 UTM ZONE 50N”。

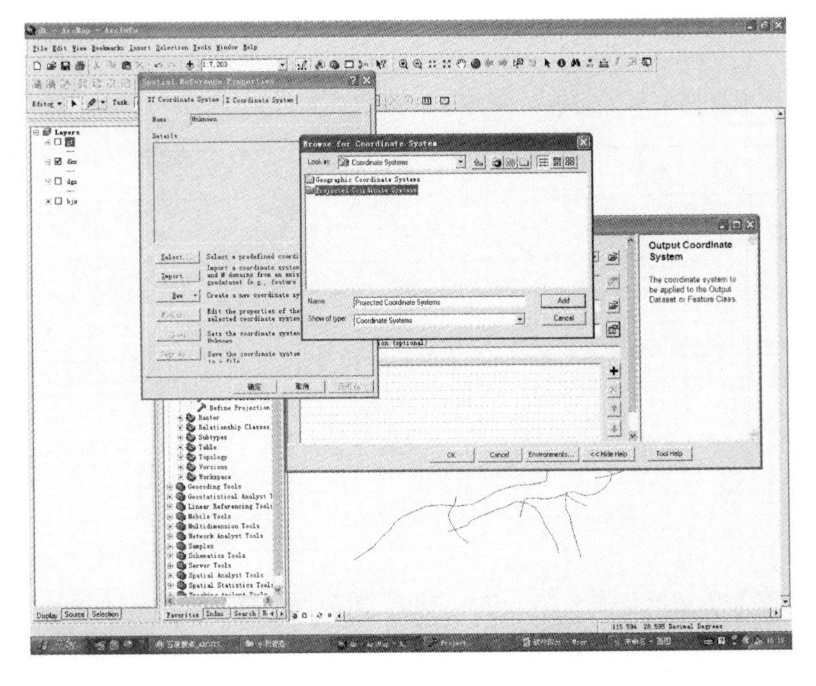

（3）同样方法，为“dkx”、“bjx”、“dgx”文件定义投影，输出“dkxp. shp”、“bjxp. shp”和“dgxp. shp”等文件，最终形成如下图。

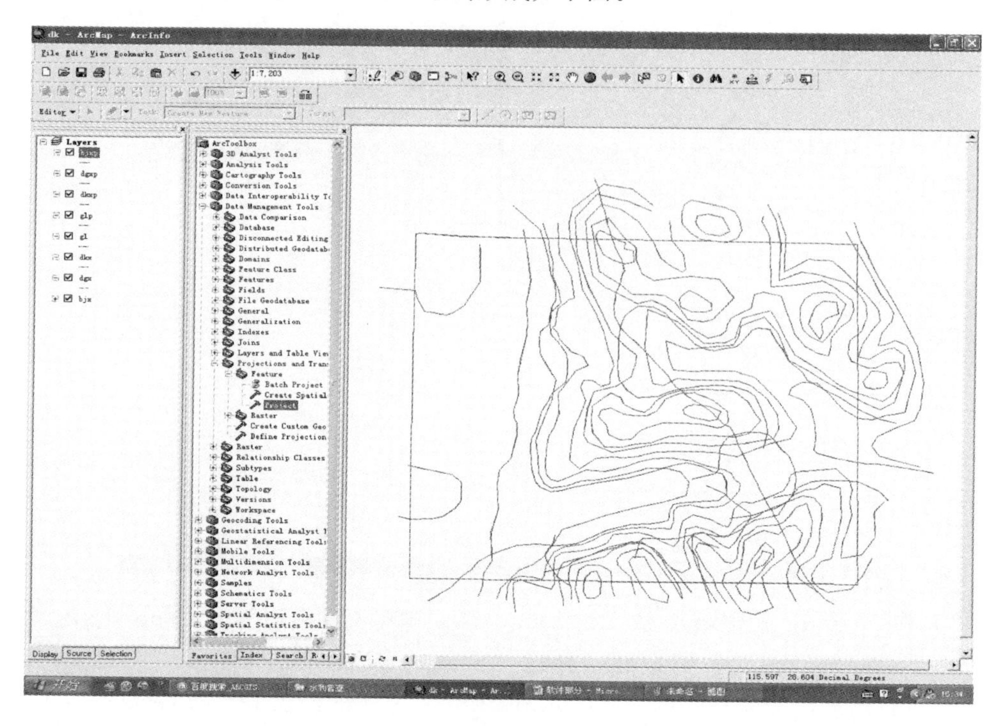

注意：“WGS 1984”坐标系的墨卡托投影分度带（UTM ZONE）选择方法如下：

1）北半球地区，选择最后字母为“N”的带。

2）可根据公式计算，带数＝（经度整数位/6）的整数部分＋31。如：江西省南昌新建县某调查单元经度范围 115°35′20″～115°36′00″，带数＝115/6＋31＝50，选 50N，即 WGS 1984 UTM ZONE 50N。

3）可直接根据调查单元经度范围查下表确定分度带。

经度范围（东经）	中央经线经度	分度带
72°～78°	75°	43N
78°～84°	81°	44N
84°～90°	87°	45N
90°～96°	93°	46N
96°～102°	99°	47N
102°～108°	105°	48N
108°～114°	111°	49N
114°～120°	117°	50N
120°～126°	123°	51N
126°～132°	129°	52N
132°～138°	135°	53N

四、对投影后的地块边界文件“dkxp. shp”添加调查单元边界“bjxp. shp”

（1）在 layer 图层中，加载“bjxp. shp”和“dkxp. shp”，将其他文件前的“√”取

消即可，出现下图。

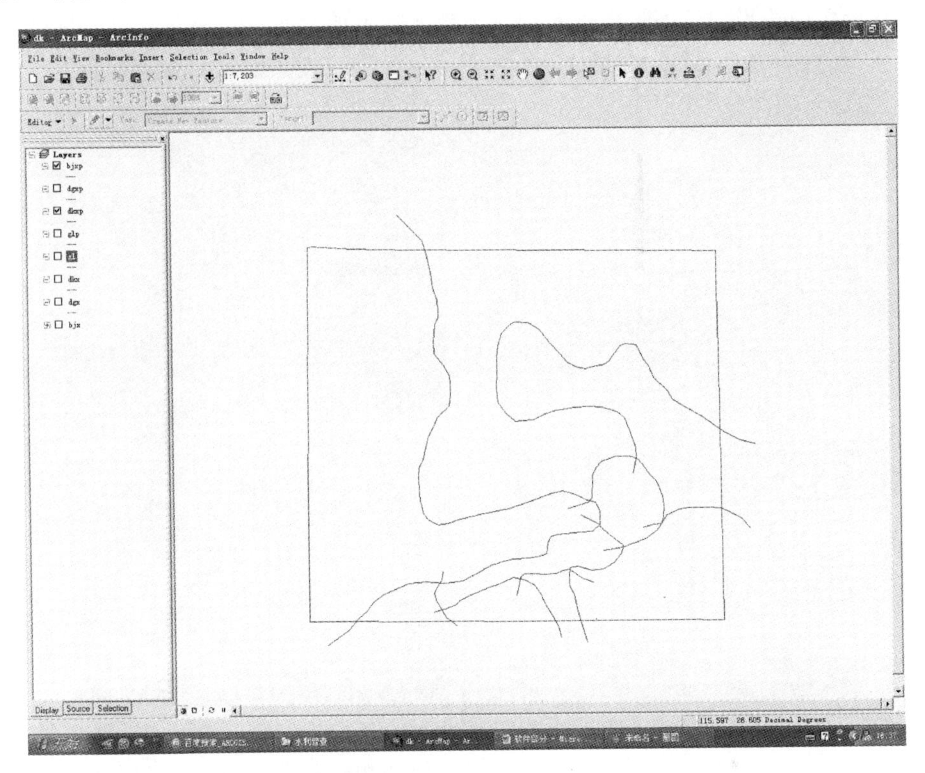

（2）点击Editor，出现下拉菜单，点击“Start Editing”。

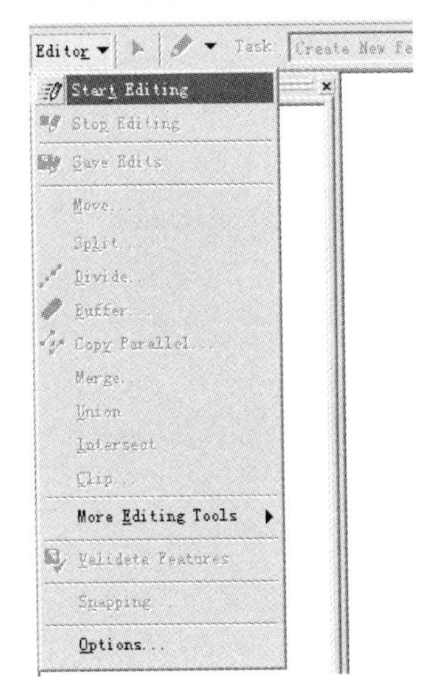

（3）可以看到，上图中灰色的按钮变黑，表示Editor处于工作状态，确定下图Target后的框图显示为“bjxp”。

（4）在“Target”下拉菜单中，选择目标图层“bjxp”，然后在窗口界面中选中“bjxp”图层中的边界线线条，单击右键，出现下拉菜单，选择“copy”，复制边界线。

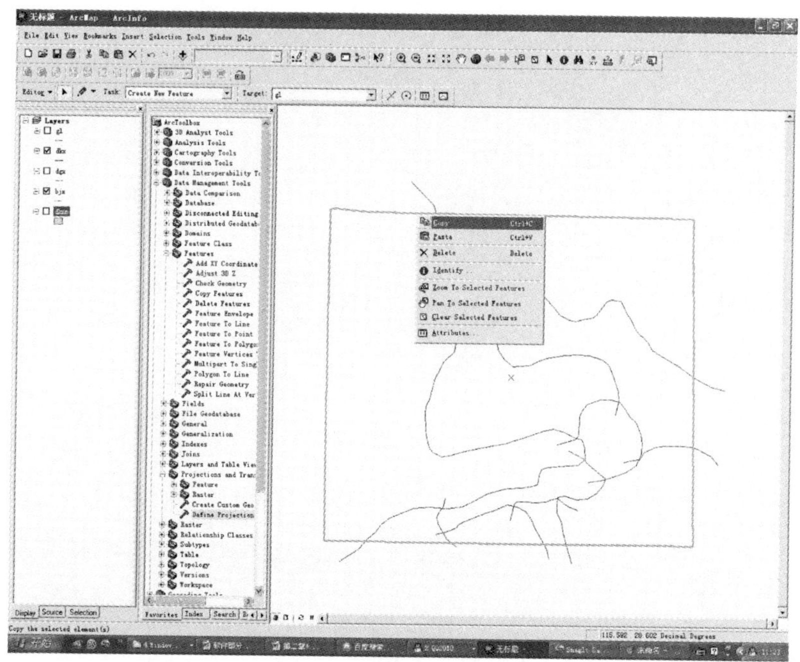

（5）在“Target”下拉菜单中，选择目标图层“dkxp”，然后在“dkxp”图层的窗口界面单击右键，出现下拉菜单，选择“Paste”，将边界线粘贴到 dkxp 图层上。

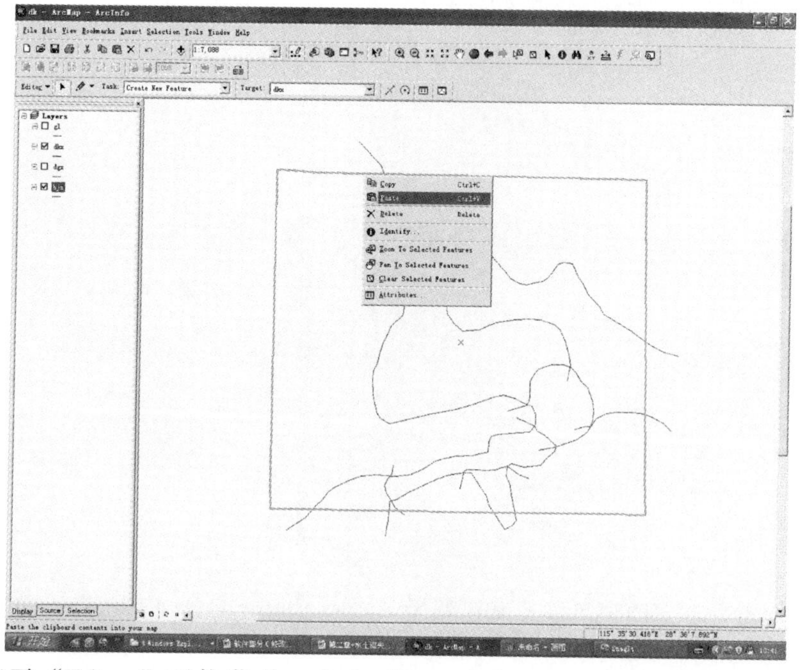

（6）打开“Editor”下拉菜单，点击“Stop Editing”，在是否保存对话框中选择“是”，即完成对投影后的地块边界文件 dkxp. shp 进行调查单元边界添加，调查单元边界

线进入地块线的图层中。

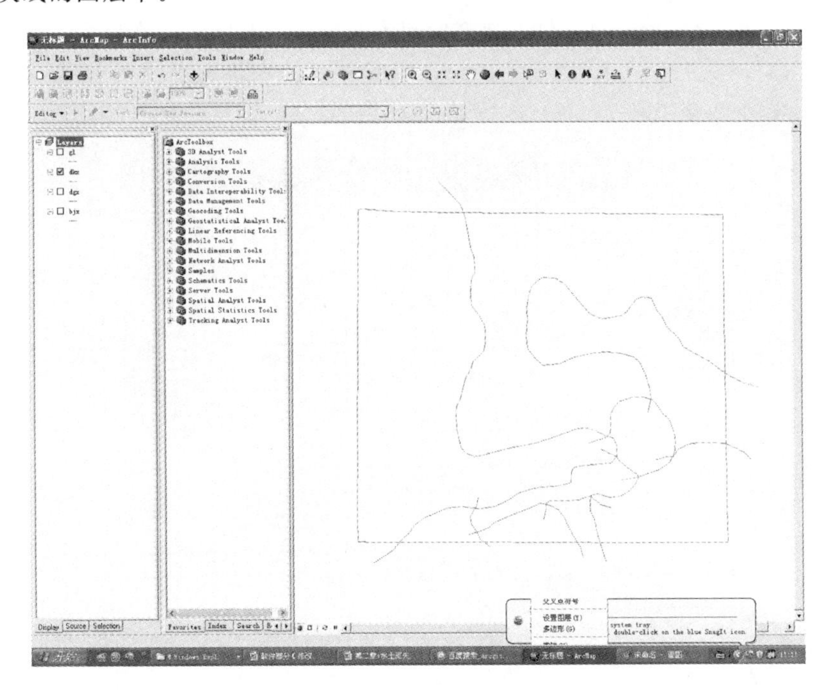

五、将线状地块边界文件“dkxp. shp”转换为面状“dkmp. shp”

（1）选择“Data Management Tools”—“Features”—“Features to Polygon”，出现下图右侧对话框。

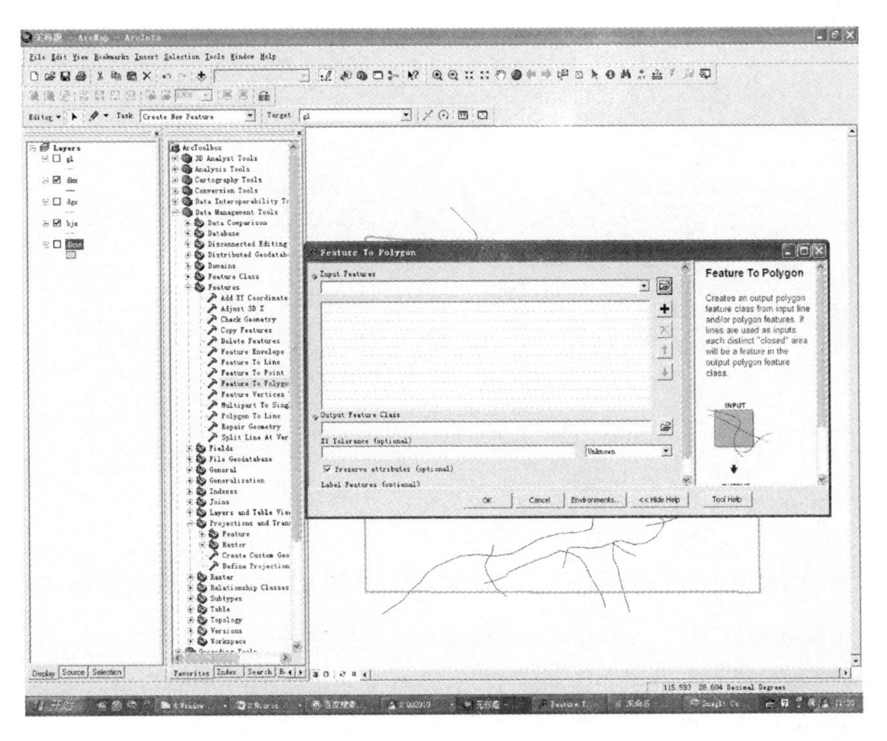

（2）下面左侧对话框中，在“Input Features”右侧下拉菜单选择“dkxp”，在“Output Features Class”点击右侧按钮，浏览找到该调查单元下的 shp 文件夹，将文件名修改为“dkmp. shp”，见下图（上）。点击确定，完成将线状地块边界文件“dkxp”转为面状文件“dkmp”，如下图（下）。

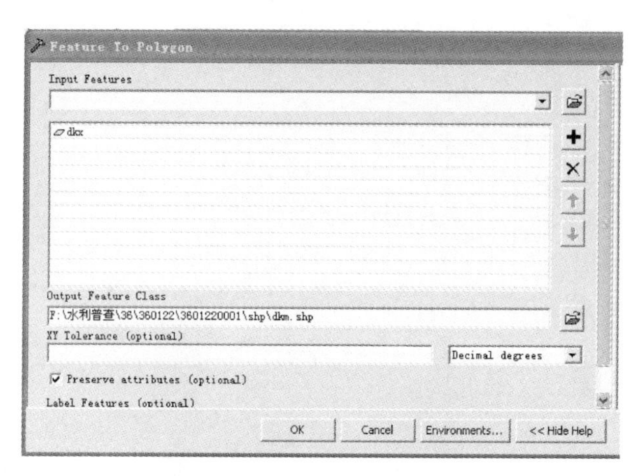

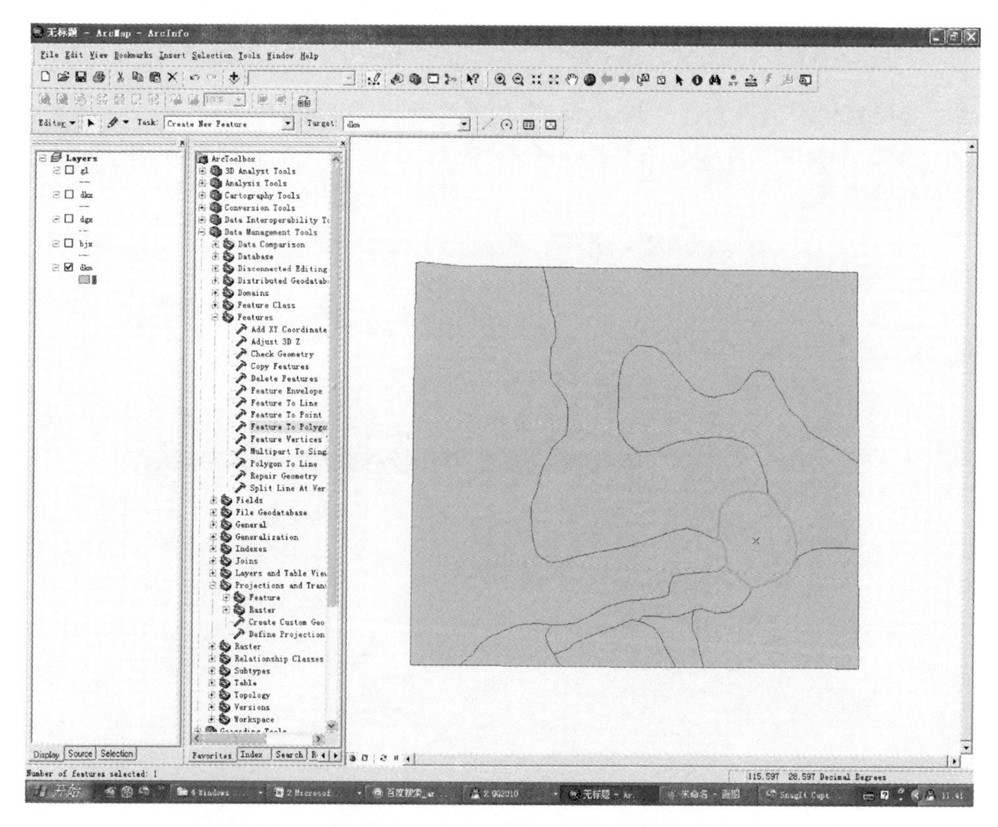

六、为面状地块文件“dkmp. shp”的属性表建立字段

（1）打开属性表：在“dkmp. shp”图层处点击右键，出现下图左侧的下拉菜单，点击“open attribute table”，弹出下图右侧的 dkmp. shp 属性表“attribute of dkm”。

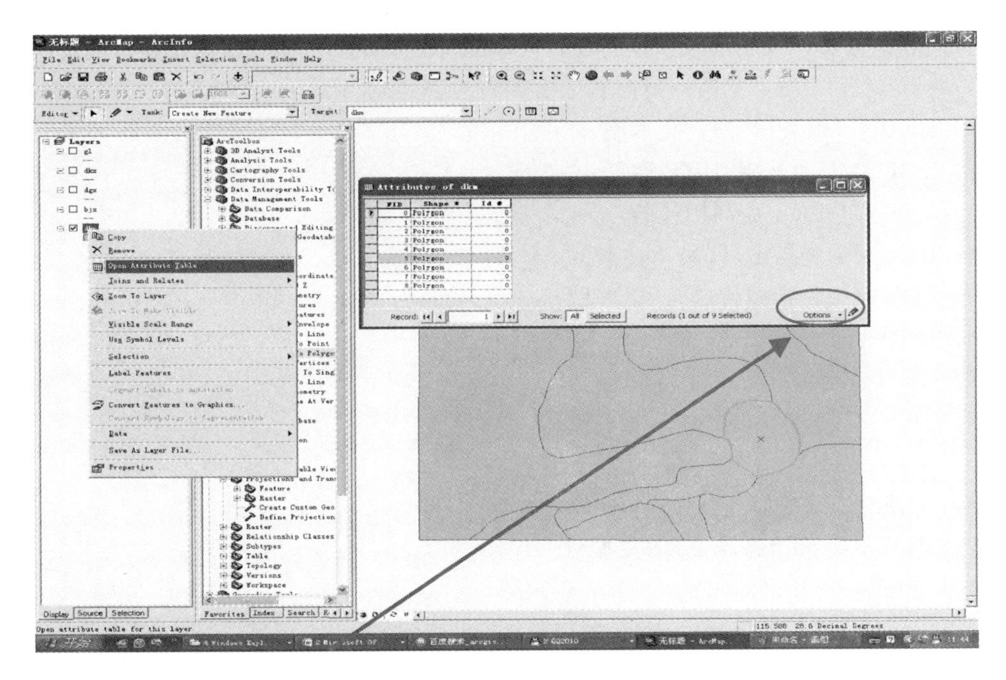

（2）点击该表右下角“Option”按钮，弹出下拉菜单，点击“Add Field”选项，弹出“Add field”窗口。

（3）在“Add field”窗口的“Name”文本框中输入“DKBH（地块编号）”，“Type”下拉框中选择文本型“Text”，点击“OK”按钮。完成“DKBH（地块编号）”字段的添加。

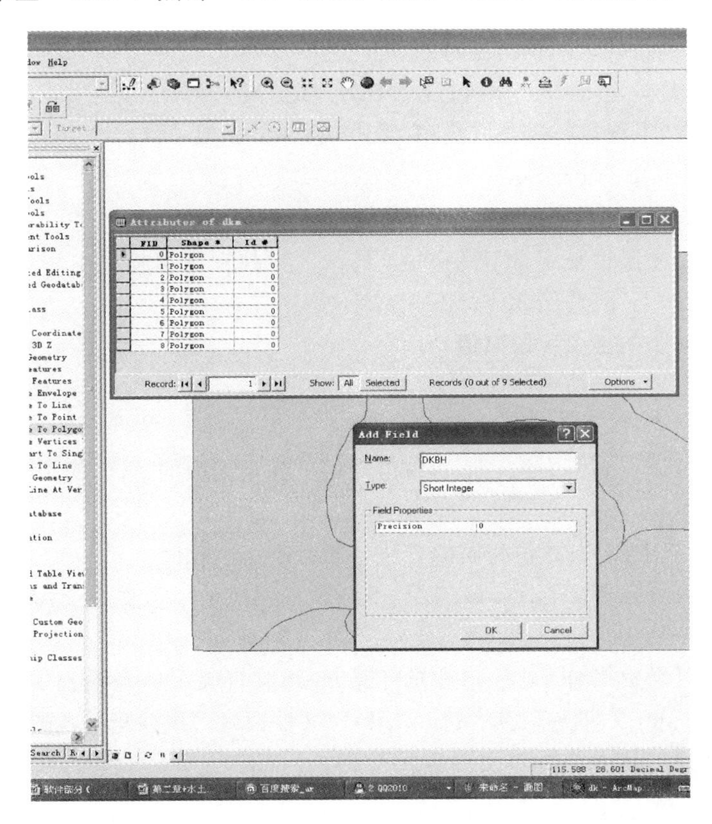

(4) 同样方法，按照水蚀野外调查表（P502表）项目3～项目8的顺序，依次添加各字段，共计17个字段，从第一列向右依次顺序为：

1) DKBH（地块编号），文本型。

2) TDLYMC（土地利用名称），文本型。

3) TDLYDM（土地利用代码），文本型。

4) BMC（生物措施名称），文本型。

5) BDM（生物措施代码），文本型。

6) YBD（郁闭度），浮点型。

7) GD（盖度），浮点型。

8) EMC（工程措施名称），文本型。

9) EDM（工程措施代码），文本型。

10) EJSSJ（工程措施建设时间），文本型。

11) EZL（工程措施质量），文本型。

12) TMC（耕作措施名称），文本型。

13) TDM（耕作措施代码），文本型。

14) BZ（备注），文本型。

15) BYZZ（生物措施因子值），浮点型。

16) EYZZ（工程措施因子值），浮点型。

17) TYZZ（耕作措施因子值），浮点型。

注意：

1) 所有字段名必须大写英文字母。

2) 数值型变量只有5个，分别是：YBD（郁闭度）、GD（盖度）、BYZZ（生物措施因子值）、EYZZ（工程措施因子值）、TYZZ（耕作措施因子值），“Type”下拉框中选择浮点型“Float”，其中的precision和scale都采用默认值。

3) YBD（郁闭度）和GD（盖度）用百分比整数表示。

4) 其他12个字段都是字符型变量，“Type”下拉框中选择文本型“Text”，其中字段的length（长度）一般选用20。

七、为地块属性的各个字段赋值

(1) 点击工具栏上的按钮“Editor”，单击“StartEditor”后，“Attributes of dkmp”窗口变为可编辑状态。

(2) 将“水蚀调查表”中的“地块编号”输入到下图中的“DKBH”字段下，完成对该字段的赋值。

(3) 使用与“DKBH”赋值相同的方法，为各个字段赋值。

注意：最后三个字段BYZZ、EYZZ、TYZZ不用赋值。数据上交后有国家级普查办技术支撑单位统一赋值。

(4) 此外，可利用Excel软件，首先打开basic文件夹下已经录入的“水蚀野外调查表.xls”，再打开shp文件夹下的“dkmp.dbf”文件，将“水蚀野外调查表.xls”中的数据全部拷贝粘贴到“dkmp.dbf”文件中。

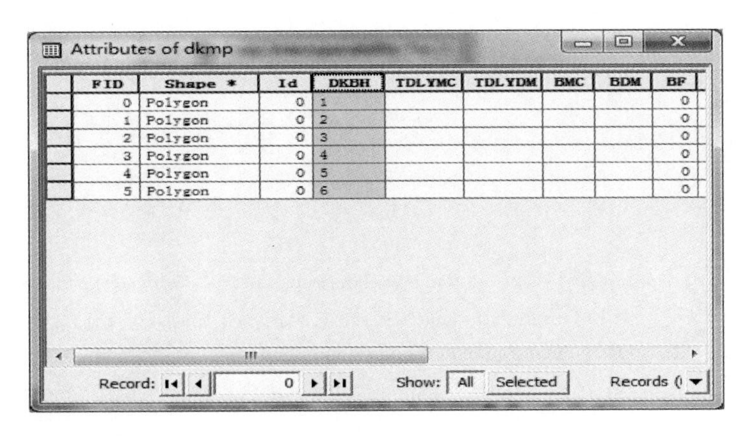

注意：拷贝完后一定检查是否与原表数据一致。

参 考 文 献

[1] Nusser, S. M., J. J. Goebel. The national resources inventory: a long-term multi-resource monitoring programme [J]. Environmental and Ecological Statistics 1997, 4: 181 - 204.

[2] Goebel, J. J. The National Resources Inventory and its role in U. S. agriculture [M]. In: Proceedings of Agricultural Statistics 2000, Conference on Agricultural Statistics, Washington, D. C. 1998: 181 - 192.

[3] Harlow, J. T. History of natural resources conservation service national resources inventories, 1994.

[4] USDA-NRCS, Iowa State University Statistical Laboratory. Summary Report: 1997 National Resources Inventory [M], 2000.

[5] USDA-NRCS. 1997 National Resources Inventory: A Guide For Users Of 1997 NRI Data Files [M] (CD - ROM Version 1). 2000.

[6] USDA - NRCS, Iowa State University. Summary Report: 2007 National Resources Inventory [M]. 2009.

[7] Nusser, S. M., F. J. Breidt, and W. A. Fuller. Design and Estimation For Investigating The Dynamics Of Natural Resources [J]. Ecological Applications, 8 (2), 1998, 234 - 245.

[8] USDA - NRCS. Instructions for Collecting 1997 National Resources Inventory Data [M]. 1997.

[9] Yu B. F., Rosewell C. J. Rainfall erosivity estimation using daily rainfall amounts for South Australia [J]. Australian Journal of Soil Research 1996. 34 (5): 721 - 733.

[10] Yu, B. F. Rainfall erosivity and it's estimation for Australia's tropics [J]. Australian Journal of Soil Research, 1998. Vol. 36, pp. 143 - 165.

[11] 郭索彦，李智广．我国水土保持监测的发展历程与成就 [J]. 中国水土保持科学，2009，7 (5)：19 - 24.

[12] 曾大林，李智广．第二次全国土壤侵蚀遥感调查工作的做法与思考 [J]. 中国水土保持，2000，(1)：28 - 31.

[13] 陈雷．中国土壤侵蚀图册 [M]．北京：中国标准出版社，2002.

[14] 高尚玉，张春来，邹学勇，等．京津风沙源治理工程效益 [M]．第二版．北京：科学出版社，2012.

[15] 高旺盛，秦红灵，赵沛义．内蒙古阴山北麓干旱区不同种植模式对农田风蚀的影响 [J]．水土保持研究，2005，12 (5)：122 - 125.

[16] 霍文，何清，杨兴华，等．塔里木盆地多种沙源类型沙通量异变特征研究 [J]．水土保持研究，2012. 19 (5)：120 - 125.

[17] 刘纪远，齐永青，师华定，等．蒙古高原塔里亚特—锡林郭勒样带土壤风蚀速率的 137Cs 示踪分析 [J]．科学通报，2007，52 (23)：2785 - 2791.

[18] 刘连友．区域风沙蚀积量和蚀积强度初步研究——以晋陕蒙接壤区为例 [J]．地理学报，1999，54 (1)：59 - 68.

[19] 全国土壤普查办公室．1∶100 万中华人民共和国土壤图 [M]．西安：地图出版社，1995.

[20] 王涛．中国沙漠与沙漠化图［M］．北京：中国地图出版社，2008.

[21] 徐斌，刘新民，赵学勇．内蒙古奈曼旗中部农田土壤风蚀及其防治［J］. 水土保持学报，1998，7（2）：75-88.

[22] 张春来，董光荣，邹学勇，等．青海贵南草原沙漠化影响因子的贡献率［J］. 中国沙漠，2005，25（4）：511-518.

[23] 张春来．现代沙质荒漠化（沙漠化）动力机制若干问题研究［D］．北京：中国科学院，2002.

[24] 赵天杰，张立新，蒋玲梅，等．复杂地表条件下冻融土的微波辐射特性模拟及判别分析［J］．冰川冻土，2009，31（2）：220-226.

[25] 中国科学院兰州冰川冻土沙漠研究所．中国沙漠分布图［D］. 上海：上海中华印刷厂，1974.

[26] Jiancheng Shi，Lingmei Jiang，Lixin Zhang，K S. Chen. Physically Based Estimation of Bare-Surface Soil Moisture with the Passive Radiometers［J］. IEEE Transactions on Geoscience and Remote Sensing，2006，(44)：3145-3153.

[27] Jiancheng Shi，T. Jackson，J. Tao，Microwave vegetation indices for short vegetation covers from satellite passvie microwave sensor AMSR－E［J］. Remote Sensing of Environment，2008，112：4285-4300.

[28] M. C. Dobson，F. T. Ulaby，Hallikainen M. T.，M. A. EI－Rayes，Microwave dielectric behavior of wet soil Part Ⅱ：Dielectric mixing models［J］. IEEE Transactions on Geoscience and Remote Sensing，1985，GE－23：35-46.

[29] Pak Sum L.，Dorothy A.，Zoraida A. Nathalie O.（Eds.），2012. White paper 1，Peijun Shi，Xueyong Zou，Lianyou Liu et al. ：Case Studies UNCCD 2nd Scientific Conference.

[30] Shi J.，Jiang L.，Zhang L.，Chen K S. Physically Based Estimation of Bare-Surface Soil Moisture with the Passive Radiometers. IEEE Transactions on Geoscience and Remote Sensing，2006，(44)：3145-3153.

[31] Shi J.，Jiang L. M.，Zhang L. X.，Chen K. S.，Wigneron J. P.，Chanzy A. A Parameterized Multi-Frequency-Polarization Surface Emission Model，IEEE Transactions on Geoscience and Remote Sensing，2005，43（12）：2831-2841.

[32] Shi J.，Jackson T.，Tao J. 2008. Microwave vegetation indices for short vegetation covers from satellite passvie microwave sensor AMSR-E. Remote Sensing of Environment，112：4285-4300.

[33] Toneo Kawanishi，Toshihiro Sezai，Yasuyuki Ito，Keiji Imaoka，Toshiki Takeshima，YoshiolIshido，Akira Shibata，Masaharu Miura，Hiroyuki Inahata，Roy W. Spencer. The Advanced Microwave Scanning Radiometer for the Earth Observing System NASDA'S Contribution to the EOS for Global Energy and Water Cycle Studies［J］. IEEE Transactions on Geoscience and Remote Sensing. 2003，41（2）184-194.

[34] SHAO QuanQin，XIAO Tong，LIU JiYuan，et al. Soil erosion rates and characteristics of typical alpine meadow using 137Cs technique in Qinghai-Tibet Plateau［J］. Chese Science Bulltin，2011，56（16）-2011，56（16）：86-91.

[35] 李成六，马金辉，唐志光，等．基于 GIS 的三江源区冻融侵蚀强度评价［J］．中国水土保持，2011，4：45-47，73.

[36] 李辉霞，刘淑珍，钟祥浩，等．基于 GIS 的西藏自治区冻融侵蚀敏感性评价［J］．中国水土保持，2005，(7)：48-50，55.

[37] 李俊杰，李勇，王仰麟，等．三江源区东西样带土壤侵蚀的 137Cs 和 210Pbex 示踪研究［J］．环境科学研究，2009，22（12）：1452-1459.

[38] 李元寿，王根绪，王军德，等．137Cs 示踪法研究青藏高原草甸土的土壤侵蚀［J］．山地学报，2007，25（1）：114－121.

[39] 骆银辉，徐世光，吴香根．云南"三江"并流区地质灾害发育机制及其防治［J］．中国地质灾害与防治学报，2007，18（4）：5－10.

[40] 沙占江，马海州，李玲琴，等．基于遥感和 137Cs 方法的半干旱草原区土壤侵蚀量估算［J］．中国沙漠，2009，29（4）：13－19.

[41] 王根绪，李元寿，王一博．青藏高原河源区地表过程与环境变化［M］．北京：科学出版社，2010.

[42] 严平，董光荣．137Cs 法测定青藏高原土壤风蚀的初步结果［J］．科学通报，2000，45（2）：199－204.

[43] 杨思忠，金会军，郭东信，等．内蒙古及东北地区古冻土及古环境考察研究新进展［J］．冰川冻土，2009，31（6）：54－60.

[44] 张建国，刘淑珍，范建容．基于 GIS 的四川省冻融侵蚀界定与评价［J］．山地学报，2005，23（2）：122－127.

[45] 张建国，刘淑珍，杨思全．西藏冻融侵蚀分级评价［J］．地理学报，2006，61（9）：17－24.

[46] 张娟，沙占江，王静慧，等．基于遥感和 GIS 的青海湖流域冻融侵蚀研究［J］．冰川冻土，2012，34（2）：13－19.

[47] 张信宝，吴积善，汪阳春．川西北高原地貌垂直地带性及山地灾害对南水北调西线工程的影响［J］．地理研究，2006，25（4）：75－82.

[48] 张志明，尹梅，孙振华，等．基于 GIS 的梅里雪山国家公园土壤侵蚀敏感性情景分析［J］．山地学报，2011，29（2）28－37.

[49] 李智广，刘淑珍，张建国，等．我国冻融侵蚀的调查方法［J］．中国水土保持科学，2012，10（4）：1－5.

[50] 张立新，蒋玲梅，柴琳娜，等．地表冻融过程被动微波遥感机理研究进展［J］．地球科学进展，2011，26（10）：1023－1029.

[51] Leys John，Harry Butler，Xihua Yang，Stephan Heidenreich. CEMSYS modelled wind erosion［R］. NSW Department of Environment，Climate Change and Water，Sydney South，Australia，2010.